木麻黄

抗青枯病植物

材料选育及其推广

许秀玉　王明怀 等 著

中国林业出版社
China Forestry Publishing House

图书在版编目（CIP）数据

木麻黄抗青枯病植物材料选育及其推广 / 许秀玉等
著 . -- 北京：中国林业出版社，2025. 4.
ISBN 978-7-5219-2919-5

Ⅰ. S763.729.3

中国国家版本馆 CIP 数据核字第 2024JN9288 号

责任编辑：李丽菁　于界芬
书籍设计：北京美光设计制版有限公司

出版发行：中国林业出版社
　　　　　（100009，北京市西城区刘海胡同7号，电话 83143542）
网　　址：http://www.cfph.net
印　　刷：北京盛通印刷股份有限公司
版　　次：2025年4月第1版
印　　次：2025年4月第1次印刷
开　　本：787mm×1092mm　1/16
印　　张：15.75
字　　数：220千字
定　　价：118.00元

著者名单

许秀玉　王明怀　蔡志全

甘先华　陈蕾伊　余玉娟

序

沿海生态系统是地球上最具生产力的生态系统之一，在厚植经济发展新动能、保护生物多样性、减缓气候变化和环境退化、维护环境与健康等方面发挥着至关重要的作用。作为我国经济最发达的区域之一——沿海地区，肩负着加强海岸带和沿海生态系统保护、共守碧海蓝天的重任，承担着建设美丽中国、实现中国式现代化的重要使命。木麻黄作为沿海防护的重要树种，在改善生态环境、抵御风暴潮、保护沿海生态系统及推动沿海地区经济发展方面发挥着巨大的作用，在保护、修复与维护沿海森林生态系统健康等方面占据举足轻重的地位。

木麻黄是木麻黄科植物的统称，常绿乔木，在全球热带、亚热带沙质海岸带广泛种植，是我国广东、广西、海南、福建、台湾等东南沿海省份沿海防护林体系建设中不可替代的当家树种和先锋植物，具有耐干旱、抗风固沙、抗沙埋和耐盐碱的特点，是海岸防风、固沙造林的速生优良树种。

然而，在全球变化和人类活动日益加剧的背景下，过度利用和各种因素的叠加影响，沿海生态系统正面临着巨大的威胁。为了保护这些宝贵的自然资源，需要采取一系列的措施，着力推进沿海生态系统的保护和修复。

据了解，近 30 年来，我国东南沿海地区能应用于造林的木麻黄植物材料仅有 20 世纪 70～80 年代选育出的少数几个无性系。而少数无性系反复繁殖，长期大面积栽植，造成木麻黄沿海防护林树种品种单一，生物多样性和生态系统稳定性下降。加之青枯菌致病力变异和适应性改变，使得这些无性系的抗病能力逐渐丧失，致使当前沿海防护林几乎没有了优良的木麻黄抗病品种，从而进一步加剧了沿海地区木麻黄青枯病的爆发与蔓延，并呈现愈来愈严重的趋势。大量木麻黄植株死亡或老化衰退严重，严重威胁海岸带森林生态系统的健康、完整与稳定，并最终影响其生态功能的发挥。

据资料记载，2015 年湛江吴川市约 70 千米海岸线遭受台风"彩虹"的正面袭击，大面积木麻黄防护林带在台风过后树断枝残，满目疮痍，一片狼藉，且整条防护林带不同程度地感染青枯病，部分地方连片枯萎死亡。受灾严重的王村港、覃巴、吴阳、塘尾等 4 个沿海镇（街），木麻黄分布面积 30000 多亩（1 亩 ≈ 666.67 平方米），死亡面积超过 7000 亩。树龄 5～10年的木麻黄无一幸免，树龄超过 10 年甚至 20 多年的也出现了大量枯萎死亡现象，木麻黄青枯病防控难度极大。因此，开展木麻黄抗病育种研究，尽快培育出抗青枯病的优良品种，是我国东南沿海防护林体系建设和维持沿海生态系统健康稳定的迫切需求。

广东省林业科学研究院许秀玉研究员牵头的项目组，聚焦沿海防护林植物材料选育研究，面向生产实际，在应用中探索良种迭代优化培育，逐步建立了东南沿海沙质海岸带防护林高质量营建技术体系，并将研究进展撰写成书。本书再现了项目组 20 多年来在木麻黄种质资源收集保存、抗病优良种质选育、快繁与推广应用等方面的技术积累及系列成果。内容包括木麻黄青枯病菌的分离及强致病菌株的筛选、木麻黄青枯病抗性鉴定方法比较及抗病种质筛选、木麻黄感染青枯病的生理变化、木麻黄 EST-SSR 分子标记的开发及遗传多样性分析、木麻黄种质资源抗青枯病的 EST-SSR 关联分析、木麻黄抗青枯病优良无性系的推广应用、沿海困难立地植被重建综合评价等。内容丰富，资料翔实，是一本沿海退化生态系统修复技术、模式构建与修复过程研究的优秀学术著作。

相信著作的出版，将为从事沿海防护林研究的科研单位、高等院校等有关科技工作者、高校教师和相关专业的学子提供研究与学习的参考；为有关科研工作者更深入的研究木麻黄抗青枯病育种，及将这些研究成果应用于生产实际中提供有价值的信息；能有效服务于全球环境治理决策者以及热爱自然的广大读者，推进我国木麻黄育种和应用事业，为我国东南沿海沙质、岩质海岸防护林带建设作出贡献。同时，也将为当下如火如荼的绿美广东生态建设注入科技力量，助力广东实施"百县千镇万村高质量发展工程"。

中国工程院院士

2024 年 7 月于北京

前言

　　木麻黄科（Casuarinaceae）植物原产大洋洲、太平洋群岛及东南亚地区，包括 4 属 86 种 13 亚种，木麻黄是该科植物的统称。由于木麻黄具有抗风、抗旱、耐盐碱、速生的特点，被广泛用于防风固沙、盐碱地改良和干旱区造林。我国引种木麻黄有近百年历史，现已成为广东、广西、福建、台湾和南海诸岛沿海防护林不可替代的主栽树种。由于少量无性系长期大面积种植，自 2012 年起，广东省木麻黄青枯病爆发并蔓延，严重摧毁了整个沿海防护林体系。植物青枯病是由青枯菌通过土壤传播引起，是一种危害严重、传播广泛的毁灭性土传病害，已有 150 多年的历史，可危害 50 多个科 450 余种植物，包括农作物、果树、林木、花卉、药材、牧草、杂草等许多具有重要经济价值的木本和草本植物，表现出高度的侵染寄主的多态性，是世界范围内最难防治的细菌性重大病害之一，目前采用人工护理、耕作控制、生物防治、化学防治等措施均未取得满意的防治效果，抗病育种被认为是防治植物青枯病的根本途径，木麻黄丰富的遗传变异与基因资源为抗病新品种的选育提供了重要遗传基础。

我国引种木麻黄有 100 多年历史。1897 年，台湾首先引进木麻黄；1919 年，福建省泉州市引进木麻黄；1929 年又有人在厦门栽植；大约在 20 世纪 20 年代，广东省广州市从东南亚地区引种了木麻黄；30 年代后，广东省湛江市从越南引进了木麻黄，种植数量较大；40 年代前后，海南岛有木麻黄种植，而且种类较多，在三亚市和东方县都发现有不少杂种植株。20 世纪 80 年代中期，广东省林业科学研究院开始系统地开展木麻黄遗传育种研究工作，借助国际合作项目，从澳大利亚种子中心引进木麻黄种子，主要包括短枝木麻黄（*Casuarina equisetifolia*）、细枝木麻黄（*Casuarina cunninghamiana*）、粗枝木麻黄（*Casuarina glauca*）、山地木麻黄（*Casuarina junghuhniana*）这 4 个适应我国气候条件的树种，开展了木麻黄遗传资源收集、优良种源筛选、优良家系筛选和无性繁殖等研究。这批种子在广东、福建和海南 3 个省份建立了种源试验林，并从广东、福建、海南各省份木麻黄种植群体或自然杂交后代群体中选择了适应性强、存活率高、生长快的 1000 多株优树，通过选优、当代鉴定和人工杂交等方法，经过 20 多年的田间试验，根据不同的育种目的（主要是速生、抗病）从中筛选出了 63 个无性系。这 63 个无性系在繁殖难易程度、适应性、生长量、抗风性、抗青枯病、耐盐碱性、抗旱性等方面具极显著差异，在生产及研究上都具有巨大的利用价值，也是我国木麻黄遗传改良的核心种质资源，本书就是利用这些植物材料开展各项研究。

本书总结了我们在木麻黄良种选育上做过的工作、成果、经验和教训，包括选育、苗木繁育、推广示范、生态修复效益综合评价等内容，共 11 章，各章独立，但又相互联系。通过对我国现有木麻黄核心资源的青枯病抗性鉴定、群体结构及遗传多样性分析、抗病应答机理、分子标记与抗病性状关联分析、木麻黄良种繁育技术、沿海困难立地植被重建与示范、沿海基干林带生态修复综合评价等方面的研究，旨在筛选出一套简便、准确、可靠的木麻黄青枯病抗性鉴定方法，选育出优良抗病种质，阐明木麻黄抗病生理响应机制，发现与木麻黄青枯病抗性相关的分子标记位点，为木麻黄抗病分子标记辅助选择育种提供依据，提高育种选择的效率，并在科学育苗基础上探索出沿海基干林带困难立地植被修复的关键技术，形成了一套完整的沙质和岩质基干林带高质量营建的技术体系，为沿海防护林体系建设夯实了技术之基。此外，沿海严重退化生态系统植被重建的效应取决于重建过程中土壤环境的形成发育及演变状况，不同的植被类型及不同重建阶段的土壤环境对其具有不同的响应过程、速度与方向。因此，探讨土壤微生物、理化性质变化与植被恢复的关系是科学筛选植被恢复模式的关键，这些研究结果有助于我们全面了解沿海基干林带退化生态系统修复过程，并为未来的植被恢复项目设定可实现的目标。

本书的编写和试验过程中，中国林业科学研究院、中国林业科学研究院热带林业研究所、广东省林业科学研究院、湛江市林业科学研究所、汕头市林业科学研究所、饶平县林业科学研究所、汕尾市国有湖东林场、湛江市坡头区南三林场、惠东县林业技术推广站等单位的同事、朋友在诸多方面给予我们帮助，付出了辛苦的劳动，如完成试验各个环节、数据收集、推广示范、共同策划论著的结构、章节的内容完善、封面设计、图片处理、论著的编辑及多次的校稿等。他们是张华新、杨秀艳、仲崇禄、张勇、张卫强、黄钰辉、廖焕琴、黄芳芳、徐斌、刘洋鹏、凡鹏、陈俊廷、万华、余玉娟、廖焕琴、刘曼红、冯莹、高婕、罗建华、黄良宙、郑道序、杨海东、陈应彪、王俊林、陈少聪、余嘉涛、李汉东、谢雪帆、张燕婷等，在此一并致以诚挚的感谢！

由于著者水平有限，书中疏漏和不足之处在所难免，恳请读者批评指正，以便今后修订、完善。

许秀玉

2024 年 7 月

目录 /CONTENT

第一章

绪　论

　　木麻黄由于具有耐干旱、耐盐碱、抗风、抗贫瘠等优良特性，已成为我国东南沿海地区不可替代的防风固沙树种，但由于少数无性系大面积长期栽植，防护林带退化，青枯病疫病流行。为了提高沿海防护林遗传多样性与稳定性，充分发挥其生态系统服务功能，在木麻黄种质资源收集基础上开展抗青枯病植物材料选育与推广应用显得极为迫切与重要。利用选育出的高抗木麻黄植物材料，开展了沙质、岩质基干林带高质量营建关键技术研究，探讨了木麻黄植被重建对植物多样性、土壤理化性质及土壤微生物群落的影响，客观评价了木麻黄在沿海特殊困难立地中的生态修复成效，为今后沿海困难立地生态修复提供科学依据和决策参考。

第一节　研究目的与意义

一、木麻黄的生态习性与应用

　　木麻黄科（Casuarinaceae）植物原产大洋洲、太平洋群岛和东南亚地区，包括4属86种13亚种，属间没有较近的亲缘关系，该科植物常统称为木麻黄。该科植物叶退化为鳞片状（鞘齿），围绕在小枝每节的顶端，与小枝节间完全合生，小枝轮生或假轮生，常有沟槽、线纹或具棱。花为单性花，大多数植株为雌雄异株（图1-1），只有极少量的雌雄同株（图1-2），花期3～6月（中国），果实成熟期9～11月（中国），主要通过风媒传粉，通常被认为是专性异交树种。木麻黄根系能与弗兰克氏菌属（Frankia）固氮菌共生，并在缺磷的土壤中形成排根结构（图1-3），能固定大气中的氮素并促进土壤水分与养分的吸收。木麻黄可利用种子繁殖，也可扦插无性

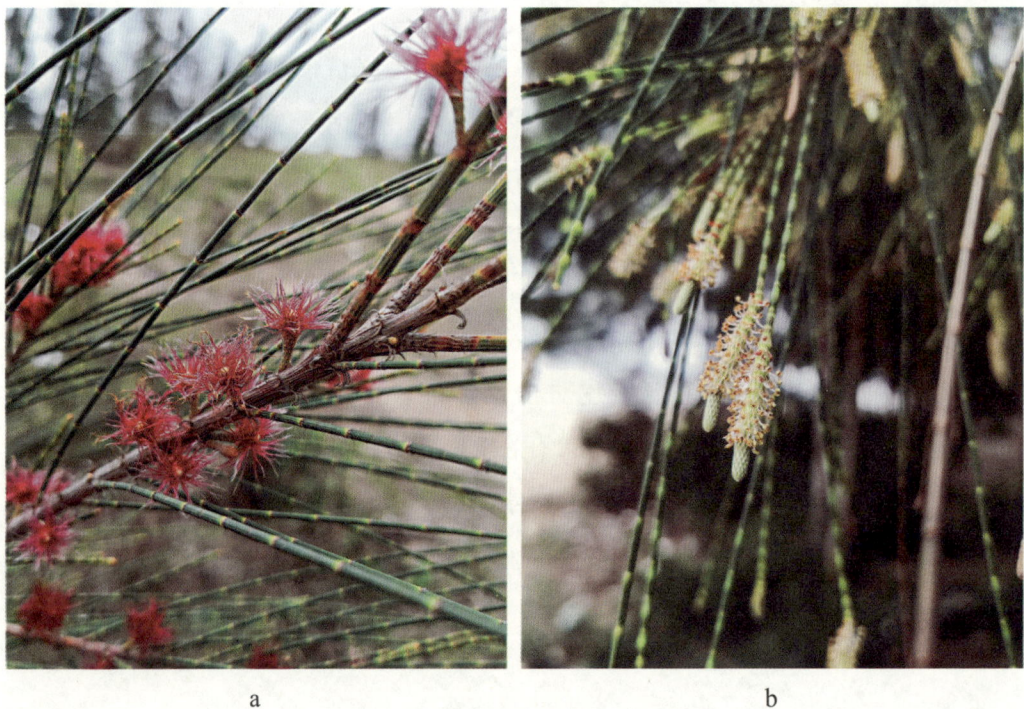

a   b

图1-1　木麻黄雌雄异株单性花
a. 雌花；b. 雄花

图 1-2 木麻黄雌雄同株

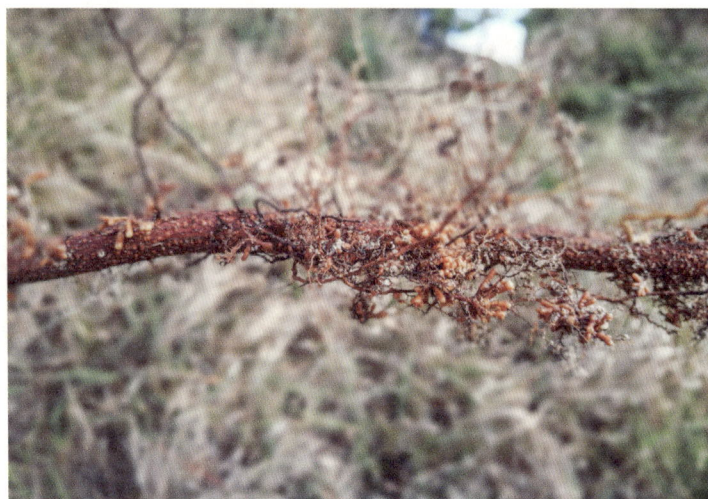

图 1-3 木麻黄根瘤

繁殖，小枝水培法是木麻黄苗木繁育的创新性突破，极大降低了木麻黄无性繁殖的生产成本。

木麻黄属强阳性高大乔木，喜炎热气候，生长迅速，萌芽力强，对立地条件要求不高，具有耐干旱、抗贫瘠、抗盐碱的优良特性，常被用于防风固沙、抵御沿海自然灾害、改善生态环境等，是我国华南及东南沿海防护林基干林带的主栽树种。我国于 20 世纪 20～50 年代在广东、海南、福建大量引种，作为沿海防风固沙和改良退化用地的优良先锋树种。经过几十年发展，木麻黄已广泛用于防风固沙、盐碱地改良、防止台风危害和海浪侵蚀等方面（图1-4），构建了被称为"绿色长城"的几千千米沿海防护林带，成为我国东南沿海地区不可替代的防风固沙树种，为维护我国沿海地区生态安全和社会经济可持续发展作出了重大贡献。

图1-4　木麻黄在我国的应用
a.盐碱地造林；b.沿海防护林；c.园林绿化；d.农田防护林

二、木麻黄抗青枯病植物材料选育的必要性

木麻黄科植物树种繁多，遗传变异大，适应性多样，经过几十年的引种驯化，大量不适应我国气候条件的树种及种源被淘汰，形成了生长良好、适应我国沿海气候条件的群体。但由于重视程度不够，木麻黄遗传改良研究一直没有跟上，我国早期营建的种子园、种源试验林未能妥善保

存，许多优良遗传资源摧毁或丢失。随着木麻黄遗传资源日益贫乏，人为活动干扰频繁、经营措施不当、人工林地力衰退等原因，20世纪60年代初在广东省西部沿海地区开始出现由青枯劳尔氏菌（俗称青枯菌，*Ralstonia solanacearum*）引起的青枯病，而且病害一代比一代严重。20世纪70～80年代，林木育种工作者利用发病区残留植株选育出了A13、501等一批抗病无性系，由于这些无性系抗病性较强，繁殖容易，随即在广东沿海得到了大面积推广应用。

然而，从选育出这些抗病无性系至今已几十年，木麻黄抗病育种几乎停滞，整个广东海岸线可供应用的木麻黄优良材料仍是少数几个无性系。主栽品种单一成为广东沿海防护林体系建设中日益突出的问题。少数无性系大面积长期栽植，使防护林带出现退化、林木生长势弱、遗传多样性丧失，整个沿海防护林体系处于极大的风险之中。此外，青枯菌具有复杂的

图 1-5　广东西部沿海木麻黄青枯病发病林分
a. 吴川吴阳；b. 湛江徐闻；c. 湛江坡头；d. 吴川塘尾

遗传变异能力，能与寄主、环境相互作用协同进化，因此大规模种植的少数抗病品系，多世代栽培后抗病力难以持久。自 2012 年起，木麻黄青枯病在广东省西部沿海地区迅速蔓延，大片沿海防护林被迫砍伐销毁，造成沿海防护林断带、残缺不全、功能衰退，影响整个地区的生态安全与国土安全。

2022 年 12 月 8 日，广东省第十三届委员会第二次全体会议通过《中共广东省委关于深入推进绿美广东生态建设的决定》，决定提出深入实施绿美广东生态建设"六大行动"。沿海海岸带是受到环境影响而产生改变的生态敏感区域和脆弱性较强的生态系统，沿海防护林是广东省重要的沿海绿色生态屏障，保护修复沿海防护林也是推进绿美广东生态建设重点任务之一。因此，在木麻黄种质资源收集基础上加快抗青枯病植物材料的选育与推广应用、提高沿海防护林遗传多样性与稳定性显得极为迫切与重要。

第二节　研究现状与发展趋势

一、青枯菌特性研究现状

国内外对青枯菌特性进行了较为全面的研究，包括菌株生理生化差异，宿主范围，菌系及生理小种的划分，病症、发病过程和发病规律的研究（Hayward，1964；He et al.，1983），提出了青枯菌分离和定量半选择性培养基的改良（Engelbrecht，1994），完成了青枯菌菌株 GMI1000 的全基因组测序（Salanoubat et al.，2002），2020 年 NCBI GenBank 数据库公布了青枯菌复合种中的 217 个全基因组序列（吴思炫 等 2023），Kubota 等（2008）开发了土壤及水中青枯菌病原体快速、灵敏的检测方法，Poussier 等（2000）通过 PCR-RFLP 技术特异性检测植物组织中青枯菌，袁婷等（2022）通过等温多自配引发扩增技术（IMSA）和环介导等温扩增技术（LAMP）快速检测植物样品中的青枯菌，Ma 等（2018）利用金纳米粒子（GNPs）和异硫氰酸荧光素（FITC）进行木麻黄种子青枯菌的快速检测，Cook 等（1989）利用 RFLP 分子标记检测细菌性青枯菌的遗传多样性，陈小强等（2018）研究结果显示胞外多糖的缺失降低了青枯菌在宿主的定殖能力。这些青枯病原菌的相关研究为后续木麻黄青枯菌病理过程、防治、抗病育种等研究奠定了基础。

二、木麻黄抗青枯病常见育种研究现状

（一）常规育种研究现状

1951 年，在印度洋西部的毛里求斯最先发现了木麻黄因青枯病而大面积死亡的现象；1984 年，在印度的喀拉拉也发现了木麻黄细菌性青枯病；2002 年，在西太平洋的关岛首次发现木麻黄因细菌性青枯病引起的木麻黄生长衰退；1964 年，梁子超和王祖太最早在我国广东省阳江县海陵岛发现木麻黄青枯病，接着该病在福建、海南、广西、浙江等地蔓延。20 世纪 80～90 年代我国科研人员在木麻黄青枯病抗病育种上做了较多的基础工作，如梁子超等（1982）最早采用室内人工接种方法开展抗病差异的研究，黄金水等（1985）研究发现粗枝木麻黄抗青枯病能力最强，细枝木麻黄次之，普通木麻黄抗青枯病能力最弱，同时开展了大量的木麻黄抗青枯病无性系选育工作，彭国强（2000）选育的 601 和 701 无性系在生产上沿用至今。进入 21 世纪以来，我国的抗青枯病木麻黄选育工作仍在推进，Sun 等（2014）对 33 个木麻黄无性系进行检测；黄良宙等（2021）对 30 个木麻黄无性系进行青枯病抗性试验检测，魏永成等（2021）对短枝木麻黄 20 个种源开展抗青枯病鉴定，魏龙等（2023）对 26 个家系的短枝木麻黄进行青枯病抗性评估，研究发现木麻黄自然杂交群体不仅在生长量、适应性等方面分化严重，在青枯病抗性上也存在严重分化，具有较大的遗传变异。

（二）抗病鉴定方法研究现状

1986 年，郭权和梁子超最早建立了一套木麻黄抗青枯病品系的筛选技术：用稀释分离法从木麻黄病株上分离青枯菌，在含 TTC 培养基上培养并制成浓度为 109 个细菌 /mL 的细菌悬浮液用于接种，以苗龄 3～4 月无性苗为接种材料，采用切根淋菌法、伤根浸菌法进行接种，并以死亡率作为抗 / 感品系划分标准。王军（1996）在此研究基础上对接种植物材料类型、菌液浓度、光照条件等多项影响木麻黄青枯病抗性鉴定的因素进行了研究，提出了一种木麻黄青枯病抗性鉴定的可靠方法，即将无根苗基部直接浸入盛有 50 mL 青枯菌菌液的烧杯内接种，同时采用相对病害强度（RDI）代替

发病株率作为病级指标，RDI = 萎蔫分枝数 / 分枝总数，比值越小，表明植株的抗性程度越高。

（三）致病机理研究现状

青枯菌侵染植株的途径有两种：①青枯菌感染的第一步是在植物根际定殖，在与外界细菌类群竞争达到阈值密度后，病原菌开启其毒力基因表达并侵入植物根部皮层的细胞间隙，最后侵入根部导管细胞，然后在邻近组织内繁殖并扩散蔓延到整个植株；②青枯菌通过植株伤口直接侵入并定殖于根系木质部，然后病菌进入导管迅速蔓延至茎部，引起植株死亡或枯萎（Rivera-Zuluaga *et al.*，2023）。青枯菌在植物体内产生大量胞外多糖（EPS），这些胞外多糖可阻塞导管组织并促进青枯菌对寄主的侵染，在导致寄主植物枯萎过程中起着重要作用（戚培培 等，2023）。研究表明，青枯菌能产生大约 30 种胞外蛋白，其中包括 4 种果胶分解酶和 2 种纤维素分解酶，这些酶对植物细胞壁造成破坏，有利于细菌对植物体的侵染（李陈莹 等，2023）。此外，青枯菌Ⅲ型分泌系统（T3SS）注入的Ⅲ型效应蛋白（T3Es）可破坏宿主细胞的防御机制和改变宿主代谢，从而促进细菌的生长（Landry *et al.*，2020）。有研究指出，青枯菌可通过注入效应蛋白 RipI 促进植物细胞中谷氨酸脱羧酶（GABA）的生化激活，提升宿主内的 GABA 含量，从而有助于青枯菌的侵染（Xian *et al.*，2020）。

致病性强的菌株具有较高的纤维素酶活性，二者呈显著正相关，但果胶酶活性在强 / 弱致病性菌株间差异不显著（罗焕亮 等，1998）；王军等（1997）研究结果表明青枯菌培养滤液对木麻黄小苗也具有强致病性，木麻黄小苗枯萎并不是病菌大量繁殖堵塞导管引起的，而是青枯菌生长代谢过程中产生的毒性物质诱导了植株抗病生理响应，产生大量填充体，造成导管堵塞；3- 羟基丙酸甲酯（3-OH PAME）是调节青枯菌毒力基因表达的重要群体感应（QS）信号（Kai，2023）；Wang 等（2023）分离出两个对 3-OH PAME 具有较高分解速率的菌株，对青枯菌胞外多糖和纤维素酶合成具有抑制作用，从而有效保护木麻黄免受青枯菌感染；Zhou 等（2021）研究发现一青枯菌复合种（*Ralstonia pseudosolanacearum*）在小枝表现出更多的上调基因，小枝凋落物可能会促进土壤中青枯菌复合种对木麻黄的侵染。

（四）抗病机制研究现状

研究发现木麻黄抗病树种的多酚氧化酶（PPO）活性远远高于感病树种，抗病性强的粗枝木麻黄和细枝木麻黄过氧化氢酶（CAT）和过氧化物酶（POD）高于感病海滨异木麻黄（*Allocasuarina littoralis*），且抗病木麻黄植株较感病植株 pH 值高、蔗糖含量较高、单宁含量较高、葡萄糖含量较低（谢卿楣，1991；梁子超和陈柏铨，1982；岑炳沾 等，1983）；抗病种源具有较高的可溶性糖、总酚和类黄酮含量，抗病无性系的类黄酮合成相关基因表达上调，类黄酮的积累得到促进（魏永成 等，2021）；孙战等（2022）试验表明木麻黄青枯病发病等级与 PPO 活性呈显著正相关，与酸性磷酸酶（ACP）、蔗糖酶（INV）、CAT、POD 活性均呈负相关关系；魏龙等（2023）的研究结果显示抗病家系的总酚和类黄酮含量与相对病害强度和病情指数呈负相关关系。

（五）分子标记的应用

随着生物信息学在植物研究中的应用，分子标记也逐渐应用于木麻黄遗传育种研究，如利用 ISSR、RAPD 标记开展了木麻黄树种不同群体的遗传多样性评估及属内杂交鉴定（Chezhian *et al.*，2009；Ho and Lee，2011；许秀玉 等，2012；Ramakrishnan *et al.*，2013），Sun 等（2014）发现了 3 个与木麻黄青枯病抗性相关的 AFLP 标记，Kullan 等（2016）从木麻黄 86415 个 ESTs 中鉴定出了 11503 个 EST-SSR 标记位点，Zhang 等（2020）利用 13 个 SSR 标记对 27 个木麻黄种源进行基因分型，李振等（2021）对木麻黄 SSR-PCR 反应体系进行了优化，为木麻黄的多重 SSR-PCR 反应和遗传分型提供了进一步的技术支持。

三、林木抗病育种发展趋势

木麻黄林木个体高大，生长周期长，在遗传学上是一种难以操作与利用的材料，林木遗传育种基础研究也远远滞后于许多模式植物和作物。林木常规杂交育种方法是借助表型及育种专家经验对林木的生长、适应性、抗逆等重要性状进行选育，选育出一个林木良种一般需要几十年的时间，周期长、效率低。随着生物信息学的迅速发展，未来林木抗病育种主要有以下发展趋势：

（1）林木基因组和功能基因组学研究。随着木麻黄全基因组序列图谱的完成，通过表达序列标签（EST）法、反向遗传学技术、蛋白质组学分析法、DNA 芯片等方法进行大规模、高通量的基因功能分析，鉴定与林木产量、品质、抗性相关的基因，并通过基因工程、分子标记辅助选择等手段培育抗病新品系是未来林木抗病育种的发展趋势。

（2）连锁分析与关联分析。林木中采取连锁分析和关联分析相结合的策略，可定位与目标性状显著关联的基因位点及其表型效应，快速发掘种质资源中的优异等位变异，发掘有益的等位基因，通过基因工程或分子辅助选择技术改良目标性状，快速实现遗传改良，大大提高育种效率。伴随基因型分析技术的发展、关联分析软件包普及与推广、高通量测序技术的发展，关联分析必将在林木抗病育种中发挥越来越重要的作用。

（3）林木分子设计育种。分子设计育种需定位所有相关性状的 QTL，再对这些位点的等位性变异作出评价，最后结合基因组学、生物信息学和蛋白质组学的研究结果在计算机上模拟实施方案开展设计育种，考虑的因素更多、更周全，选用的亲本组合更科学、更有效，能满足多目标育种的需要，极大提高育种效率，是 21 世纪林业发展的趋势。

第三节　研究目标与主要内容

一、木麻黄青枯病抗病选育存在的问题

（一）菌系变异快，木麻黄抗病育种材料具有不稳定性

研究表明，青枯菌具有较高的遗传多样性、变异性，以及广泛的寄主范围，菌株的致病性易发生改变（Vailleau et al., 2023）。在病株遗传变异过程中，原来的抗病植物材料也可能失去抗病性，因此造成了木麻黄抗病育种材料的不稳定性。木麻黄同时存在水平抗性与垂直抗性，没有对所有植物材料都具有强致病性的菌株，也没有对所有菌株都抗病的植物材料（王军，1997）。因此，木麻黄抗病育种材料需要及时换代更新，需要选育出更多的抗病材料以应对菌系的变异，生产上也应防止单一使用某一种抗病无性系，这是预防木麻黄青枯病爆发与蔓延的最根本措施。

（二）木麻黄为外来树种，可利用的本地驯化资源少

我国于 20 世纪 80 年代中期借助国际合作项目，开展了木麻黄遗传资源收集、优良种源筛选、优良家系选育和无性繁殖等研究，主要收集、保存了短枝木麻黄、细枝木麻黄、粗枝木麻黄、山地木麻黄 4 个木麻黄树种、几十个种源与家系，并从 1000 多株优树中通过优选、当代鉴定和人工杂交等方法，经过 20 多年的田间试验，根据不同的育种目的（抗病、速生、抗风、抗旱、耐盐）选育出了 60 多个优良无性系，这些种质资源成为我国木麻黄重要的育种群体。但是除了部分优良无性系外，在树种、种源层面经本地驯化、遗传测定的优良资源少。要制定一个树种长远的遗传改良策略，现有的可利用种质资源远远不够，还需要不断引进新的优良种质资源，不断挖掘优良基因，才能有效避免选育出的优良材料遗传基础逐步单一化。

（三）木麻黄抗病育种研究基础薄弱，技术较落后

我国自 20 世纪 20 年代引种木麻黄，20 世纪 50～80 年代初步进行了品种筛选及抗病育种研究。由于重视程度不够、资金有限、育种资源限制等原因，木麻黄抗病育种研究远远滞后于许多用材树种，如马尾松（*Pinus massoniana*）、桉（*Eucalyptus robusta*）、杉木（*Cunninghamia lanceolata*）、台湾相思（*Acacia confusa*）等，究其原因：一是木麻黄种植面积小，大多限于华东、华南一线沿海地区；二是木材主要作为薪炭材使用，其直接经济价值不高；三是仅利用木麻黄耐干旱、耐瘠薄、耐盐碱、不怕沙埋、速生、繁殖容易等特点，作为生态树种和防护林树种培育；四是长期以来对木麻黄抗病育种研究不够重视，投入较少，目前能查阅到的木麻黄青枯病抗病相关技术资料多集中在 20 世纪 80 年代，信息陈旧落后，科技支撑严重不足，在木麻黄青枯病抗源、抗性遗传规律、杂交育种、组织培养、抗病基因分离、基因工程等方面研究滞后。

（四）遗传标记及基因组信息资源缺乏

与其他林木树种（如杉木、马尾松、火炬松、油茶、杨树等）相比，木麻黄分子标记辅助育种相关研究滞后，能查阅到的木麻黄分子标记相关信息相对有限，利用 RAPD 和 ISSR 分子标记进行木麻黄群体结构分析、遗传多样性评价的研究较少。Yasodha 等（2009）利用 SSR 富集方式只发掘出了 7 个木麻黄 SSR 标记；Sun 等（2014）发掘 3 个抗青枯病 AFLP 标记；

Kullan 等（2016）利用木麻黄基因组 EST 序列鉴定出了 11503 个 EST-SSR 标记位点，其中 7455 个位点可以设计合成引物，但这些位点在多态性、通用性、功能、与哪些性状连锁、在染色体中位置等信息均未研究清楚，满足不了木麻黄遗传多样性分析、种质鉴定、遗传图谱构建、数量性状位点（QTL）鉴定和最终的分子标记辅助选择的需要，制约了木麻黄遗传改良研究进展。

二、研究主要内容

（一）木麻黄青枯病菌的分离及强致病菌株的筛选

在广东沿海木麻黄青枯病发病区采集病根，开展病原菌分离方法的比较、16S rRNA 测序鉴定和菌株致病性测定等研究，筛选出在不同无性系和不同接种方法中均具有较强致病性的菌株作为下一步木麻黄种质抗性鉴定和抗病育种研究试验用菌株，也为相关研究人员筛选木麻黄强致病性青枯菌株提供方法上的参考。

（二）木麻黄青枯病抗性鉴定方法比较及抗病种质筛选

以木麻黄无性系 A8 为试验材料，系统探讨水培生根苗、嫩枝、绿梗小枝、褐梗小枝、青枯菌粗毒素及盆栽小苗伤根接种、盆栽小苗无伤接种等不同接种材料、不同接种方法对木麻黄青枯病抗性鉴定的影响，筛选出一套简便、准确、实用及可靠的木麻黄青枯病抗性鉴定方法，利用科学的抗性鉴定方法对我国现有的木麻黄核心种质开展青枯病抗性分级，筛选出抗病种质资源。

（三）木麻黄感染青枯病的生理变化研究

以广东省大面积种植的木麻黄 A8 无性系为试验材料，采用盆栽幼苗伤根接种法接种木麻黄强致病性青枯菌，研究接种前后木麻黄功能小枝中超氧化物歧化酶（SOD）、过氧化氢酶（CAT）、过氧化物酶（POD）、多酚氧化酶（PPO）和苯丙氨酸解氨酶（PAL）等防御酶活性和可溶性蛋白含量的变化规律，考察各指标的抗病响应规律，这些指标的变化可以作为木麻黄抗病适应性的指标，为抗病木麻黄品系的选育提供理论指导。

（四）木麻黄 EST–SSR 分子标记的开发及遗传多样性分析

利用公共数据库 NCBI 中木麻黄茎转录组序列规模化挖掘木麻黄 EST-

SSR，分析木麻黄 EST-SSR 总体特点和分布频率，对新开发 EST-SSR 核苷酸重复特点、多态性、通用性作出评价并进行功能注释。利用新开发的 EST-SSR 多态性标记对我国现有木麻黄核心种质进行遗传多样性分析，为核心种质的保存与利用提供指导。

（五）木麻黄种质资源抗青枯病的 EST–SSR 关联分析

利用新开发的 EST-SSR 标记，对我国现存的木麻黄核心种质进行标记初筛，得到用于关联分析的 SSR 标记 49 个。利用初筛得到的 49 个标记对木麻黄青枯病抗性进行关联分析，旨在探索与木麻黄青枯病抗性相关的基因组位点，增强木麻黄抗性相关的标记资源的积累，进而为木麻黄标记辅助育种研究奠定基础。

（六）木麻黄抗青枯病良种繁育

对前期相关数据资料进行科学分析，确定重点指标，对采穗圃营建过程中的成功经验进行全面总结，规范木麻黄采穗圃的建设标准，对选育出的优良无性系进行科学育苗、推广应用，为生产提供具有优良遗传品质与生长品质的苗木。

（七）沿海困难立地植被重建与示范

针对沿海地区不同的生境条件营建示范林，在多年实践基础上，提出了"沙质基干林带困难立地植被重建技术体系"及"岩质基干林带困难立地植被重建技术体系"，为沿海防护林体系建设夯实了技术之基。

（八）沿海困难立地植被重建综合评价

以木麻黄重建林分为研究对象，以原状未恢复的退化土地作为参考对照，探讨沿海困难立地木麻黄植被重建对林下维管束植物群落、土壤理化性质、土壤微生物群落的影响，研究结果有助于我们全面了解基干林带退化生态系统修复过程，并为未来的植被恢复项目设定可实现的目标。

三、技术路线

本书具体研究路线如图 1-6 所示。

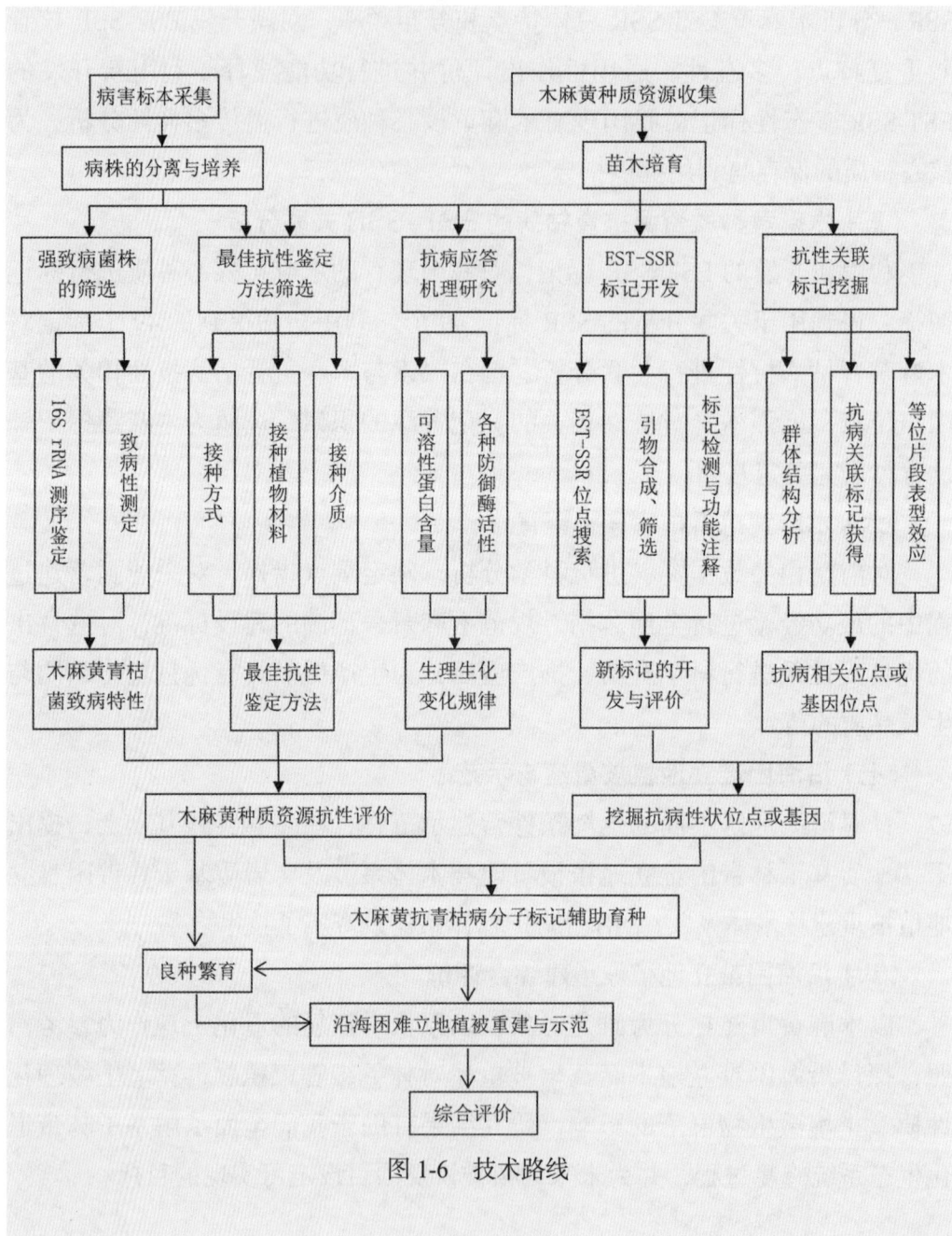

图1-6 技术路线

第二章

木麻黄青枯病菌分离
及强致病菌株筛选

　　要开展木麻黄抗病育种研究，首先要分离、获得有效的强致病性菌株。长期以来，木麻黄青枯菌的分离采用的是传统的稀释分离法，其缺点是操作较复杂、杂菌含量高。目前，16S rRNA 基因检测技术已成为细菌等原核生物检测和鉴定的重要方法（Lu *et al.*，2020，Zhao *et al.*，2023）。在木麻黄青枯菌的病理系统中，青枯菌致病性严重分化，不仅菌株间存在着显著的致病性差异，同时还存在水平致病性与垂直致病性的差异（王军，1997）。青枯菌寄主范围广泛，存在丰富的遗传多样性，能够与寄主植物协同进化产生变异（戚培培 等，2023），使原来选育出的抗病植物材料随着时间推移抗病性大大降低，强致病性菌株也会逐渐失去致病性。因此，开展木麻黄抗病育种研究工作，在分离获得病原菌后，还要对其致病性进行测定，选择强致病性菌株用于试验研究。本章首次将根系溢出法用于木麻黄青枯菌的分离，并将 16S rRNA 基因检测技术应用于木麻黄青枯菌株的鉴定，利用水培接种和盆栽接种对分离出的菌株进行致病性测定，筛选出有效的强致病菌株用于木麻黄进一步的选育试验，为今后相关领域的研究提供参考。

第一节　研究方法

一、病原菌分离

（一）病害标本采集

选择广东电白、吴川、湛江南三岛、湛江东海岛和徐闻等有代表性的木麻黄新发病区林分，采样时选择田间自然发病的新发病植株，通常主干具有深红色竖条病斑（图 2-1），挖取木质部呈水渍状或半透明状根系 2～3 段，每段 10～20 cm，封口袋封装，记录采集时间、地点，带回试验室分

图 2-1　病害标本采集
a. 病株主干典型病斑；b. 病根挖取；c. 根系木质部水渍状或半透明状；
d. 主干心材发黑

离病菌。具体病害标本采集地点见表 2-1。

（二）稀释分离法

取病根（约 3 cm），自来水洗净，75% 的酒精浸泡消毒 30 秒，置无菌水冲洗 3 次，每次 30 秒，在超净工作台上剥去外皮，置于无菌培养皿中切除两端，最后将其横切成 3～5 份，放入含有 5～10 mL 无菌水的培养皿内 30 分钟，搅拌形成病菌悬浮液（图 2-2）。用接种环蘸取菌液在 TTC 培养基平板上划线分离，至少 3 个平板，编号，于 30 ℃下恒温培养 24～48 小时。

表 2-1　菌株编号与来源

菌株编号	采集地	寄主无性系	菌株编号	采集地	寄主无性系
A	广东电白贺博	A8	Q	广东湛江坡头区南三林场	A13
B	广东吴川吴阳同化村	A13	R	广东湛江坡头区南三林场	A13
C	广东吴川吴阳同化村	A8	S	广东湛江东海岛东简镇	A8
D	广东吴川吴阳同化村	A8	T	广东湛江东海岛东简镇	A13
E	广东吴川吴阳金海岸	A8	U	广东湛江东海岛东简镇	A13
F	广东吴川吴阳金海岸	A8	V	广东徐闻国营防护林场Ⅰ工区	A8
G	广东吴川吴阳金海岸	A13	W	广东徐闻国营防护林场Ⅰ工区	A8
H	广东吴川吴阳金海岸	A13	X	广东徐闻国营防护林场Ⅰ工区	A13
I	广东吴川吴阳俄儿村	A8	Y	广东徐闻国营防护林场Ⅱ工区	A8
J	广东吴川吴阳俄儿村	A8	Z	广东徐闻国营防护林场Ⅱ工区	A13
K	广东吴川吴阳俄儿村	A13	AB	广东徐闻国营防护林场Ⅲ工区	A8
L	广东吴川吴阳俄儿村	A13	AC	广东徐闻国营防护林场Ⅲ工区	A13
M	广东湛江坡头区南三林场	A8	AD	广东徐闻国营防护林场Ⅲ工区	A13
N	广东湛江坡头区南三林场	A8	GL-2	中国林业科学研究院热带林业研究所	A8
O	广东湛江坡头区南三林场	A8	TC-1	中国林业科学研究院热带林业研究所	A8
P	广东湛江坡头区南三林场	A13			

图 2-2　稀释分离法
a. 病根剥皮横切；b. 不同采集地点病根

（三）根系溢出法

将 8～10 cm 长的病根洗净，两端切成平整的新鲜断面，把其中一端浸泡于装有无菌水的玻璃瓶中，室温放置 12～36 小时后，在病根的另一端断面会流出乳白色的菌脓（图 2-3）。用接种针挑取菌脓划线培养于 TTC 培养基平板上，至少 3 个平板，编号，置于 30 ℃下恒温培养 24～48 小时。

图 2-3　根系溢出法
a. 病根一端浸泡；b. 病根上溢出的菌脓

设计双因素试验，先将病根按无性系分类，再将同一无性系不同地点的病根随机混合并分别采用 2 种方法分离病菌，试验重复 3 次，每段病根做不少于 3 个平板，于 30 ℃下恒温培养 48 小时。分离率（%）= 分离出典型菌落的病根数 / 参试总病根数 ×100。

二、病原菌 16S rRNA 测序鉴定

青枯菌在 TTC 培养基上的典型特征为菌落呈不规则圆形，略隆起，中心部位粉红色，周围有白色晕圈，不透明，具有流动性。选择具有典型菌落特征的菌株进行 16S rRNA 测序鉴定。

利用 Ezup 柱式细菌基因组 DNA 抽取试剂盒进行待测病菌基因组 DNA 的提取，试剂盒购买自生工生物工程（上海）股份有限公司。以 16S rRNA 为靶基因的青枯菌特异性引物序列 OL I1：（5'-GGGGGTAGCTT GCTACCTGCC-3'）和 Y2：（5'-CCCACTGCTGCCTCCCGTAGGAGT-3'）进行扩增。引物由生工生物工程（上海）股份有限公司合成。PCR 反应体系和反应条件参考王胜坤等（2007）的方法。以 DL Marker2000 为标准分子量，扩增产物经 2.0% 琼脂糖凝胶电泳，在 Bio-Rad 凝胶成像系统下观察并记录结果。将扩增产物送至生工生物工程（上海）股份有限公司进行测序，将获得的序列经 BLAST 与 GenBank 的核酸序列库中已知青枯菌 16S rRNA 序列进行同源性比较，以判断所分离得到的菌株是否为青枯菌。

三、青枯菌致病性测定

（一）植物材料

选择抗性不同的木麻黄 K18、A14 无性系木质化褐梗枝条作为茎段水培接种测定材料。选择 6 个月龄期、60～70 cm 高、根系发达、生长一致的木麻黄 K18、A14 无性系营养袋苗为小苗盆栽接种试验苗木。所有参试材料均为不带菌的健康苗木。

（二）参试菌株

选择经测序鉴定的 22 个青枯菌菌株作为测定菌株。各菌株在 TTC 固体培养基上活化 48 小时，再继代培养于液体培养基中摇床培养 36 小时。培养液于 5000 r/ 分钟离心 15 分钟收集菌体，用无菌水配成浓度 3×10^8 cfu/mL（平板计数法）菌悬液用于茎段水培接种，2.7×10^9 cfu/mL（平板计数法）的菌悬液用于小苗盆栽接种（图 2-4）。

（三）茎段水培接种法

设计 2 个无性系、22 个菌株的双因素交叉试验。采用恒温水培法接种，

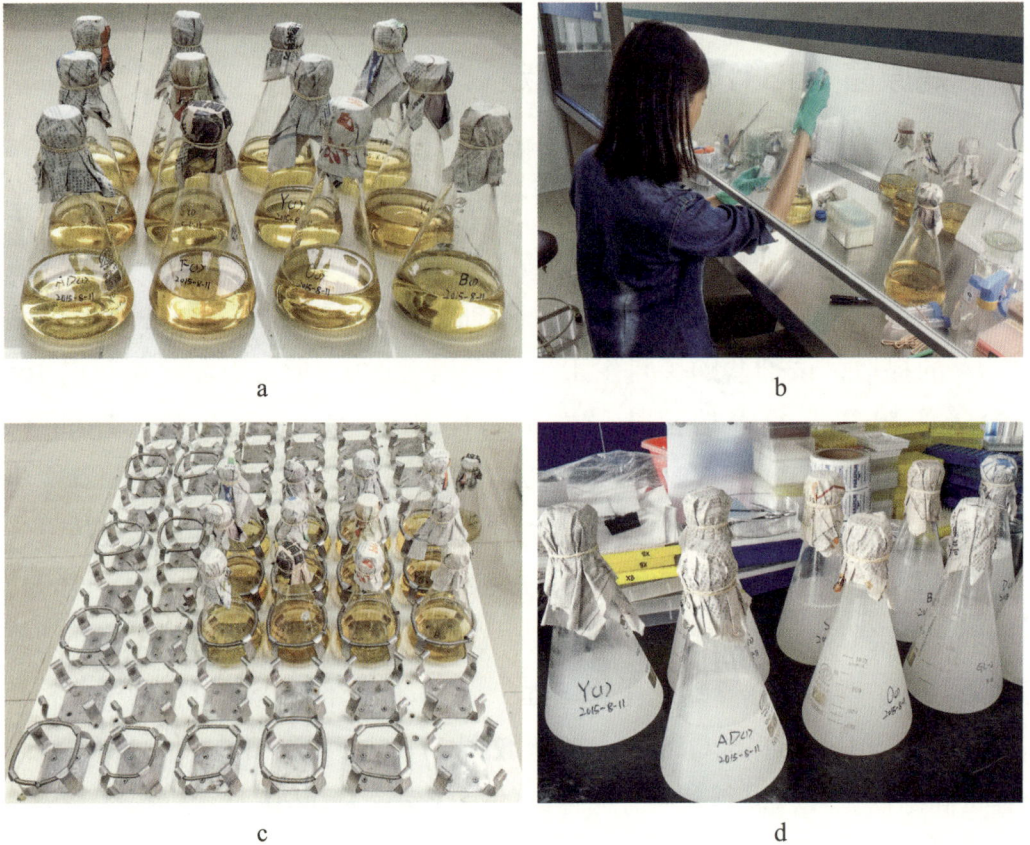

图 2-4　菌悬液的制备
a.液体培养基的配制；b.菌株的接种；c.摇床培养；d.制成的菌悬液

将木质化褐梗枝条剪成 15～20 cm 的茎段，每个茎段含有 8～10 个小枝。每个处理将 3～4 段褐梗茎段浸入盛有 200 mL 细菌悬浮液的玻璃瓶内，每瓶含有 20～30 个小枝（图 2-5）。每个处理重复 3 次，无菌水作对照，置于温度 30℃、相对湿度 80%、光照时间 16 小时、强度为 8000 lx 的人工气候箱中培养，连续调查 5 天，每天观察记录植株发病情况，第 5 天统计数据进行分析。

将侵染后的木麻黄小枝分为 4 个等级（0 级，分枝无症状；1 级，分枝萎蔫下垂，保持绿色；2 级，分枝枯黄、萎蔫下垂；3 级，小枝干枯死亡）进行病情分级，计算病情指数。病情指数 = ［∑（各级病级分枝数 × 相对级数值）/（调查总分枝数 × 发病最高级数值）］×100。

（四）小苗盆栽接种法

设计 2 个无性系、22 个菌株的双因素交叉试验。采用移栽浸根法进行

图 2-5　茎段水培接种（人工气候箱）

青枯菌致病性检测：抖落苗木土壤，洗净根部，除去基部黄化叶片，剪去 1/3 根系，浸入配制好的细菌悬浮液中，30～31℃保湿浸根培养 30 分钟后种植于装有草木灰与黄心土（体积比为 1∶2）的塑料盆中（图 2-6）。草木灰与黄心土提前 3 天装好，消毒，搅拌均匀。每个处理一盆，每盆种植 25～30 株，重复 3 次，无菌水作对照。种植后每天浇水保持盆内湿润，昼夜温度为 28～35℃，相对湿度 80% 以上。每天观察记录植株发病情况，第 9 天统计数据进行分析。

以株为单位调查，记录无病植株数与死亡植株数，计算死亡率。死亡率（%）＝（死亡植株数 / 总株数）×100。

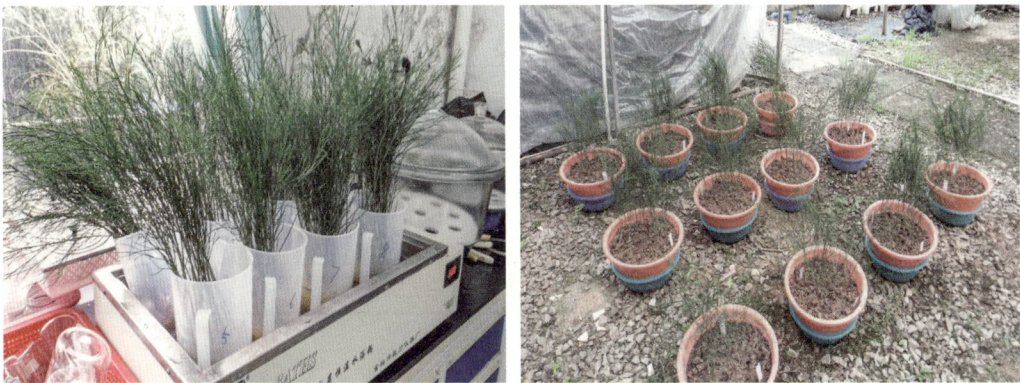

a　　　　　　　　　　　　　b

图 2-6　小苗盆栽接种法
a. 浸根；b. 盆栽

四、统计分析

试验数据表示为平均值 ± 标准差（SD），采用 SAS V8.1 统计软件对试验结果进行方差分析、相关分析及 Duncan 多重比较检验不同平均值间的差异等。

第二节　两种分离方法的比较分析

一、稀释分离法

分离植物体内青枯菌传统采用的是稀释分离法，稀释分离法细菌分离率成功率较高，本研究中木麻黄 A13 无性系 95.6% 的病根可以分离出青枯菌典型菌落，A8 无性系 93.3% 的病根可以分离出青枯菌典型菌落（表 2-2）。但稀释分离法需要在超净工作台上切割植物根系，制作病菌悬浮液，较费时费力。

二、根系溢出法

根系溢出法也能从木麻黄根系分离出青枯病菌菌株。研究结果表明，木麻黄 A13、A8 无性系只有 60% 左右的病根溢出菌脓并分离出典型菌落（表 2-2）。但根系溢出法直接从溢出的菌脓上挑菌划线培养，操作更加简便，杂菌含量低，通常不需要二次分离即可获得较纯的菌株。

表 2-2　两种分离方法的比较

无性系	分离方法	可分离出的菌株	分离率（%）
A13	稀释分离法	B,G,H,K,L,P,Q,R,T,U,X,Z,AC,AD	95.6 ± 3.8
	根系溢出法	B,H,Q,R,T,X,Z,AC,AD	57.8 ± 7.7
A8	稀释分离法	A,C,D,E,F,I,J,M,N,O,S,V,W,Y,AB	93.3 ± 6.7
	根系溢出法	C,D,E,F,M,O,S,W,Y,AB	60.0 ± 6.7

三、两种分离方法的比较

采用稀释分离法和根系溢出法均能较好地从木麻黄根系分离出青枯病

菌，不同方法分离出的同一菌株在形态、鉴定和致病性等方面没有差异。稀释分离法分离率较高，但操作较为繁琐；根系溢出法分离率较低，但操作更加简便，杂菌含量低。方差分析表明，无性系及无性系与分离方法的交互作用对分离率影响均不显著，分离率的高低主要是由分离方法不同引起的（表2-3）。

表2-3　不同分离方法方差分析

变异来源	自由度	平方和	均方	F 值
无性系	1	0.0002	0.0002	0.01
分离方法	1	0.7573	0.7573	43.04**
无性系 × 分离方法	1	0.0027	0.0027	0.15
误差	8	0.1408	0.0176	

注：** 表示 0.01 极显著水平。

与传统稀释分离法相比，采用根系溢出法也能较好地分离出青枯菌菌株，大大减少实验操作，简便快速，杂菌含量少，但分离成功率略低，主要原因可能包括：一是部分木麻黄根系组织材质致密，不利于菌脓的溢出；二是植株感病时间太短而没有足够的菌脓流出。

本试验利用两种分离方法共分离出了 31 个在 TTC 培养基上具有典型菌落特征的病原菌菌株（图2-7）。分离获得的 31 个菌株具体情况见表2-1。

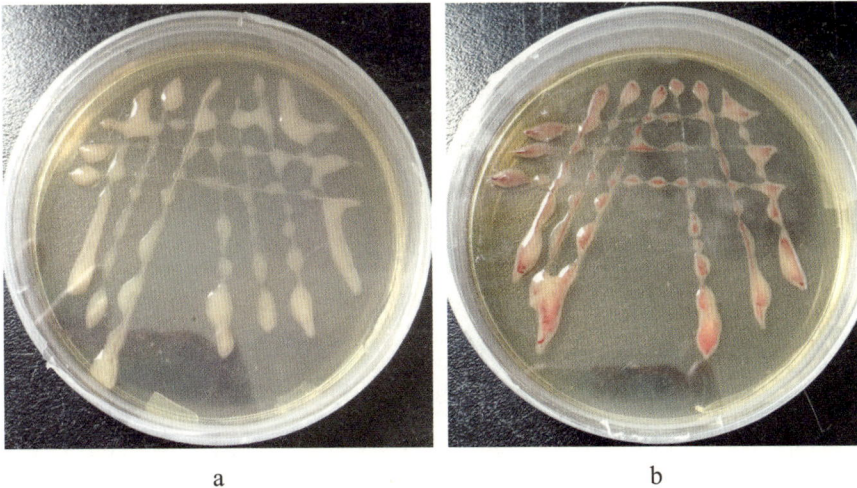

图2-7　平板划线法分离出的具有典型菌落特征的病原菌菌株
a. 普通培养基分离菌落特征；b.TTC 培养基分离菌落特征

第三节 病原菌的鉴定

一、TTC 培养基法

长期以来，木麻黄青枯菌的鉴定和毒性鉴别采用的是简单的 TTC 培养基法，即观察细菌菌落特征，一般在 TTC 固体培养基平板上菌落呈不规则圆形，略隆起，白色或乳白色，中心部位淡红色或粉红色（有的中央部位出现螺旋样红色沉着），不透明，具有流动性的菌落即为致病性青枯菌菌落。

二、16S rRNA 测序鉴定

以 OLI1/Y2 为特异性引物扩增 16S rRNA 基因序列，分离出的 31 个菌株有 22 个可在 2 小时内扩增出 280 bp 左右的目标条带，且无杂带出现，电泳结果如图 2-8 所示。对这 22 个病原菌做进一步测序鉴定，而 A、C、E、G、J、L、T、W、AC 等 9 个菌株未扩增出特异性条带，为阴性，不再做进一步测序鉴定。

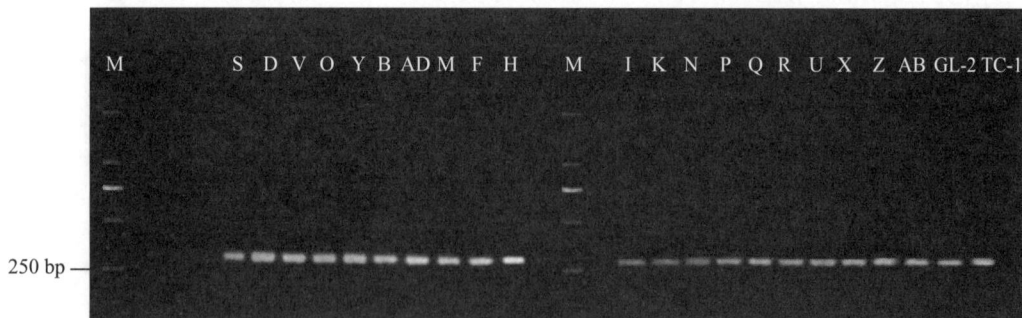

图 2-8 部分菌株 16S rRNA 序列扩增电泳结果

将 22 个菌株 16S rRNA 正反向测序结果进行拼接后与 GenBank 核酸数据库的基因序列进行比对，结果表明：B、D、F、H、I、K、M、N、O、P、Q、R、S、U、V、X、Y、Z、AB、AD、GL-2 和 TC-1 菌株与数据库中 *Ralstonia solanacearum* 菌株（登录号为 CP012943.1、CP012939.1）16S rRNA 的同源

性高达 100%，结合菌落培养特征，确认这些致病菌为青枯菌。利用稀释分离法与根系溢出法分离出的同一个菌株在形态、特异性条带及同源性比较中没有差异。其中，M 菌株 16S rRNA 与 GenBank 中一种青枯菌 16S rRNA 序列的比较如图 2-9 所示。

```
query            ------------------------------------------------GGGGGTAGCTTG  12
R.S. 16S rRNA    AGATTGAACGCTGGCGGCATGCCTTACACATGCAAGTCGAACGGCAGCGGGGTAGCTTG  60
                                                                 ************

query            CTACCTGCCGGCGAGTGGCGAACGGGTGAGTAATACATCGGAACGTGCCCTGTAGTGGGG  72
R.S. 16S rRNA    CTACCTGCCGGCGAGTGGCGAACGGGTGAGTAATACATCGGAACGTGCCCTGTAGTGGGG 120
                 ************************************************************

query            GATAACTAGTCGAAAGACTAGCTAATACCGCATACGACCTGAGGGTGAAAGTGGGGGACC 132
R.S. 16S rRNA    GATAACTAGTCGAAAGACTAGCTAATACCGCATACGACCTGAGGGTGAAAGTGGGGGACC 180
                 ************************************************************

query            GCAAGGCCTCATGCTATAGGAGCGGCCGATGTCTGATTAGCTAGTTGGTGGGGTAAAGGC 192
R.S. 16S rRNA    GCAAGGCCTCATGCTATAGGAGCGGCCGATGTCTGATTAGCTAGTTGGTGGGGTAAAGGC 240
                 ************************************************************

query            CCACCAAGGCGACGATCAGTAGCTGGTCTGAGAGGACGATCAGCCACACTGGGACTGAGA 252
R.S. 16S rRNA    CCACCAAGGCGACGATCAGTAGCTGGTCTGAGAGGACGATCAGCCACACTGGGACTGAGA 300
                 ************************************************************

query            CACGGCCCAGACTCCTACGGGAGGCAGCAGTGGG-------------------------- 286
R.S. 16S rRNA    CACGGCCCAGACTCCTACGGGAGGCAGCAGTGGGGAATTTTGGACAATGGGGGCAACCCT 360
                 **********************************
```

图 2-9　M-16S rRNA 序列与 GenBank 中一种青枯菌 16S rRNA 序列的比较

青枯菌能与环境及植物材料互作，容易产生变异，但其核糖体基因序列（即 16S rRNA 间隔区）具有高度保守性和特异性，在同一物种的相似度可高达 99%（Lu et al.，2023；Hossain et al.，2022；Sharma et al.，2021），已成为病原细菌检测和鉴定的常用方法，本研究首次将这种技术应用于木麻黄青枯菌的检测鉴定，利用 TTC 培养基法分离出的 31 个病株有 22 个病株扩增出了特异性条带，经 16S rRNA 测序比对确定这 22 个菌株为青枯菌，青枯菌检出率约为 71%。因此，对用于试验的青枯菌菌株开展 16S rRNA 测序鉴定非常有必要。

第四节　不同菌株致病性测定

一、茎段水培接种

由表 2-4 可见，参试菌株对 K18、A14 无性系褐化茎段均具有致病性，病情指数 20.0～94.4。22 个菌株接种 K18 茎段后致病性差异极显著（P<0.01），利用 Duncan 法进行多重比较，将菌株致病性分成若干等

表2-4 不同菌株致病性测定

菌株	茎段水培接种				小苗盆栽接种			
	K18		A14		K18		A14	
	病情指数	多重比较	病情指数	多重比较	死亡率(%)	多重比较	死亡率(%)	多重比较
B	66.2 ± 9.7	bcd	45.9 ± 11.0	abcd	56.0 ± 16.9	de	33.9 ± 15.1	bcdefg
D	64.1 ± 20.6	bcd	61.2 ± 14.8	ab	4.9 ± 2.2	ijk	0.0 ± 0.0	h
F	83.2 ± 5.6	abc	49.6 ± 8.6	abcd	90.4 ± 8.6	ab	56.2 ± 14.2	abc
H	80.6 ± 12.4	abc	59.3 ± 14.7	abc	93.3 ± 6.1	a	65.2 ± 19.2	ab
I	50.1 ± 19.7	cd	20.0 ± 5.2	f	0.0 ± 0.0	k	0.0 ± 0.0	h
K	51.4 ± 17.0	cd	41.2 ± 9.2	bcde	26.0 ± 5.2	fgh	47.6 ± 8.2	abcdef
M	83.7 ± 7.6	abc	56.1 ± 3.8	abc	84.8 ± 6.1	abc	69.2 ± 19.6	a
N	41.9 ± 8.2	d	32.9 ± 3.5	def	1.9 ± 3.2	jk	0.0 ± 0.0	h
O	58.5 ± 10.7	cd	21.2 ± 2.4	ef	6.5 ± 3.0	hijk	0.0 ± 0.0	h
P	62.9 ± 10.8	cd	40.9 ± 4.1	bcdef	24.2 ± 10.7	ghi	23.9 ± 13.9	defg
Q	70.6 ± 3.6	cd	56.2 ± 7.7	abc	89.2 ± 4.5	abc	49.7 ± 15.4	abcde
R	43.6 ± 12.5	bcd	41.5 ± 12.0	bcde	19.3 ± 6.4	ghi	38.7 ± 26.0	abcdefg
S	56.9 ± 24.7	cd	21.1 ± 4.9	ef	0.0 ± 0.0	k	0.0 ± 0.0	h
U	45.4 ± 2.6	d	30.8 ± 2.7	def	25.4 ± 4.1	fgh	16.0 ± 4.0	g
V	78.7 ± 18.7	abc	22.2 ± 7.1	ef	41.8 ± 31.0	efg	18.8 ± 14.0	fg
X	67.7 ± 3.5	bcd	44.1 ± 8.2	abcd	64.6 ± 19.3	cde	31.1 ± 10.2	cdefg
Y	90.3 ± 11.7	ab	49.0 ± 14.5	abcd	40.8 ± 9.3	efg	21.5 ± 7.1	efg
Z	72.8 ± 19.5	bcd	37.5 ± 8.7	cdef	13.5 ± 5.1	hij	18.9 ± 8.2	efg
AB	60.6 ± 19.3	cd	51.6 ± 18.3	abcd	74.1 ± 15.7	bcd	20.1 ± 13.0	efg
AD	94.4 ± 9.6	a	56.3 ± 11.3	abc	54.1 ± 10.3	def	32.0 ± 8.2	cdefg
GL-2	81.4 ± 9.6	abc	64.1 ± 14.2	a	92.2 ± 3.4	ab	54.5 ± 15.8	abcd
TC-1	72.0 ± 19.2	bcd	65.6 ± 13.5	a	89.8 ± 5.8	ab	59.7 ± 29.1	abc

注：数据表示为测定性状的平均值 ± 标准差（SD）；所标字母相同表示差异不显著（$a = 0.01$）。

级，AD、Y 菌株致病性最强，病情指数分别为 94.4 和 90.3；致病性最弱的菌株是 N、R 和 U，病情指数分别为 41.9、43.6、45.4。22 个菌株接种 A14 茎段后致病性差异极显著（$P<0.01$），利用 Duncan 法进行多重比较，TC-1、GL-2、D 菌株致病性最强，病情指数分别为 65.6、64.1 和 61.2；致病性最弱的菌株是 I、O、S 和 V，病情指数低于 25。虽然在不同无性系中菌株的致病性强弱排列次序有一定差别，如 V、Y、Z 菌株在 A14 无性系中致病性等级下降，TC-1、Q、D、AB 菌株在 A14 无性系中致病性等级提高，但两次测定结果也指示出一定的规律性，菌株 AD、Y、GL-2、H、M、TC-1、F、Q、D 在两个无性系中致病性均较强，而菌株 N、I、U、S、O、R 致病性较弱。

双因素方差分析结果表明：无性系、菌株和无性系 × 菌系的 F 检验都是极显著的（$P<0.01$），说明茎段水培接种中不同菌株和不同无性系对木麻黄的发病程度有极显著影响，菌株与无性系的交互作用对病情指数也存在极显著影响（表 2-5）。

二、小苗盆栽接种

由表 2-4 可见，22 个菌株接种 K18 小苗后致病性差异极显著（$P<0.01$），死亡率 4.9%～93.3%，利用 Duncan 法进行多重比较，将菌株致病性分成若干等级，H、F、GL-2 菌株致病性最强，造成小苗死亡率 90% 以上；菌株 I、S 对 K18 无性系无致病性，接种 2 天后出现轻微萎蔫症状，这主要是由于伤根移栽引起的正常生理现象，培养 4 天后植株恢复生长，叶色健康浓绿。22 个菌株接种 A14 小苗后致病性差异极显著（$P<0.01$），利用 Duncan 法进行多重比较，将菌株致病性分成若干等级，H、M 菌株致病性最强，造成小苗死亡率分别为 65.2%、69.2%；菌株 D、I、N、O、S 对 A14 无性系无致病性。综合比较分析 GL-2、H、M、TC-1、F、Q、AB、X、B 在两个无性系中致病性均较强，而菌株 N、I、S、O、D、U、P 致病性较弱。

小苗盆栽接种双因素方差分析结果表明，菌株致病性在无性系间、菌株间和菌株与无性系间的交互作用均具有极显著差异（$P<0.01$），表明小苗盆栽接种中不同无性系、不同菌株和菌株与无性系的交互作用对菌株致病性具有极显著的影响（表 2-5）。

表 2-5　菌株致病性方差分析

试验方法	变异来源	自由度	平方和	均方	F 值
茎段水培接种	无性系	1	2.2652	2.2652	105.39[**]
	菌株	21	2.8963	0.1379	6.42[**]
	无性系 × 菌系	21	1.0751	0.0512	2.38[**]
	误差	88	1.8914	0.0215	
	总计	131	8.1280		
小苗盆栽接种	无性系	1	1.3173	1.3173	60.03[**]
	菌系	21	18.1848	0.8659	39.46[**]
	无性系 × 菌系	21	1.5295	0.0728	3.32[**]
	误差	88	1.9311	0.0219	
	总计	131	22.9627		

注：** 表示 0.01 极显著水平；* 表示 0.05 显著水平。

三、强致病性菌株的筛选

茎段水培接种与小苗盆栽接种两种方法中，菌株致病性在无性系间、菌株间和菌株与无性系间的交互作用均具有极显著差异（$P<0.01$），但研究发现 N、I、S、O、D 菌株对 A14、K18 无性系小苗无致病性或弱致病性（死亡率 0~6.5%），但这些菌株却能使两个无性系褐化茎段迅速致病，病情指数在 20.0~64.1（表 2-4）。茎段水培接种与小苗盆栽接种相关分析结果表明（表 2-6），不同接种方法之间相关系数值较小，介于 0.4966~0.7540，表明不同接种方法间菌株致病性线性相关程度为中度相关，即不存在密切

表 2-6　不同接种方法菌株致病性相关分析

	A	B	C	D
A	1	0.5426[**]	0.6320[**]	0.4966[*]
B		1	0.7310[**]	0.6923[**]
C			1	0.7540[**]
D				1

注：A 为 K18 无性系茎段水培接种；B 为 A14 无性系茎段水培接种；C 为 K18 无性系小苗盆栽接种；D 为 A14 无性系小苗盆栽接种；* 表示显著相关；** 表示极显著相关。

的直线相关关系，在茎段水培接种表现强致病性的菌株在小苗盆栽接种中不一定表现出强致病性，反之亦然。经比较分析，GL-2、H、M、TC-1、F、Q 菌株在不同无性系和不同接种方法中均具有较强致病性，部分菌株菌落形态特征如图 2-10 所示，选择这些菌株作为下一步木麻黄种质资源抗性鉴定及抗病育种试验菌株。

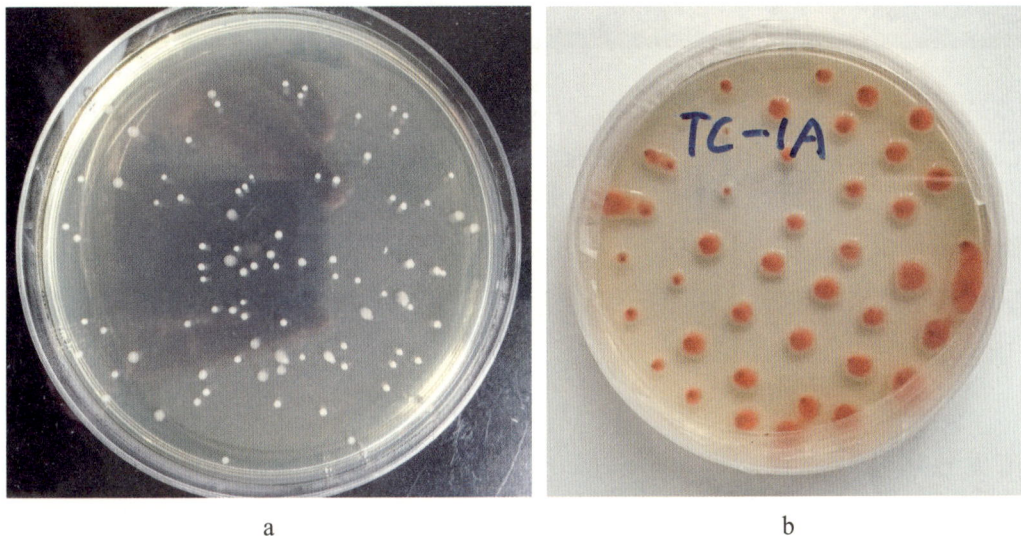

图 2-10　TC-1 菌株单菌落形态特征
a. 普通培养基；b.TTC 培养基

第五节　青枯病原菌侵染特征

　　茎段水培接种试验时，侵染小枝从最初的无症状，发展为分枝萎蔫下垂但保持绿色、分枝枯黄并萎蔫下垂，最后干枯死亡。因此，将侵染小枝症状分为无症状、分枝萎蔫下垂但保持绿色、分枝枯黄并萎蔫下垂、干枯死亡 4 个等级，这种病情分级方法考虑到了感病植株的发病进程，比早期相关研究（王军，1996）简单，将小枝分级为萎蔫与正常 2 个等级更科学合理，结论更准确可靠。图 2-11 为 D、M 菌株接种表现。小苗盆栽接种试验时，由于伤过根，前 3 天小苗会有不同程度的萎蔫下垂甚至基部小枝枯黄脱落，4 天后未侵染的苗木逐渐恢复生长，受侵染的小苗则逐渐枯萎死亡。未侵染的苗木由于伤过根，小枝前期也会出现萎蔫下垂与脱落，但后

图 2-11　茎段水培接种 5 天后植株发病情况
a. 对照（左 3 瓶）和 D 菌株接种（右 3 瓶）；b. 对照（左 1 瓶）和 M 菌株接种（右 3 瓶）

期会恢复生长，作者认为小苗盆栽试验以最终苗木死亡率作为测定指标比早期相关研究（王军，1997）用萎蔫下垂小枝数的病情判定方法可靠、准确（图 2-12）。

　　小苗盆栽接种试验中，D、I、N、O、S 菌株对 A14、K18 无性系小苗无致病性或弱致病性（死亡率 0～6.5%），但这些菌株却能使两个无性系褐化茎段迅速致病，病情指数 20.0～64.1，表明这些菌株不易通过根系侵染植株，但却能直接侵入茎干维管束组织，使植株迅速致病。这可能是由于青枯菌从茎段侵入时，可直接黏附于维管束组织横断面，随着小枝的蒸腾作用快速侵入茎段维管束组织，大量繁殖并迅速扩散至整个植株，迅速引起病害；而从根部侵入时，致病性弱的青枯病菌则被幼根细胞周围的

图 2-12　室外盆栽接种 9 天后植株发病情况
a. Y 菌株接种（左）和 GL-2 菌株接种（右）；b. TC-1 菌株接种（左）和 M 菌株接种（右）

浓密物质所包围，阻止病菌的活动，从而抑制病菌在根部增殖。有研究表明，青枯菌在茎部分生组织直接定殖相比在根系定殖表现出更强的毒性（Kabyashree *et al*., 2020）；Hamilton 等（2023）通过嫁接试验发现，将抗病植株嫁接到易感砧木上可显著减轻青枯病症状。Vasse（1995）研究也发现致病菌能侵入到根部内皮层和维管束中，非致病菌能侵入到内皮层，但在维管束中未发现病菌；然而，青枯菌可在部分高抗植物的木质部导管中长期存活，而不会引发青枯病症状，具体原因仍然不明确（Freitas *et al*., 2021），可见青枯菌对植物体的侵染存在复杂性。从本次试验看，能通过茎段侵染而不易通过根系侵染的菌株占了参试菌株的23%。木麻黄青枯菌的这种侵染特性部分解释了广东省木麻黄青枯病大爆发经常发生在台风过后的现象。台风过后，一方面根系受到伤害，部分菌株可通过根系侵染植株；另一方面大量小枝或茎干折断、破裂，茎干维管束组织暴露出来，那些不易通过根系侵染的菌株在风雨作用下侵入茎干维管束组织使林木迅速发病，引起沿海木麻黄青枯病大爆发。这些不易通过木麻黄根系侵染的菌株与容易通过根系侵染的菌株在生理及致病机理上的差异还有待进一步研究。

　　木麻黄青枯菌菌株的致病性在不同无性系间、不同菌株间存在极显著差异，而且菌株与无性系之间也存在着极显著的交互作用，即二者的交互作用对寄主的发病程度有直接影响，此结论与王军（1997）提出的木麻黄对青枯菌存在水平与垂直抗性及王胜坤（2007）在桉树青枯菌致病性测定结果相一致。因此，在田间生产中运用单一或少数几个木麻黄无性系大面积推广造林具有较高的风险，应选用多个抗病无性系，有效控制青枯病的发生。相关分析表明，茎段水培接种与小苗盆栽接种试验结果不存在密切的直线关系，即茎段水培接种试验中表现出强致病性的菌株在小苗盆栽接种试验中其致病性有可能会降低，反之亦然。因此，筛选木麻黄青枯病致病菌株时，应开展菌株、无性系、接种方法的交叉接种试验，综合选择。

第六节　小　结

　　（1）采用稀释分离法和根系溢出法在 TTC 培养基上共分离出了31个病原菌株，稀释分离法分离率较高，根系溢出法操作简便，杂菌含量低，分离率在 60% 左右，可作为常规稀释分离法的补充。

（2）31 个具有典型菌落特征的病原菌菌株，只有 22 个菌株扩增出了 16S rRNA 目标条带，青枯菌检出率约为 71%，在培养基中分离出青枯菌菌株后开展 16S rRNA 测序鉴定非常有必要。

（3）青枯菌株致病性测定结果显示，菌株致病性在无性系间、菌株间、菌株与无性系间的交互作用均具有极显著差异。综合比较分析，选择在不同无性系、不同接种方法中都具有较强致病性的 GL-2、H、M、TC-1、F、Q 等菌株作为下一步木麻黄种质资源抗性鉴定和抗病育种试验菌株。

（4）茎段水培接种时，对王军（1996）提出的侵染小枝简单分为萎蔫与正常的病害强度（RDI）的计算方法进行了改进，将侵染小枝症状分为无症状、分枝萎蔫下垂但保持绿色、分枝枯黄并萎蔫下垂、干枯死亡 4 个等级，这种病情分级方法考虑到了感病植株的发病进程，提高了病情指数计算的准确度。

（5）小苗盆栽接种时，由于未侵染的苗木也会出现小枝萎蔫下垂与脱落，对王军（1996）用萎蔫下垂小枝数的病情判定方法进行了改进，以最终苗木死亡率作为测定指标，提高了病情判定的准确度。

（6）试验观测到部分菌株能通过茎段侵染而不易通过根系侵染。

（7）菌株与无性系之间存在着极显著的交互作用，二者的交互作用对寄主的发病程度有直接影响，因此生产实践中适宜选用多个无性系，有效控制青枯病的发生。

（8）茎段水培接种试验中表现出强致病性的菌株在小苗盆栽接种试验中，致病性有可能会降低，两种接种方法不存在密切的直线相关关系。

第三章

木麻黄青枯病抗性鉴定方法研究

　　植物材料抗病性鉴定是抗病育种的基础，而抗性鉴定方法又是抗病性鉴定的关键环节。国内外对木麻黄青枯病的研究较少，我国木麻黄青枯病抗病育种研究基础薄弱，在抗源、抗性遗传规律、杂交育种和基因工程等方面研究技术缺乏，相关研究工作主要集中在 20 世纪末，如接种方法及接种条件、木麻黄不同树种或种源的青枯病抗病能力评价和抗病优良品系的筛选等。植物抗病鉴定方法很多，本研究在参考王军（1996）木麻黄抗病品系筛选技术基础上，借鉴番茄（*Solanum lycopersicum*）、烟草（*Nicotiana tabacum*）、广藿香（*Pogostemon cablin*）及桉等植物青枯病抗性鉴定方法（张泳 等，2022；于海芹 等，2022；王晓楠 等，2023；Gomes *et al.*，2023），设计了 8 种木麻黄青枯菌人工接种方法，系统探讨不同接种方法对木麻黄青枯病抗性鉴定的影响，评价并筛选准确、可靠的抗性鉴定方法，对我国现有的木麻黄种质资源开展青枯病抗病性鉴定，筛选出优良抗病无性系。这对抗病种质材料的推广与利用及沿海防护林的更新重建具有重要意义。

第一节 研究方法

一、试验材料

前期分离鉴定出的木麻黄青枯菌 M 菌株用于抗性鉴定方法研究；M、GL-2 和 H 菌株用于木麻黄种质资源抗性评价与筛选。

选择抗性差异较大的木麻黄 A14、K18、G1 和 30 无性系作为抗性鉴定方法研究的试验材料；对广东、福建、海南等地根据不同的育种目的选育出来的 53 个木麻黄优良无性系进行抗性评价。试验苗木由广东省林业科学研究院中心苗圃提供。

二、菌液的制备

供试菌株在 TTC 培养基（2,2,3- 三苯基四唑氯琼脂培养基）上活化培养 48 小时后，挑选单菌落接种到 CPG 液体培养基（蛋白胨 10 g/L，水解酪蛋白 1 g/L，葡萄糖 5 g/L）中 30℃摇床 28～36 小时。培养液于 5000 r/ 分钟离心 15 分钟收集菌体，用无菌水配成浓度 $3×10^8$ cfu/mL（平板计数法）菌悬液用于茎段水培接种，配制成 $2.7×10^9$ cfu/mL（平板计数法）菌悬液用于盆栽接种。

三、接种设计及病情调查

（一）小苗盆栽接种及病情调查

设计 2 种盆栽接种方法：

M1：幼苗伤根接种——除去袋苗外层的塑料袋，抖落土壤，洗净根部，除去基部黄化叶片，剪去 1/3 根系，再浸入配制好的细菌悬浮液中，30～31℃保湿浸根培养 30 分钟，然后种植于装有草木灰与黄心土（体积比为 1：2）的塑料盆中。

M2：幼苗不伤根接种——于试验前一个月将试验小苗移栽到装有草木灰与黄心土（体积比为 1：2）的塑料盆中，移栽 1 个月待小苗完全恢复生长后进行淋根接种试验。

接种试验按随机完全区组设计，每个无性系种 3 盆，每盆种 20～25 株，以无菌水作阴性对照。接种后每天浇水保持盆内湿润，昼夜温度为 30～35℃，相对湿度 80% 左右，每天观察记录植株发病情况，接菌后 10 天进行病情调查。调查时以盆为单位进行，记录无病植株数与死亡植株数，计算死亡率。死亡率（%）=（死亡植株数/总株数）×100。

（二）茎段水培接种及病情调查

采用恒温水培法将试验材料浸入盛有 200 mL 细菌悬浮液的玻璃瓶内，置于人工气候箱中培养，培养温度 30℃，相对湿度 85%，光照时间 13 小时，强度为 8000 lx。设计 4 种不同类型接种材料如图 3-1 所示。

M3：水培生根小苗接种——即刚萌发出新根的幼嫩小苗接种，轻微损

图 3-1 茎段水培接种植物材料类型
a.水培生根小苗；b.嫩枝；c.绿梗小枝；d.褐梗小枝

伤根尖。

M4：嫩枝接种——即无分枝，高 8～15 cm，基径 1 mm 左右的非木质化绿色幼嫩小枝接种。

M5：绿梗小枝接种——即多分枝，基径 2～3 mm 的绿色半木质化小枝进行青枯菌接种。

M6：褐梗小枝接种——即多分枝，基径 2～5 mm 的褐色木质化小枝进行青枯菌接种。

接种试验按随机完全区组设计，每个无性系接种 3 瓶，无菌水作对照。嫩枝及水培生根苗接种试验时，每瓶装 20～25 条 7～10 cm 长嫩枝或生根小苗。绿梗及褐梗小枝接种试验时，将生长一致的绿梗及褐梗小枝剪成长 15～20 cm 的茎段，每个茎段含有 8～10 个分枝，每瓶装 3～4 个茎段。每天观察记录植株发病情况，第 5 天统计数据进行分析。

茎段水培接种试验抗性水平的划分参考王军（1996）相对病害强度（RDI）的计算方法，但充分考虑小枝发病进程，将侵染后的木麻黄小枝分为 4 个等级（0 级，分枝无症状；1 级，分枝萎蔫下垂，保持绿色；2 级，分枝枯黄、萎蔫下垂；3 级，小枝干枯死亡）进行病情分级（图 3-2），计算病情指数。病情指数 =[∑（各级病级分枝数 × 相对级数值）/（调查总分枝数 × 发病最高级数值）]×100。

（三）青枯菌粗毒素接种及病情调查

采用过滤灭菌法和高温高压灭菌法制备青枯菌粗毒素（张燕玲 等，2009；王军 等，1997）。

M7：过滤灭菌法——供试菌株在 CPG 液体培养基中 30℃摇床 28～36 小时后，在 5000 r/ 分钟离心 15 分钟，取上清液，再经孔径 0.22 μm 的细菌过滤膜抽真空过滤。

M8：高温高压灭菌法——供试菌株在 CPG 液体培养基中培养 30℃摇床 28～36 小时后，在 121℃高压灭菌 25 分钟。

将得到青枯菌粗毒素稀释 5 倍用于接种木麻黄褐化小枝，设计 4 个无性系，每个无性系 3 次重复，无菌水作对照，病害强度分级标准及病情调查同茎段水培接种。

图 3-2　木麻黄小枝抗性分级
a.分枝无症状；b.分枝萎蔫下垂，保持绿色；c.分枝枯黄、萎蔫下垂；d.小枝干枯死亡

四、木麻黄种质资源抗性评价

根据以上试验结果,利用木麻黄最佳人工接种鉴定方法,设计 3 个菌株、53 个无性系、3~5 次重复的双因素交叉试验,以 A13 无性系接种无菌水为对照(CK),对我国现有木麻黄种质资源开展青枯病的抗性鉴定与评价,将 53 份参试材料分为高感(HS,病情指数 70 以上)、中感(MS,病情指数 50~70)、中抗(MR,病情指数 30~50)和高抗(HR,病情指数 30 以下)4 个等级。试验数据表示为平均值 ± 标准差(SD),采用 SAS V8.1 统计软件对试验结果进行方差分析,通过相关分析及 Duncan 多重比较检验不同平均值间的差异等。

第二节　不同抗性鉴定方法的比较

一、不同方法的鉴定结果

由表 3-1 可以看出,在幼苗不伤根的情况下进行盆栽接种引起的苗木死亡率较低(小于 10%),不能很好地区分出 4 个供试的抗、感无性系,G1 无性系和对照中未发现死亡幼苗。幼苗伤根后进行盆栽接种可以很好地鉴定出 4 个供试无性系的抗性强弱,无性系死亡率差异极显著,接种 9 天后木麻黄 K18、A14 无性系死亡率在 80% 以上,表现为感病;无性系 G1、30 死亡率分别为 25.79%、33.77%,表现为抗病。

茎段水培接种试验表明:以水培生根小苗及嫩枝进行人工接种,5 天后所有小枝或分枝均保持绿色,几乎不萎蔫,病情指数低于 1,各无性系间无显著差异,不能区分出 4 个供试的抗、感无性系。以绿梗小枝进行人工接种,病情指数较小(16.58~27.36),无性系间差异显著,K18、A14 表现为感病;G1、30 表现为抗病。以褐梗小枝进行人工接种,病情指数在无性系间差异极显著,K18、A14 病情指数分别为 69.48、51.87,表现为感病;G1、30 病情指数为 2.41、2.16,表现为抗病。对于同一无性系,绿梗小枝病情指数远远低于褐梗小枝。随着发病进程,褐梗小枝上的分枝先后表现出绿色萎蔫下垂、枯黄萎蔫下垂、干枯 3 种不同形态,而绿梗小枝上的分枝只表现出绿色萎蔫下垂和枯黄萎蔫下垂，极少表现干枯死亡的症状。

表 3-1　不同接种方法对木麻黄抗、感无性系的鉴定结果

		A14	K18	G1	30
室外盆栽接种死亡率（%）	M1	81.29 ± 13.55 a	83.06 ± 16.86 a	25.79 ± 14.02 b	33.77 ± 12.32 b
	M2	4.01 ± 3.04 a	5.70 ± 3.10 a	0.00 ± 0.00 b	6.57 ± 4.51 a
茎段水培接种病情指数	M3	0.89 ± 0.22 a	0.81 ± 0.34 a	0.86 ± 0.13 a	0.74 ± 0.26 a
	M4	0.96 ± 0.13 a	0.89 ± 0.22 a	0.92 ± 0.22 a	0.82 ± 0.13 a
	M5	26.69 ± 7.88 a	27.36 ± 12.55 a	20.83 ± 3.11 b	16.58 ± 1.23 b
	M6	51.87 ± 26.27 a	69.48 ± 14.55 a	2.41 ± 1.07 b	2.16 ± 2.02 b
青枯菌粗毒素接种病情指数	M7	53.76 ± 8.67 a	60.50 ± 23.53 a	1.89 ± 0.77 b	1.33 ± 1.34 b
	M8	40.28 ± 11.61 a	59.48 ± 14.55 a	3.83 ± 1.43 b	4.05 ± 2.73 b

注：同行数据后的不同小写字母表示在 $P<0.05$ 水平差异显著，相同字母表示差异不显著；M1 为盆栽幼苗伤根接种，M2 为盆栽幼苗不伤根接种，M3 为水培生根小苗室内接种，M4 为嫩枝室内接种，M5 为绿梗小枝室内接种，M6 为褐梗小枝室内接种，M7 为高温高压灭菌法制备青枯菌粗毒素室内接种，M8 为过滤灭菌法制备青枯菌粗毒素室内接种。

青枯菌粗毒素试验表明，无论是用高温高压灭菌法还是过滤灭菌法获得的粗毒素都能让木麻黄褐梗小枝迅速表现青枯病典型症状，无性系间病情指数差异极显著，A14 和 K18 感病无性系的病情指数达 40 以上，G1 和 30 抗病无性系病情指数均低于 10，从数据上看，青枯菌粗毒素两种制备方法对褐梗小枝的致病性无显著差异。

研究发现，病菌侵入后在根内组织迅速增殖和扩展是其产生较高致病性的重要原因（Corral *et al.*，2020），虽然不伤根接种法是马铃薯（*Solanum tuberosum*；Eisfeld *et al.*，2022）和广藿香（范会云 等，2021）等植物青枯病抗性鉴定的有效方法，但木麻黄盆栽幼苗不伤根接种死亡率很低，小于 10%，且抗、感无性系差异不显著，这表明木麻黄根系对于青枯菌的入侵是一自然屏障，阻止病菌自由进入寄主体内，具有抗侵入作用。这也部分解释了广东省木麻黄沿海防护林青枯病大爆发通常发生在台风过后这种现象：台风引起的林木根系松动、断裂和损伤等都有利于青枯菌从根部侵入。

室内接种试验发现，同样条件下，A14 无性系水培生根小苗平均病情指数为 0.89，褐梗小枝平均病情指数为 51.87；K18 无性系水培生根小苗平

均病情指数为 0.81，褐梗小枝平均病情指数为 69.48（表 3-1），表现出木麻黄接种材料越幼态抗性越好的趋势，这可能与幼态材料含有更高生理活化酶有关（王军，1996）。本试验中水培生根小苗接种 5 天后几乎不萎蔫，抗、感无性系无显著差异，与褐梗小枝鉴定结果相关但不显著，不宜作为木麻黄室内接种试验材料，此结论与王军（1996）无根苗与水培出根后的幼苗室内接种发病趋势一致的结论相左。其次，王军（1996）研究认为绿梗小枝也适用于木麻黄青枯病抗性鉴定，但本试验结果显示绿梗小枝病害症状变化小，不易分级，容易出现观测误差，不是优选方法。

甘薯（*Dioscorea esculenta*；种藏文 等，1998）、广藿香（贺红 等，2012）、落花生（*Arachis hypogaea*；袁宗胜 等，2010）等植物均可利用青枯菌粗毒素进行抗病性鉴定，本研究中青枯菌粗毒素对木麻黄褐化小枝具有致病性，且高温高压对粗毒素生物活性没有影响，此结论与王军等（1997）研究结果相类似，与张燕玲等（2009）、种藏文等（1998）认为高温会使粗毒素毒力大大降低的结论不同。研究发现，经孔径 0.22 μm 的细菌过滤膜抽真空过滤制备粗毒素的效果不好，得到的粗毒素通常放置 12～24 小时后又长出青枯菌，此方法也不是木麻黄青枯病抗病鉴定的优选方法。

二、不同鉴定方法的相关性

相关分析表明（表 3-2），不同鉴定方法之间既有正相关，也有负相关。盆栽幼苗不伤根接种、水培生根小苗室内接种和嫩枝室内接种与其他鉴定方法均相关但不显著，进一步说明这几种鉴定方法对木麻黄无性系抗性鉴定的参考意义不大。

盆栽幼苗伤根接种、绿梗小枝室内水培、褐梗小枝室内水培和青枯菌毒素接种等 5 种鉴定方法之间呈极显著正相关，除了绿梗小枝接种方法外，其他 4 种鉴定法间相关系数值均大于 0.80，其中盆栽幼苗伤根接种与褐梗小枝室内水培鉴定法相关系数达 0.8565，盆栽幼苗伤根接种与高温高压灭菌法制备青枯菌粗毒素接种鉴定法相关系数为 0.8898，结合表 3-1 抗性鉴定结果表明，这几种鉴定方法对木麻黄青枯病抗性鉴定较为有效。

表 3-2　不同鉴定方法相关分析

	M1	M2	M3	M4	M5	M6	M7	M8
M1	1.0000							
M2	-0.0096	1.0000						
M3	0.4466	-0.6287	1.0000					
M4	0.5428	-0.5750	0.7936	1.0000				
M5	0.8099**	0.0017	0.4350	0.5320	1.0000			
M6	0.8565**	-0.0081	0.3905	0.4885	0.7970**	1.0000		
M7	0.8375**	0.0036	0.3923	0.4906	0.7780**	0.8898**	1.0000	
M8	0.8138**	-0.0071	0.3713	0.4697	0.7346**	0.8296**	0.8491**	1.0000

注: ** 表示极显著相关($P<0.01$), * 表示显著相关($P<0.05$); M1 为盆栽幼苗伤根接种, M2 为盆栽幼苗不伤根接种, M3 为水培生根小苗室内接种, M4 为嫩枝室内接种, M5 为绿梗小枝室内接种, M6 为褐梗小枝室内接种, M7 为高温高压灭菌法制备青枯菌粗毒素室内接种, M8 为过滤灭菌法制备青枯菌粗毒素室内接种。

三、不同鉴定方法的优缺点

虽然盆栽幼苗伤根接种、绿梗小枝室内接种、褐梗小枝室内接种和青枯菌毒素接种等鉴定法都能有效地区分木麻黄抗、感无性系, 且极显著相关, 是木麻黄青枯病抗性鉴定的有效方法, 但这些鉴定方法都有各自的优缺点(表3-3)。

盆栽接种鉴定法可以模拟自然状态下青枯菌由植物根部表皮细胞、皮层细胞、中柱鞘细胞侵入植物的维管束组织, 能够最真实地反映植物材料的抗性水平, 但是这种鉴定方法需要较多的参试材料(一个处理75～100株), 且要求苗龄一致, 生长状态一致。盆栽幼苗伤根接种法还需要剪根、浸泡和种植等过程, 操作较复杂; 盆栽幼苗不伤根鉴定法接种死亡率大大降低, 难以较好地区分抗、感无性系。

茎段水培接种鉴定法简便易行, 操作简单, 无需大型仪器设备, 所需植物材料少, 发病进程短, 但要想获得可靠的鉴定结论, 为避免枝条自然干枯, 试验过程要保持环境湿度 85% 以上, 温度 28℃ 以上。此外, 茎段水培接种鉴定法对茎段的选择要求严格。水培生根小苗和嫩枝对青枯菌抗性

强，接种 7 天后病情指数低于 1，不能区分抗、感材料；绿梗小枝水培接种
7 天后病情指数有所上升，但分枝只表现出萎蔫下垂及发黄的症状，且症状
变化小，不易分级，容易出现观测误差，影响鉴定结果；褐梗小枝水培接
种病程短，5 天后即可进行观测，分枝可明显地分为正常、萎蔫下垂、枯黄
萎蔫下垂和干枯几个等级，能有效区分抗、感无性系。

表 3-3 不同鉴定方法比较

鉴定方法	操作简易 程度	抗、感材料 区分能力	参试材料 数量	发病进程	鉴定可靠性
M1	复杂	强	多	较慢	好
M2	复杂	弱	多	较慢	差
M3	简易	弱	少	慢	差
M4	简易	弱	少	慢	差
M5	简易	较弱	少	快	较差
M6	简易	强	少	快	好
M7	复杂	强	少	快	好
M8	复杂	强	少	快	较差

注：M1 为盆栽幼苗伤根接种；M2 为盆栽幼苗不伤根接种；M3 为水培生根小苗室内
接种；M4 为嫩枝室内接种；M5 为绿梗小枝室内接种；M6 为褐梗小枝室内接种；M7 为高
温高压灭菌法制备青枯菌粗毒素室内接种；M8 为过滤灭菌法制备青枯菌粗毒素室内接种。

青枯菌粗毒素接种法与褐梗小枝室内接种法呈极显著相关，相关系数
大于 0.92，但是利用高温高压灭菌法制备青枯菌粗毒素时，对粗毒素的浓
度难以准确控制；利用过滤灭菌法难以一次将青枯菌完全过滤干净，得到
的粗毒素通常放置 12～24 小时后又长出青枯菌，需要反复多次过滤并设置
空白对照，因此利用青枯菌粗毒素接种不是木麻黄青枯病抗病鉴定的优选
方法。

综上所述，盆栽幼苗伤根接种及褐梗小枝室内接种是木麻黄青枯病抗
性鉴定最佳方法，这两种方法能够有效区分木麻黄抗、感无性系，可靠性
好，鉴定结果极显著正相关，相关系数为 0.9596。盆栽幼苗不伤根接种和
水培生根小苗、嫩枝室内接种不适宜作为木麻黄青枯病抗性鉴定方法，绿

梗小枝室内接种与青枯菌粗毒素接种也不是优选方法。

建立可靠、最能真实反映病害程度的鉴定方法是木麻黄抗病育种研究的基础。不同鉴定方法效果不同，试验表明，盆栽幼苗伤根接种和褐梗小枝室内接种是木麻黄青枯病抗性鉴定理想方法，能够有效区分木麻黄抗、感无性系，准确可靠，鉴定结果极显著正相关。由于这两种方法各有优势，视参试材料、试验条件选择不同的方法。

木麻黄青枯病是一种严重病害，但是目前相关研究不多，建立起一套快速、可靠、高效的方法还需要进一步的试验研究。此外，抗源的筛选结果也难以令人满意，虽然抗病性广泛存在，但还未发现免疫类型，所以更全面筛选、寻找、创造抗源材料是今后的一个研究方向。

第三节　木麻黄抗病种质筛选

一、木麻黄种质资源抗性评价

根据上述研究成果，选用 Rs-M、Rs-GL-2、Rs-H 菌株，利用褐梗小枝室内接种法对 53 份木麻黄育种材料进行抗病性差异的比较（图 3-3）。结果显示（表 3-4），53 个木麻黄参试无性系病情指数具有极显著差异，菌株、无性系、菌株与无性系的交互作用都对木麻黄植株发病程度具有极显著的影响（$P<0.01$）。

表 3-4　木麻黄无性系病情指数方差分析

变异来源	自由度	平方和	均方	F 值
菌株	2	137122.4696	68561.2348	533.09[**]
无性系	52	232801.1810	4476.9458	34.81[**]
无性系 × 菌株	104	58764.0093	556.0386	4.39[**]
误差	332	42698.6993	128.6105	

注：[**] 表示 0.01 极显著水平（不等重复试验双因素方差分析）。

参试无性系病情指数在 0～100（表 3-5），12、抗风、83、59、65、K18、A14 无性系在 GL-2 菌株中病情指数达 100，接种 5 天后几乎所有小枝黄化、干枯死亡；X1、45、平 5、W6、501、41 无性系在 H 菌株中病情指数小于 10；X1、45、30、杂交、501、G1、503 无性系在 M 菌株中病情指数为 0，无发病症状，生长状况良好，小枝保持浓绿色，挺立生长，不萎蔫、不下垂。

二、木麻黄抗病种质筛选

利用 Duncan 法进行多重比较发现，X1、45、平 5、30、W6、杂交、501、G1 无性系之间抗性无显著差异，平均病情指数介于 13.3～17.0；20、21、C7、2、16、82、37、G88、59、65 无性系间无显著差异，平均病情指数在 73.7～78.2。

利用平均病情指数结合多重比较将这 53 份参试材料分为高感 HS、中感 MS、中抗 MR、高抗 HR 4 个等级（表 3-5），筛选出 X1、45、平 5、30、W6、杂交、501、G1、503、41、A1、A1-3 等 12 个高抗无性系，这不仅为现有防护林体系提供抗病种质材料，也为今后的木麻黄杂交育种、抗性分子标记等研究奠定基础。经鉴定，早期选育出的木麻黄抗病无性系 A14、A13、A8 抗性明显降低，这与桉树抗病性存在衰退的结论相一致（Coutinho *et al.*, 2000），这一方面可能与无性系退化有关，另一方面与青枯菌在选择压力下发生变异有关。

表 3-5　53 个木麻黄无性系青枯病抗性鉴定结果

无性系	来源	病情指数				抗性分级
		Rs-M	Rs-GL-2	Rs-H	平均值	
X1	广东	0.0 ± 0.0	36.4 ± 12.6	3.6 ± 3.8	13.3 M	HR
45	福建	0.0 ± 0.0	35.4 ± 5.9	6.3 ± 6.2	13.9 M	HR
平 5	福建	1.8 ± 3.6	34.1 ± 10.0	4.2 ± 1.1	14.2 M	HR
30	广东	0.0 ± 0.0	23.0 ± 11.4	17.6 ± 1.5	14.5 M	HR
W6	福建	2.6 ± 3.5	42.1 ± 16.9	4.4 ± 4.4	15.0 M	HR
杂交	福建	0.0 ± 0.0	29.8 ± 9.4	19.3 ± 15.3	16.4 M	HR
501	广东	0.0 ± 0.0	41.8 ± 14.2	8.5 ± 0.8	16.8 M	HR
G1	广东	0.0 ± 0.0	40.6 ± 21.1	10.4 ± 7.7	17.0 M	HR
503	广东	0.0 ± 0.0	37.7 ± 5.2	17.1 ± 5.3	18.3 LM	HR

无性系	来源	病情指数				抗性分级
		Rs-M	Rs-GL-2	Rs-H	平均值	
41	福建	3.9 ± 1.0	45.1 ± 13.25	7.8 ± 2.3	18.9 LM	HR
A1	广东	10.0 ± 8.5	33.5 ± 17.5	23.3 ± 4.6	22.3 KLM	HR
A1-3	广东	22.0 ± 7.2	39.0 ± 11.0	23.8 ± 15.2	28.3 KLM	HR
何 2	福建	21.6 ± 8.0	36.4 ± 16.2	35.2 ± 14.1	31.4 IJK	MR
1	福建	7.3 ± 7.1	66.18 ± 10.6	33.3 ± 2.4	35.6 IJK	MR
13	福建	17.6 ± 16.6	93.2 ± 8.2	18.2 ± 9.4	36.6 IJK	MR
海口	海南	44.23 ± 8.3	51.3 ± 3.6	16.8 ± 5.1	37.4 IJK	MR
何细	福建	27.5 ± 11.0	56.0 ± 12.1	33.2 ± 12.7	38.9 IJK	MR
A8-2	广东	10.8 ± 5.3	54.2 ± 13.6	58.5 ± 18.9	39.6 IJ	MR
平 2	福建	46.7 ± 5.8	53.0 ± 15.8	19.9 ± 13.6	39.8 IJ	MR
77	福建	17.9 ± 8.4	67.1 ± 25.7	36.9 ± 1.7	40.6 IJ	MR
K13	广东	5.8 ± 3.5	56.5 ± 9.1	37.9 ± 13.0	42.6 GHI	MR
701	广东	25.9 ± 18.1	79.0 ± 19.6	23.6 ± 8.7	42.8 GHI	MR
W2	福建	23.3 ± 4.2	83.5 ± 5.9	22.1 ± 5.8	43.0 GHI	MR
601	广东	17.2 ± 6.1	88.5 ± 9.25	23.4 ± 4.6	43.0 GHI	MR
76	福建	24.0 ± 15.7	90.8 ± 3.0	20.7 ± 5.9	45.2 GHI	MR
X2	广东	28.0 ± 11.5	63.4 ± 2.8	40.9 ± 11.7	46.0 GHI	MR
莆 20	福建	23.9 ± 6.8	93.6 ± 5.0	11.1 ± 13.3	48.0 FGHI	MR
12	福建	39.0 ± 18.7	100.0 ± 0.0	34.6 ± 2.1	56.0 EFGH	MS
105	福建	36.0 ± 8.4	79.3 ± 14.5	56.2 ± 2.7	57.2 DEFG	MS
抗风	福建	37.8 ± 10.9	100.0 ± 0.0	33.9 ± 13.9	57.2 DEFG	MS
龙 4	福建	37.7 ± 14.0	95.2 ± 8.4	39.1 ± 15.8	57.3 DEFG	MS
湛江 3	广东	36.3 ± 11.4	79.7 ± 8.5	76.0 ± 25.6	57.4 DEFG	MS
701-3	广东	46.8 ± 22.1	78.1 ± 22.52	61.0 ± 12.5	62.0 CDEF	MS
83	福建	47.1 ± 14.1	100.0 ± 0.0	32.8 ± 12.3	62.5 CDEF	MS
91	福建	49.6 ± 33.2	80.0 ± 9.1	58.8 ± 5.6	62.8 CDEF	MS
湛江 1	广东	49.6 ± 32.7	80.5 ± 11.6	61.0 ± 15.6	63.7 BCDEF	MS
A8	广东	41.4 ± 28.9	91.0 ± 13.9	59.3 ± 11.9	63.9 BCDEF	MS
34	海南	50.0 ± 0.0	71.5 ± 4.6	95.7 ± 15.2	71.4 ABCDE	HS

无性系	来源	病情指数				抗性分级
		Rs-M	Rs-GL-2	Rs-H	平均值	
A13	广东	52.8 ± 15.9	78.8 ± 14.6	87.4 ± 26.6	71.7 ABCDE	HS
宝9	海南	52.7 ± 30.4	81.8 ± 23.0	85.3 ± 24.2	72.3 ABCD	HS
27	海南	50.0 ± 0.0	75.5 ± 6.2	91.3 ± 12.3	73.2 ABCD	HS
20	海南	50.0 ± 0.0	86.2 ± 11.1	85.1 ± 23.4	73.7 ABC	HS
21	海南	50.0 ± 0.0	94.8 ± 8.9	79.1 ± 14.0	73.9 ABC	HS
C7	广东	50.0 ± 0.0	96.0 ± 7.0	76.0 ± 23.8	74.0 ABC	HS
2	福建	51.2 ± 19.3	93.2 ± 11.7	77.7 ± 15.7	74.0 ABC	HS
16	海南	50.0 ± 0.0	87.5 ± 12.0	84.6 ± 16.6	74.7 ABC	HS
82	福建	55.1 ± 16.5	97.8 ± 2.1	73.2 ± 1.8	75.4 ABC	HS
37	福建	59.3 ± 8.0	92.9 ± 4.7	74.7 ± 13.3	75.6 ABC	HS
G88	广东	56.2 ± 16.6	81.8 ± 19.1	88.3 ± 13.8	76.1 ABC	HS
59	福建	57.7 ± 9.4	100.0 ± 0.0	76.4 ± 13.0	78.0 ABC	HS
65	福建	57.9 ± 8.3	100.0 ± 0.0	76.8 ± 14.1	78.2 ABC	HS
A14	广东	50.0 ± 0.0	100.0 ± 0.0	76.0 ± 15.6	79.7 AB	HS
K18	广东	72.8 ± 19.9	100.0 ± 0.0	79.2 ± 23.0	82.3 A	HS

注：平均值列数据后凡是有一个相同大写字母者，表示在 $\alpha = 0.01$ 水平差异不显著（Duncan 法）。

图 3-3　木麻黄抗病种质筛选
a. 接种 2 天后病情指数测定；b. 接种 5 天后病情指数测定

第四节　抗病种质资源利用的意义

木麻黄科植物原产大洋洲、太平洋群岛和东南亚地区，由于其具有抗旱、抗风、耐盐碱和速生等特点，已成为我国东南沿海地区不可替代防风固沙树种。由于各种原因，我国早期引种、营建的木麻黄种子园、种源试验林未能得到妥善保存，许多选育出来的优良遗传资源被摧毁或丢失。近20年来，广东、福建、海南海岸线可供应用的木麻黄优良材料仅有20世纪70～80年代选育出的5～10个无性系。少数无性系几十年反复使用、大面积长期种植，其生理年龄不断增加，大大加快了广东省木麻黄优良种质资源的老化、退化、变异，促使沿海防护林生长势衰退，再加上青枯菌变异大，能与环境、寄主协同进化，大规模种植少数抗病品系，多世代栽培后抗病力难以持久，加速了沿海木麻黄青枯病的爆发与蔓延。科技造林，种苗先行，将选育出来的木麻黄优良抗病种质资源推广、应用到现有生产体系中去是建设好沿海防护林带最基础、最迫切、最重要的工作。

第五节　小　结

（1）盆栽幼苗伤根接种和褐梗小枝室内接种是目前木麻黄青枯病抗性鉴定最适方法，能够有效区分木麻黄抗、感无性系，准确可靠，这两种方法鉴定结果极显著正相关。由于这两种方法各有优势，试验中应视参试材料、试验条件选择不同的方法。

（2）本试验利用褐梗小枝茎段水培接种法，对53份木麻黄育种材料进行抗性评价，分为高感HS、中感MS、中抗MR、高抗HR 4个等级，筛选出X1、45、平5、30、W6、杂交、501、G1、503、41、A1、A1-3等12个高抗无性系。

（3）木麻黄盆栽幼苗不伤根接种死亡率大大降低，且抗、感无性系差异不显著，这表明木麻黄根系对于青枯菌的入侵是一自然屏障，阻止病菌自由进入寄主体内，具有抗侵入作用。这也部分解释了广东省木麻黄沿海防护林青枯病大爆发通常发生在台风过后这种现象。台风引起的林木根系松动、断裂和损伤等都有利于青枯菌从根部侵入。

（4）木麻黄接种材料越幼态抗性越好。水培生根小苗接种5天后几乎不萎蔫，抗、感无性系无显著差异，与褐梗小枝鉴定结果相关但不显著。

第四章

木麻黄感染青枯病的生理变化研究

　　生产实践证明，选育和应用抗病性品种是防治木麻黄青枯病的最有效途径，而了解青枯菌对木麻黄防御酶活性的影响是研究木麻黄抗病机制、筛选抗病无性系的前提条件。目前，学者对木麻黄青枯病抗病机制开展了初步的研究，如梁子超和陈柏铨（1982）对不同抗性单株与细胞膜透性和过氧化物酶同工酶关系进行了探讨；岑炳沾等（1983）研究了电导率在病株与健株间的差异等；谢卿楣（1991）研究了糖与单宁含量，含水量，PPO、CAT和 POD 活性在细枝木麻黄、粗枝木麻黄和海滨异木麻黄（*Allocasuarina littoralis*）中的差异；郑惠成等（1992）对不同抗性无性系含水量、pH 值、细胞相对渗透性、多酚类物质含量进行测定；魏永成等（2019）比较了不同抗性短枝木麻黄种源幼苗酚类和黄酮类化合物的变化差异，魏龙等（2023）通过防御酶活性和次生代谢物含量对 26 个短枝木麻黄家系进行了抗性综合评价，但关于木麻黄感染青枯菌后防御酶活性随病程发展变化规律鲜有报道。因此，本研究采用伤根接种法，系统研究了健株接种青枯菌后可溶性蛋白、超氧化物歧化酶（SOD）、过氧化氢酶（CAT）、过氧化物酶（POD）、多酚氧化酶（PPO）和苯丙氨酸解氨酶（PAL）等防御酶活性变化规律，为深入研究木麻黄抗青枯病生理机制和筛选抗病品系提供依据。

第一节 研究方法

一、试验材料

供试菌株采用本课题组分离鉴定出的 M 强致病性青枯菌株；供试植物材料选择木麻黄 A8 无性系，其也是广东省沿海防护林主栽无性系。试验苗木由广东省林业科学研究院中心苗圃提供。

二、接种与取样

选取苗高 35 cm 左右的无病虫害的长势一致的木麻黄幼苗，将根部洗净后，剪去 1/3 根系，再浸入配制好的 2.7×10^9 cfu/mL（OD_{660}=0.9）木麻黄青枯菌悬浮液中，30～31℃保湿浸根培养 30 分钟，然后种植于装有草木灰与黄心土（体积比为 1∶2）的塑料盆中，每盆种植苗木 25～30 株，试验设 3 次重复，以无菌水浸泡为对照。

接种当天（0 天）开始取样，以后每隔 24 小时取样 1 次，直至受侵染植株完全干枯死亡，共取样 11 次。取样时，以盆为单位，采集植株中上部的功能叶片 0.5 g，混合后液氮速冻，于 –80℃低温冰箱内保存备用。以 3 次重复测定值的平均值表示最后结果。

三、指标测定及数据处理

称取 0.15 g 木麻黄叶片，加入液氮研磨成粉末，再加入预冷的缓冲液 0.5 mL，研磨数分钟，转入离心管，并用预冷的缓冲液冲洗研钵，收集所有冲洗液体，装入离心管中。4 ℃ 10000 r/ 分钟离心 10 分钟，吸取上清液放入另一离心管中，即粗提酶液，4 ℃保存。其中蛋白含量测定采用考马斯亮蓝法；POD 酶活性采用愈创木酚比色法测定，以每克组织在每毫升反应体系中每分钟 OD_{470} 变化 0.01 为一个酶活力单位；CAT 酶活性以紫外吸收法测定，每克组织在每毫升反应体系中每分钟 OD_{240} 变化 0.01 为一个酶活力单位；SOD 酶活性测定采用氮蓝四唑（NBT）光化还原法，以抑制 NBT 光化还原的 50% 为一个酶活性单位；PPO 酶活性测定采用邻苯二酚法，以每克组织在每毫升反应体系中每分钟 OD_{525} 变化 0.01 为一个酶活力单位；PAL 酶活性测定采用苯丙氨酸法，以每克组织在每毫升反应体系中每分钟 OD_{290} 变化 0.1 为一个酶活力单位。取 3 次重复的平均值。

　　利用 Microsoft Excel 2010 对原始数据进行整理和作图。采用 R 语言软件对数据进行单因素方差分析（One-way ANOVA），并利用 Duncan 多重比较对差异显著性进行分析。

第二节　木麻黄感染青枯病的生理响应

一、青枯菌对木麻黄可溶性蛋白含量的影响

　　木麻黄接种青枯菌后，可溶性蛋白含量呈逐渐上升的趋势（图 4-1），在第 8 天蛋白含量达到最大值 4.98 mg/g，是接种前（3.33 mg/g）的 1.5 倍；接种第 9 天、第 10 天蛋白含量急剧下降，这可能与苗木枯萎死亡有关。在对照样品中，接种前后可溶性蛋白的含量在 3.0 mg/g 左右波动，除了接种后第 2 天（3.63 mg/g），其他各时期的蛋白含量与对照相比差异均显著，在第 7 天时，接菌处理蛋白含量（4.56 mg/g）是对照（2.45 mg/g）的 1.8 倍，比值最大。研究结果表明木麻黄接种青枯菌后诱导了蛋白质的合成。

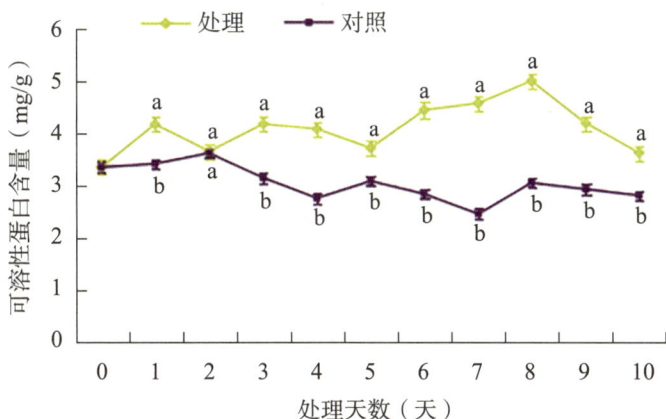

图 4-1　木麻黄接种青枯菌后叶片中可溶性蛋白含量的变化

注：图中的相同字母表示差异不显著，不同小写字母表示差异显著（$P < 0.05$），下同。

二、青枯菌对木麻黄防御酶活性的影响

（一）对木麻黄 SOD 活性的影响

接种前木麻黄功能小枝 SOD 值为 61.93 U/（g·FW），接种后木麻黄 SOD 活性逐渐加强，第 4 天后活性逐渐开始下降，直至第 8 天降到最低值 [50.79 U/（g·FW）]，第 9 天时，SOD 活性显著升高，其值达到 70.17 U/（g·FW），为接种前的 1.13 倍，枯死前活性下降，表现出"升—降—升—降"的变化趋势，如图 4-2 所示。与对照相比，木麻黄接种青枯菌后各时间 SOD 酶活性均达到差异显著水平（表 4-1）。在对照样品中，除第 6 天 SOD 活性较低外 [50.27 U/（g·FW）]，其他各时间 SOD 活性大小都在 60.00 U/（g·FW）左右。说明木麻黄接种青枯菌后早期诱导 SOD 活性，然后活性降低，并在木麻黄枯死前有个活性显著上升时期。

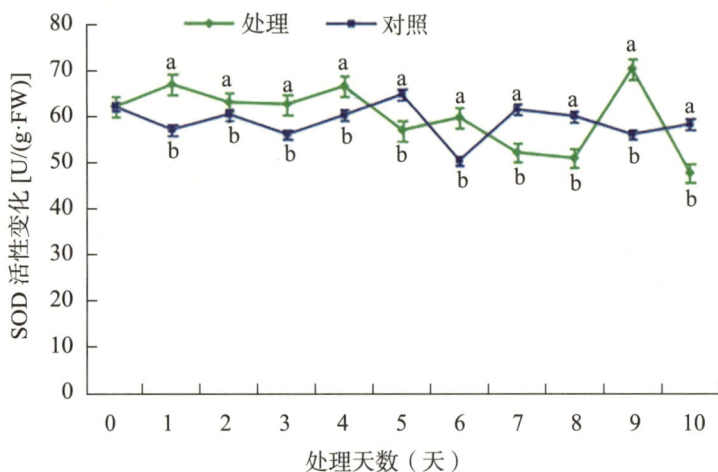

图 4-2　木麻黄接种青枯菌后叶片中 SOD 酶活性的变化

（二）对木麻黄 CAT 活性的影响

由图 4-3 可知，接菌处理后，植株在第 1 天、第 8 天 CAT 活性较高，出现 2 个峰值，其余各时期 CAT 活性均低于处理前水平。与对照相比，除第 7 天外，其他各时间 CAT 酶活性均低于对照，且达到差异显著性水平（表 4-1）。在对照植株中，CAT 的活性处于一个不断变化的过程中，出现 2 个峰值，CAT 活性高达 1468 U/（g·分钟），明显高于接菌处理植株的 CAT

表4-1　木麻黄青枯菌对木麻黄防御酶和可溶性蛋白含量影响的多重比较分析

材料	处理天数（天）										
	0	1	2	3	4	5	6	7	8	9	10
可溶性蛋白-T	3.33a	4.15a	3.63a	4.16a	4.06a	3.70a	4.43a	4.56a	4.98a	4.17a	3.61a
可溶性蛋白-CK	3.33a	3.40b	3.60a	3.13b	2.75b	3.07b	2.83b	2.45b	3.04b	2.92b	2.80b
POD-T	2138.4a	1216.0b	950.0b	1267.0b	1186.7b	1186.7b	1416.0b	1444.8b	1634.0a	3244.8a	2680.0a
POD-CK	2138.4a	1852.2a	1686.4a	1517.8a	1797.6a	1852.2a	2069.1a	2427.8a	1354.2b	1574.8b	1915.4b
SOD-T	61.93a	66.80a	62.96a	62.52a	66.42a	56.83b	59.58a	51.99b	50.79b	70.17a	47.60b
SOD-CK	61.93a	56.96b	60.27b	55.91b	60.06b	64.62a	50.27b	61.28a	59.83a	55.9b	58.07a
CAT-T	619.08a	852.15b	401.85b	501.01b	478.82b	474.67b	430.80b	438.60a	679.40b	338.40b	350.00b
CAT-CK	619.08a	958.23a	1375.16a	1373.92a	610.47a	647.01a	542.08a	257.66b	1468.39a	1034.16a	531.31a
PPO-T	8.71a	10.16a	10.00a	8.32b	8.58b	7.08b	7.25a	7.42a	10.63a	8.82a	8.73a
PPO-CK	8.71a	9.68b	7.68b	12.20a	9.22a	8.16a	5.90b	7.32a	6.20b	6.45b	6.66b
PAL-T	101.00a	94.46b	100.01a	111.02a	86.19b	106.22a	104.18a	113.16a	119.36a	127.81a	111.13a
PAL-CK	101.00a	98.84a	79.78b	106.01b	100.46b	98.77b	100.65b	75.71b	105.98b	109.8b	101.97b

注：同行数据后的不同小写字母表示在P<0.05水平差异显著，相同字母表示差异不显著。

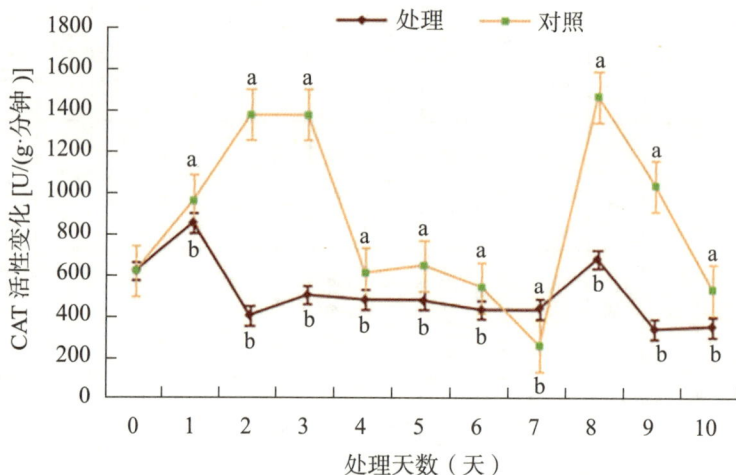

图 4-3　木麻黄接种青枯菌后叶片中 CAT 酶活性的变化

活性的峰值 852.15 U/（g·分钟）。说明木麻黄青枯菌能够抑制木麻黄 CAT 的活性。

（三）对木麻黄 POD 活性的影响

由图 4-4 可知，木麻黄接种青枯菌后，POD 活性下降，在第 2 天达到最低值 [950.00 U/（g·分钟）]，然后活性上升，直到第 8 天 POD 活性 [1634.00 U/（g·分钟）] 仍然低于处理前的 2138.40 U/（g·分钟），第 9 天出现峰值，达 3244.80 U/（g·分钟），木麻黄枯死前活性下降，但仍较高于处理前的水平。对照样品中，前期 POD 活性曲线变化与接菌处理相似，

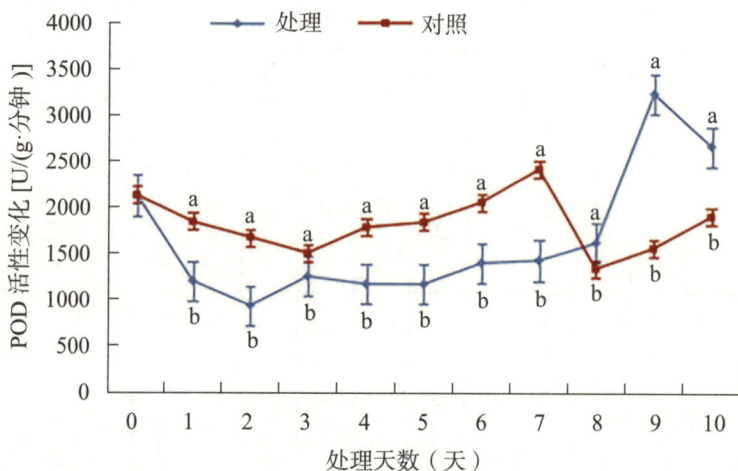

图 4-4　木麻黄接种青枯菌后叶片中 POD 酶活性的变化

POD 活性先下降然后上升，第 7 天达到峰值 2427.80 U/（g·分钟）。与对照相比，在第 7 天之前，接菌处理的植株 POD 活性明显低于对照，后期活性则明显高于对照。说明木麻黄青枯菌早期抑制了 POD 活性，后期活性增加。

（四）木麻黄青枯菌对木麻黄 PPO 活性的影响

由图 4-5 可知，木麻黄接菌后，PPO 活性呈现出"升—降—升—降"的变化趋势，在第 5 天时 PPO 活性出现最低值 7.08 U/（g·分钟），随后木麻黄 PPO 活性升高，接菌后第 8 天，PPO 活性达到最大值 10.88 U/（g·分钟）。在对照样品中，木麻黄早期 PPO 活性变化较大，第 3 天出现峰值达 12.20 U/（g·分钟），是接菌处理最大值的 1.12 倍，而第 6 天活性最低为 5.90 U/（g·分钟），明显低于接菌样品的最低值。从表 4-1 也可以看出，除第 7 天外，木麻黄接菌处理各时期 PPO 活性与对照相比，明显高于对照同期水平，均差异显著，说明木麻黄青枯菌在早期和后期诱导提高了 PPO 酶的活性。

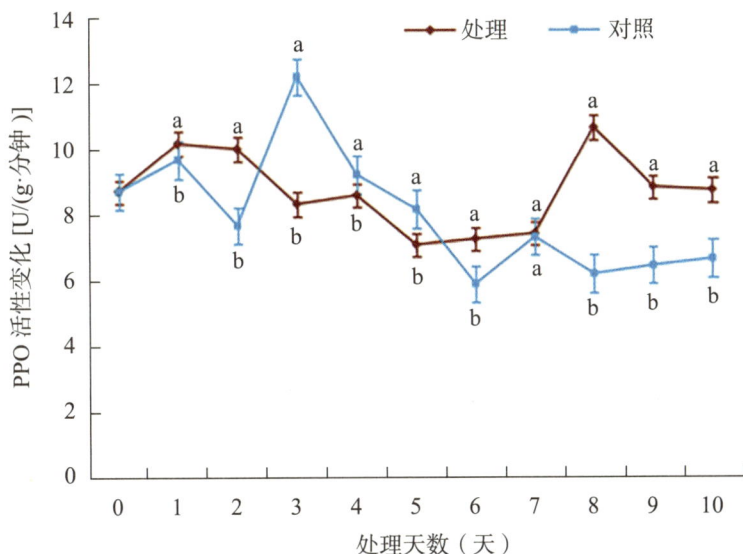

图 4-5 木麻黄接种青枯菌后叶片中 PPO 酶活性的变化

（五）对木麻黄 PAL 活性的影响

由图 4-6 可知，接菌后早期 PAL 活性小幅上升和下降，第 4 天活性降至最低值 86.19 U/（g·分钟），然后活性显著上升，在第 9 天活性达到最大值 127.81 U/（g·分钟），是接种前的 1.27 倍，木麻黄枯死前 PAL 活性下降。从对照曲线可以看出，PAL 活性处于一个不断变化的过程中，各时期活性都低于 109.80 U/（g·分钟），最低值为 75.71 U/（g·分钟），明显低于接菌处理样品 PAL 酶活性的最小值，在第 8 天后，活性恢复至处理前水平。从整个过程来看，在处理第 5 天开始，接菌植株 PAL 的活性显著大于对照样品的活性，说明木麻黄青枯菌诱导了木麻黄 PAL 活性增加，且各时期两种处理 PAL 活性差异显著（表 4-1）。这说明木麻黄青枯菌诱导了木麻黄 PAL 活性增加。

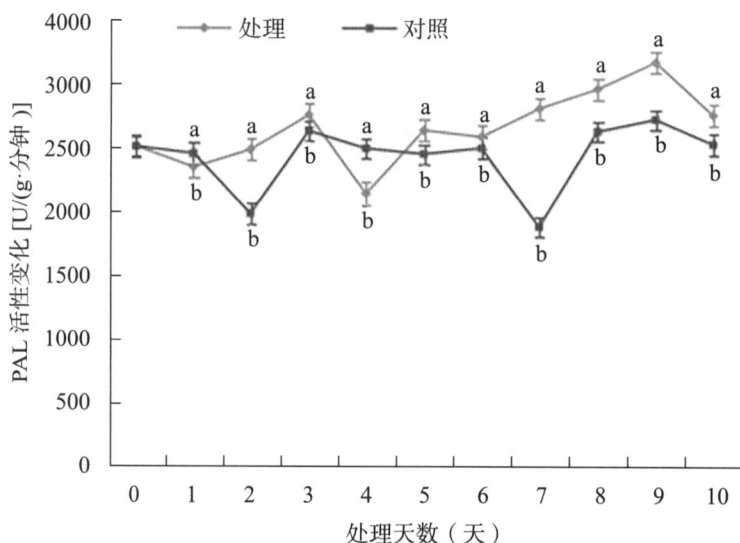

图 4-6　木麻黄接种青枯菌后叶片中 PAL 酶活性的变化

三、木麻黄感染青枯病的生理响应机制

病原菌侵染植株后，植株为了抵御病原微生物，在植株出现病症、病斑、枯萎，及死亡前，植株体内往往会发生一系列生理生化变化，其中防御酶系的变化是致病菌作用于寄主后的明显反应之一。在青枯菌侵染植物的过程中，植物体内 SOD、CAT、POD、PPO 和 PAL 等防御酶与植物抵抗青枯菌入侵、植物的抗病性有密切关系（Jiang et al.，2021；Wang et al.，2022），其中，SOD 可与 POD、CAT 相协同，共同抵御由于逆境所产生的过量活性氧对细胞膜的损害，PPO 可将酚氧化成对病原菌有毒害作用的

醌、多酚及其氧化物，减少病原菌对植物的危害，PAL 可以促进植物体内木质素、类黄酮等多种次生代谢物质的合成，这些次生代谢物质进一步促进植物体内抗菌物质的合成。本研究表明，木麻黄接种青枯菌后，青枯菌诱导了 SOD、PPO、PAL 酶活性增加，明显高于对照处理，在植株感染的初期酶活性上升比较缓慢，随着病原菌侵染的深入，防御酶活性快速上升达到顶峰，在木麻黄枯死前，酶活性下降，这一结果与青枯菌接种烟草（周星洋 等，2016）、番茄（Zhou *et al.*，2021）、桉（黄迪 等，2023）、石刁柏（*Asparagus officinalis*；王珊珊 等，2018）、甜橙（*Citrus sinensis*；赖家豪 等，2020）、油茶（*Camellia oleifera*；李丽丽 等，2023）等植物受到其他病菌侵染后，其防御酶活性随着时间延长而变化的情况相似。本研究中，这 3 种酶活性表现出升—降—升—降的"双峰"酶活性变化曲线，这可能与植物本身对某种病菌特定的生理变化有关。此外，可溶性蛋白在木麻黄接种青枯菌后含量增加，其含量变化也与 SOD、PPO、PAL 3 种酶活性变化趋势相似，这些都说明木麻黄受到青枯菌侵染后，木麻黄组织会产生一系列的生理生化反应，使某些防御酶活性逐渐加强，抵抗病原菌侵染的扩展，减少病原菌对植物的损伤，但随着病害的发展，在木麻黄临近枯死时，3 种防御酶活性开始下降，说明青枯菌对植物的伤害程度可能超过了植株的防御能力，从而导致其活性下降。

本项研究中，青枯菌侵染引起木麻黄植株体内 CAT、POD 酶活性降低，在植株枯萎死亡前各时期测定值明显低于对照处理，表明青枯菌抑制了木麻黄 CAT、POD 的活性，此结论与豇豆单胞锈菌（*Uromyces vignae*）入侵赤豆（*Vigna angularis*）后体内 CAT 活性下降（孙伟娜 等，2022）和禾本科布氏白粉菌（*Blumeria graminis*）引起草地早熟禾（*Poa pratensis*）体内 CAT 和 POD 酶活性下降（董文科 等，2020）研究结果相一致，但与烟草（周星洋 等，2016）、辣椒（*Capsicum annuum*；向妙莲 等，2017）中青枯菌诱导了 CAT 和 POD 酶活性增加的研究结果不一致，这说明不同植物抵御青枯菌侵染的能力和生理生化机制存在差异，具体原因有待于进一步研究。此外，在对照处理样品中，CAT、PPO 活性出现明显的峰值，变化较大，这可能与伤根接菌处理有关，切根处理对植株造成的机械损伤引起抗氧化相关酶类的表达的结果，机械损伤促进了 CAT、PPO 酶活性。

目前，国内外对木麻黄抗青枯病生理机制研究较少，本章研究了青枯菌侵染木麻黄幼苗后对木麻黄 POD、CAT、SOD、PPO 和 PAL 活性的变化情况，为进一步探索木麻黄青枯菌的病害发生机理及抗病育种研究奠定基础。其他植物抗病生理研究结果表明植物抗病性除与防御酶系活性密切相关外，与可溶性蛋白、脯氨酸、可溶性糖含量、木质素含量、叶绿素等植物体内的非酶类物质同样存在相关性（尹梦莹 等，2020；吴美艳 等，2020；郭清云 等，2020），更重要的是植物在识别病原侵染，引发免疫反应的同时，会启动复杂的信号途径，产生水杨酸（salicylicacid，SA）、茉莉酸（jasmonic acid，JA）等化学物质，通过这些化学物质的运输传导，诱导整株产生具有"记忆"特征的系统获得抗性（Systemicacquired resistance，SAR）（Gautam *et al.*，2018；Tripathi *et al.*，2019）。因此，今后除了应加强抗、感材料受侵染后防御酶系活性变化规律的研究，还应加强木质素含量、脯氨酸、总糖含量、SA、JA 等非酶类物质变化规律的研究，探索木麻黄抗病、感病生理机制，植物病害生理学与分子育种学相结合，共同推进木麻黄青枯病抗病育种研究进展。

第三节　小　结

木麻黄接种青枯菌后，青枯菌诱导了 SOD、PPO、PAL 酶活性增加，明显高于对照处理，在植株感染的初期酶活性上升比较缓慢，随着病原菌侵染的深入防御酶活性快速上升达到顶峰，在木麻黄枯死前，酶活性则下降，这 3 种酶活性表现出升—降—升—降的"双峰"酶活性变化曲线。可溶性蛋白在木麻黄接种青枯菌后含量增加，其含量变化也与 SOD、PPO、PAL 3 种酶活性变化趋势基本一致，青枯菌抑制了木麻黄 CAT、POD 的活性，表明木麻黄受到青枯菌侵染后，木麻黄组织会产生一系列的生理生化反应，抵抗病原菌的侵染的扩展，减少病原菌对植物的损伤。

第五章

木麻黄 EST-SSR 分子标记开发及种质资源遗传多样性分析

简单重复序列（simple sequence repeats，SSR）在真核生物中普遍存在，它由 2～6 个碱基构成的串联重复序列组成。SSR 标记又称为微卫星标记，相对于其他分子标记而言，具有多态性高、特异性高、稳定性好、共显性、信息含量高、易于识别等优点。目前，已广泛应用于基因定位、遗传图谱构建、指纹图谱绘制、病虫害诊断等领域，已成为农作物及林木分子辅助育种的重要研究工具。EST-SSR 与基因组 SSR 不同的是它来源于转录区域，侧翼序列保守性高，可转移性强，在不同物种间的通用性好且属于编码序列的一部分，可作为某些基因或性状的直接标记。目前，四合木（*Tetraena mongolica*；黄蕾 等，2021）、香合欢（*Albizia odoratissima*；安琪 等，2022）、澳洲坚果（*Macadamia integrifolia*；黄健婷 等，2023）、石刁柏（仪泽会 等，2023）、萱草（*Hemerocallis fulva*；叶远俊 等，2023）等多个树种和草本植物利用转录组测序技术开发出了大量的 EST-SSR 标记。但迄今，EST-SSR 在木麻黄遗传育种中的应用还是有限，木麻黄开发确认的

EST-SSR 标记还不多，能查阅到的文献仍相对较少。胡盼（2015）利用公共数据库木麻黄 EST 序列开发了 13 个标记；Kullan 等（2016）开发了 50 个 EST-SSR 标记进行短枝木麻黄与山地木麻黄的遗传多样性和种群结构分析；Li 等（2018）基于木麻黄转录组数据，开发并验证了 15 个在木麻黄属和异木麻黄属（*Allocasuarina*）间可转移的 EST-SSR 标记；Li 等（2021）从木麻黄的 EST 序列中提取了 21 个 SSR 标记，在木麻黄属的 4 个种和 8 个无性系中均具有较高的多态性和跨种可转移性，但这些 SSR 标记的数量不能满足分子标记辅助育种所需。因此，为了解决木麻黄 SSR 标记数量不足，丰富木麻黄分子标记资源，本章利用公共数据库 NCBI 上木麻黄茎转录组序列挖掘木麻黄 EST-SSR，对新开发 EST-SSR 核苷酸重复特点、多态性、通用性作出评价，对其功能进行注释，并对我国现有木麻黄种质资源进行遗传多样性分析，以期为木麻黄分子生物学平台的构建及木麻黄分子遗传学研究奠定良好的基础。

第一节　研究方法

一、试验材料

选择细枝木麻黄、短枝木麻黄、山地木麻黄、粗枝木麻黄 4 个木麻黄树种和 A8 无性系作为分子标记开发参试材料，由广东省林业科学研究院中心苗圃培育实生苗，种子由澳大利亚种子中心提供，具体信息见表 5-1。

63 个木麻黄无性系资源采自广东省林业科学研究院中心苗圃，依次编号为 1～63，它们是广东、福建、海南根据不同的育种目的选育出来的木麻黄优良无性系，具体信息见表 5-6。

所有材料于春季采集，采摘幼嫩小枝 5 g 左右，于 –80℃冰箱保存备用。

二、主要仪器设备

ABI 3130xl 遗传分析仪（美国 Applied Biosystems）、自动研磨仪 MM400（德国 Retsch）、超微量分光光度计 NanoDrop 2000、台式高速冷冻离心机、恒温水浴锅、制冰机、高压灭菌锅、PCR 仪、Alpha Imger HP 凝

表 5-1 木麻黄分子标记开发参试材料

编号	树种	种源	DNA 浓度 (ng/mL)	DNA 纯度 A260/280
1	短枝木麻黄	18375	394.9	2.07
2	短枝木麻黄	18244	232.3	1.93
3	短枝木麻黄	18013	707.4	2.00
4	短枝木麻黄	18015	277.3	2.00
5	短枝木麻黄	18118	342.8	2.08
6	短枝木麻黄	18143	294.5	2.01
7	短枝木麻黄	18153	160.5	1.90
8	短枝木麻黄	18375	623.4	2.04
9	短枝木麻黄	18352	586.5	2.08
10	短枝木麻黄	18244	295.7	2.02
11	细枝木麻黄	15574	298.8	1.94
12	细枝木麻黄	13518	227.7	1.96
13	粗枝木麻黄	15941	712.1	1.97
14	粗枝木麻黄	13146	324.9	1.89
15	山地木麻黄	17877	406.6	2.01
16	山地木麻黄	18844	551.3	1.99
17	短枝木麻黄	A8(无性系)	241.2	1.99

胶成像系统、琼脂糖凝胶电泳系统、超低温冰箱、移液器等。

三、研究路线与步骤

利用公共数据库 NCBI 中木麻黄茎转录组序列规模化挖掘木麻黄 EST-SSR，对木麻黄 ISSR-PCR 扩增的反应体系进行了摸索与改进，建立木麻黄 ISSR-PCR 分析的最优反应体系，对新开发 EST-SSR 核苷酸重复特点、多态性、通用性作出评价，对其功能进行注释。从 EST-SSR 多态性引物中随机选择 49 对引物，对 63 个木麻黄优良无性系进行遗传多样性分析。利用 PowerMarker-V3.25（http://statgen.ncsu.edu/powermarker/）对 63 个木麻黄无性系进行 Nei's 遗传距离（D）的计算，并根据遗传距离按 UPGMA 法构建聚类图，对我国现有木麻黄核心种质进行遗传多样性分析，为核心种质的保存与利用提供指导。

第二节　木麻黄 EST-SSR 分子标记的开发

一、木麻黄基因组 DNA 的提取

（一）DNA 提取

采用改良的 CTAB 法提取参试材料基因组 DNA，主要步骤如下：

（1）称取各样品 300 mg，加入 2.0 mL 的离心管中，再加入研磨钢珠，液氮冰冻后利用自动研磨仪 MM400（德国 Retsch）磨碎。

（2）在 CTAB 提取液中临用时加入 2% 的 b- 巯基乙醇和 5% 的聚乙烯吡咯烷酮（PVP），取 1 mL 混合后的 CTAB 提取液加入磨碎的植物样品中。

（3）置于 65 ℃水浴锅水浴 45 分钟，期间充分混匀几次。

（4）水浴结束后放入离心机 12000 r/ 分钟离心 5 分钟。

（5）取上清液（约 600 μL）移入新的 1.5 mL 离心管，然后加入等体积的氯仿 / 异戊醇，上下颠倒，5 分钟后 12000 r/ 分钟离心 5 分钟。

（6）重复（5）步骤 2～3 次。

（7）取上清液（约 400 μL）移入新的 1.5 mL 离心管，加入二倍体积的冰冷的无水乙醇（–20 ℃），颠倒混匀，冰箱静置 10 分钟，然后 12000 r/ 分钟离心 5 分钟。

（8）弃上清液，加入 350 μL TE 溶液，当沉淀溶解后，12000 r/ 分钟离心 5 分钟。

（9）取上清液转移到新的 1.5 mL 离心管中，加入 2 μL RNase（10 μg/μL）。

（10）弃上清液，用 70% 乙醇 500 μL 洗涤 DNA 沉淀 2 次。

（11）在超净工作台上风干 DNA，加入 30～50 μL TE 溶解 DNA。

提取的植株 DNA 见表 5-1。

（二）DNA 检测

DNA 提取后在紫外凝胶成像仪上检测样品 DNA 的质量，通过超微量分光光度计 NanoDrop 2000（美国 Thermo Fisher Scientific）检测浓度与纯度。

结果表明，所有供试材料所提取的 DNA 纯度高、质量较好，在琼脂糖电泳检测中无明显拖尾，亮度高，条带完整清晰（图 5-1），经超微量分光光度计检测，OD260/OD280 值介于 1.89～2.08，浓度为 160.5～712.1 ng/mL（表 5-1）。统一将所有供试材料 DNA 浓度稀释到 100 ng/μL，于 20 ℃ 冰箱保存，以便用于后续试验。

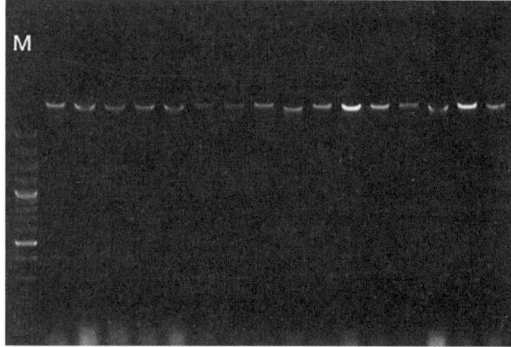

图 5-1　部分参试材料 DNA 琼脂糖电泳

二、木麻黄转录组 EST-SSR 的特点

（一）木麻黄 EST 序列下载及 SSR 位点搜索

利用 NCBI 公共数据库下载短枝木麻黄转录组序列信息（http://www.ncbi.nlm.nih.gov/nuccore/GDQI00000000.1），利用 DNAStar 软件（https://www.dnastar.com/products/lasergene.php）进行序列拼接，然后利用 MISA 软件（http://pgrc.ipk-gatersleben.de/misa/）进行 SSR 位点搜索。计算 EST-SSR 分布距离（kb）= 无冗余 EST 序列总长度 /SSR 个数，分布频率（个 /Mb）= 检出 SSR 个数 / 无冗余 EST 序列总长度，并将出现频率最高的重复基元定义为优势重复基元。

（二）木麻黄转录组 EST-SSR 的总体特点

从 NCBI 公共数据库下载了短枝木麻黄茎组织转录组 Contigs 序列 37902 条（数据由印度于 2015 年 8 月 31 日提交到 NCBI 数据库，于 2015 年 9 月 14 日下载），总长度 34544465 bp，平均长度 911 bp。利用 MISA 软件搜索 SSR 位点，发现 37902 条 Contigs 中含有 SSR 位点的序列有 3861 条，其中有 305 条含有 2 个或 2 个以上的 SSR 位点，SSR 位点的检出率为 10.2%，这个数值与无患子（*Sapindus saponaria*；13.40%）中的比例相似（周宵 等，2023），高于菊苣（*Cichorium intybus*；1.54%；梁小玉 等，2021），低于洋蒲桃（*Syzygium samarangense*；38.36%；魏秀清 等，2018）、南京椴（*Tilia miqueliana*；43.58%；岳远灏 等，2022）等树种。

37902 条 Contigs 共包含 4187 个 SSR 位点，其中复合型 SSR 位点数 368 个，平均每 8.3 kb 出现 1 个 SSR 位点（表 5-2），这一数值高于胡盼（2015）开发的 13 个木麻黄 EST-SSR 每 19.83 kb 出现 1 个 SSR 位点，低于花椒（*Zanthoxylum bungeanum*；3.91 kb；邓阳川 等，2019）、四合木（5.11 kb；黄蕾 等，2021）；南京椴（3.30 kb；岳远灏 等，2022）等树种。造成这些差异的原因：一是物种间 SSR 信息差异，二是构建的 cDNA 文库容量与得到的 EST 来源、数量与质量差异，三是所用处理软件和设置参数的不同。总之，关于这方面研究结果差异至今不清楚，没有共识，因此有待于进一步深入研究。

表 5-2　木麻黄转录组 EST-SSR 信息统计

序列类型	指标	数量
Contigs	总数	37902
	总长度（bp）	34544465
	平均长度（bp）	911
EST-SSRs	用于检测的序列总数	37902
	识别到的 SSR 位点总数	4187
	含有 SSR 位点的序列数量	3861
	含 1 个以上 SSR 位点的序列数量	305
	复合型 SSR 位点数目	368
	SSR 位点平均分布距离（kb）	1/8.3

（三）木麻黄转录组 EST-SSR 出现频率

由于高通量转录组测序可能存在着潜在的测序错误，因此本试验不考虑单核苷酸的 SSR 位点。2～6 核苷酸重复类型在 4187 个 SSR 位点中均有出现，但各重复类型出现频率不同，以二核苷酸和三核苷酸为主，二者共占 SSR 位点总数的 63.7%（表 5-3）。这与丹霞梧桐（*Firmiana danxiaensis*；59.18%；武星彤 等，2019）的重复频率相似。六核苷酸与五核苷酸分别占

表 5-3　木麻黄 EST-SSR 的分布特征

重复类型	SSR 数	占总 SSR 数的比例（%）	分布频率（个 /Mb）	重复基元类型数	优势重复基元
二核苷酸	1655	39.5	47.91	3	AG/CT
三核苷酸	1015	24.2	29.38	18	AAG/CTT
四核苷酸	192	4.6	5.56	40	AAAT/TTTA
五核苷酸	373	8.9	10.80	89	AAAAG/TTTTC
六核苷酸	584	13.9	16.91	198	AAAAAT/ATTTTT
复合型	368	8.8	10.65	—	—
总 计	4187	100.0	121.21	348	—

13.9%、8.9%，而四核苷酸重复类型的 SSR 位点最少，仅有 192 个，占总数的 4.6%。木麻黄的 SSR 平均分布频率约为 121.21 个 /Mb（表 5-3），其中以二核苷酸分布频率最高（47.91 个 /Mb），三核苷酸次之（29.38 个 /Mb），四核苷酸分布频率最低（5.56 个 /Mb）。前人研究认为多数单子叶植物和双子叶植物的 EST-SSR 的三核苷酸重复基元所占比例高于二核苷酸，如石刁柏（仪泽会 等，2023）、丹霞梧桐（武星彤 等，2019）、刚毛柽柳（*Tamarix hispida*；李佳彬 等，2021），且近缘物种内 SSR 具有相似的分布趋势，如篦子三尖杉（*Cephalotaxus oliveri*）与海南粗榧（*Cephalotaxus hainanensis*；Liu *et al.*，2021）。但本研究中，木麻黄二核苷酸类型（39.5%）的频率高于三核苷酸重复类型（24.4%），且 AG/CT 重复占二核苷酸重复的绝大部分达 87.1%；三核苷酸以 AAG/CTT 重复最多；其余类型的重复则相对较少，本研究 SSR 这一分布特征与 Li 等（2021）在木麻黄中的研究结果及 Kullan 等（2016）在短枝木麻黄和山地木麻黄研究结果完全吻合，也与李（*Prunus salicina*）的研究结果一致（李军 等，2020），这些不同重复为 EST-SSR 引物挑选提供了重要的参考依据（即挑选出现频率高的 SSR 作为挑选引物的首选）。

（四）木麻黄 EST-SSR 的特性

　　统计重复基元类型时，将某一重复基元反向序列及互补序列都视为同一重复基元类型，如对 AC 二核苷酸重复基元而言，它的反向序列 CA 及互补序列 TG 都为同一重复基元类型，即 AC = CA = TG = GT，用 AC/TG

表示。在本研究中共观察到 348 种重复基元，二核苷酸重复基元类型最少，仅有 3 种；其次为三核苷酸、四核苷酸，重复基元种类分别为 18 种与 40 种；五核苷酸为 89 种；六核苷酸的重复种类最多（198 种），占总数的 51.6%（表 5-3）。二核苷酸虽然重复基元类型最少，但它占 SSR 总数的 39.5%；六核苷酸虽然重复基元类型最多，但它只占 SSR 总数的 13.9%。

二核苷酸重复基元中，AG/CT 重复基元所占比例最高，达 87.1%（1442），其次是 AT/TA（146）、最少的是 AC/GT，只占 1.6%（67）；三核苷酸重复基元类型中以 AAG/CTT 所占比例最高，达 30.6%（311），其次为 AGA/TCT（126）、ACC/GGT/（62）、AGG/CCT（58）；AAT/ATTT 为四核苷酸出现频率最高的重复基元（38），其次是 AAAG/CTTT、TCTT/AAGA；AAAAG/CTTTT 为五核苷酸出现频率最高的重复基元（72），其次是 AAAAT/ATTTT（43）、TTTCT/AGAAA（17）；六核苷酸出现频率最高的重复基元是 AAAAAT/ATTTTT（28），其次 AAAAAG/CTTTTT（26）、AAGAAA/TTTCTT（15）。出现次数最多的前 10 种重复基元分布情况，如图 5-2 所示。

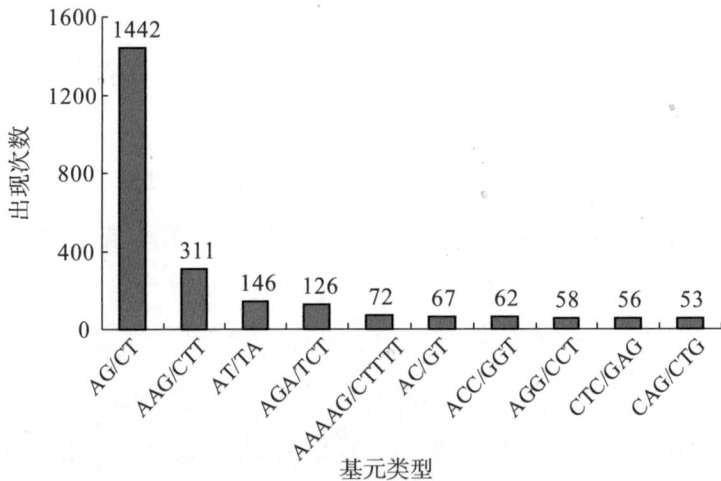

图 5-2　出现次数最多的重复基元分布

木麻黄不同重复基元重复次数几乎都在 30 次以内，以 3、5、6、7 次重复为主，随着重复次数的增多，EST-SSR 的数量逐渐递减。二核苷酸重复基元以 6、7、8 次重复为主，占所有二核苷酸重复基元的 54.2%；三核苷酸重复基元以 5、6 次重复为主，占所有三核苷酸重复基元的 71.2%；四核苷酸重复基元以 4 次重复为主，占所有四核苷酸重复基元的 70.8%；五核苷酸与六核苷酸以 3（93.8%）、4 重复（90.6%）为主（图 5-3），表现出重复基元核苷酸数目与重复次数成反比的趋势，即重复基元核苷酸数目越多重复次数越少。

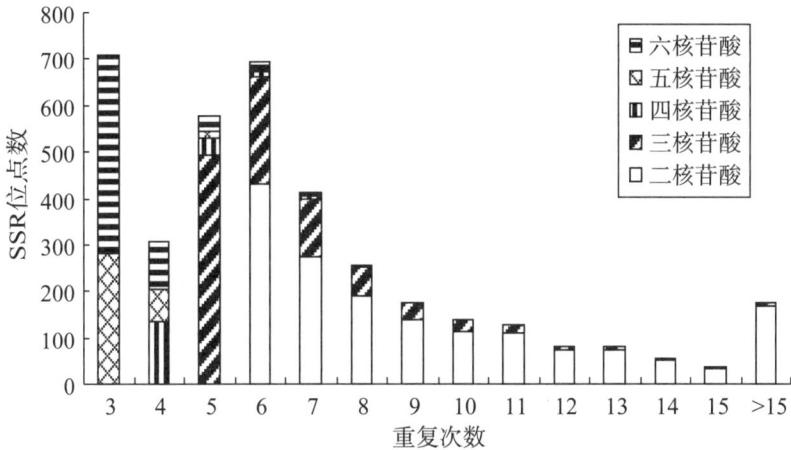

图 5-3　木麻黄重复基元重复次数分布特性

基元重复次数发生变异是 EST-SSR 具有的多态性的根本原因。研究发现木麻黄各种类型 SSR 的数量随着基元重复次数增加呈线性下降的趋势，如鳄梨（*Persea americana*；应东山 等，2018）、龙眼（*Dimocarpus longan*；胡文舜 等，2019）、澳洲坚果（黄健婷 等，2023）等热带树种也呈现这种趋势。Lee 等（2004）研究认为重复次数高（>10 次）的 EST-SSR 位点具有较高的多态性，但本研究发现重复次数低的 EST-SSR 位点一样具有很好的多态性，此结论与 Tang 等（2008）在稻（*Oryza sativa*）、番茄、马铃薯，及张广平（2012）在辣椒等作物中研究结果一致，这可能由于 EST-SSR 的重复次数没有非转录区 SSR 的重复次数变异范围大造成的。

三、分子标记的开发

（一）木麻黄 EST–SSR 引物设计

利用引物设计软件 Primer Premier v.6.0 设计 PCR 引物，引物设计原则：

引物长度为 17～25 bp，（最佳 20bp）；Tm 值 55～60 ℃（最佳 60 ℃），上下游引物的 Tm 值相差不大于 5 ℃；GC 含量为 40%～60%；PCR 扩增产物大小为 100～300 bp，尽量减少二聚体和发夹结构的出现，其他均按照软件默认参数。共设计 404 对木麻黄 EST-SSR 引物（附表 1），引物合成委托上海捷瑞公司完成。

（二）木麻黄 EST-SSR 引物扩增与筛选

引物合成后按照引物单上的退火温度范围筛选出最适退火温度，其次要进行 DNA 模板、Taq 酶、MgCl$_2$、引物、dNTP 等 PCR 反应因素水平的确定，建立一个最佳的反应体系。

以木麻黄 A8 无性系 DNA 为模板，利用合成的 404 对 EST-SSR 引物对其进行 PCR 扩增。PCR 反应体系为 10 μL，其中包含 1 mL 10×Buffer [100 mM Tris-HCl pH 9.0，80 mM (NH$_4$)$_2$SO$_4$，100 mM KCl，0.5% NP-40，20 mM MgCl$_2$]、0.4 μL dNTPs（2.5 mM each）、0.1 μL Taq（5 U/μL；上海申能博彩公司）、0.25 μL 前向引物（10 mM）、0.25 μL 后向引物（10 mM）、2.0 μL DNA 模板（15 ng/μL），超纯水补至 10 μL。

扩增程序为 94℃ 4 分钟；35 个循环：94℃ 30 秒，Tm30 秒，72℃ 30 秒；最后 72℃ 5 分钟。PCR 扩增在 DNA Engine 扩增仪上进行（美国 Bio-Rad）。

琼脂糖凝胶电泳：PCR 产物利用 1.5% 琼脂糖凝胶电泳检测，选取条带明亮、单一，以及长度与设计长度近似的引物用于 SSR 多态性分析。

（三）木麻黄 EST-SSR 引物有效性检测

选择二核苷酸和三核苷酸重复类型的 SSR 序列，设计合成引物 404 对。引物有效性检测的 DNA 模板为木麻黄 A8 无性系。根据建立的最佳的反应体系进行 PCR 扩增。PCR 扩增产物用 1% 的琼脂糖凝胶检测引物的有效性。图 5-4 所示为 193～384 号引物有效性检

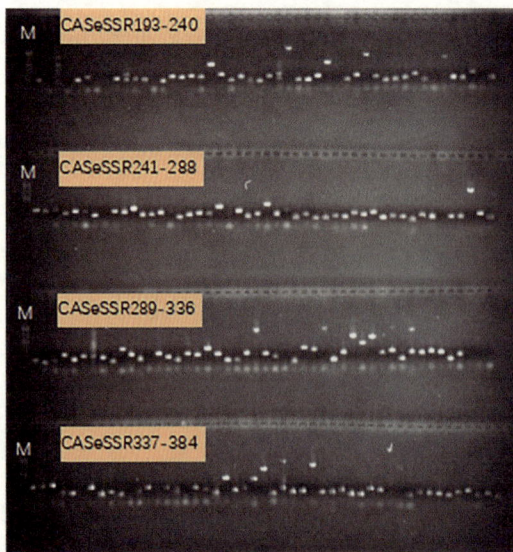

图 5-4　部分引物有效性检测

测情况，其中 193、197、198、241、245、247、249 和 250 等引物扩增产物条带清晰，可用于进一步的多态性检测；而 194、195、196、199、200、248、255 和 261 等引物无扩增产物或条带不清晰，放弃使用。其次，扩增产物条带清晰也表明建立的 PCR 反应体系效果佳。本研究 404 对引物中有 235 对扩增出理想的 PCR 产物，有效扩增率为 58.2%。235 对有效物信息见附表 2。

本研究设计的 404 对 EST-SSR 引物中有 235 对引物具有良好的扩增效果，引物有效扩增率为 58.2%，与篦子三尖杉（53.36%）相近（Liu *et al.*，2021），低于树形杜鹃（*Rhododendron arboreum*；86.66%；Sharma *et al.*，2020），高于杉木品种'铁心杉'（7.5%；Liu *et al.*，2023）等树种。

四、新开发 EST-SSR 标记的检测

（一）新开发标记的 EST 功能注释

利用 Blast X 程序对新开发标记所在的 EST 序列同 NCBI 非冗余蛋白序列数据库 (nr) 进行同源性比较，当 E 值小于 $1e^{-5}$ 时，表明具有高度同源性。利用 Gene Ontology 数据库（http://wego.genomics.org.cn）对新开发标记的 EST 序列进行功能注释。

对含有新开发 235 个 SSR 位点的木麻黄 EST 序列进行 Blast X 分析，结果表明 151 条 EST 序列与已知基因同源（64.3%），84 条 EST 序列没有注释信息（35.7%）。235 条新开发标记的功能注释见附表 2。根据 Gene Ontology 分类法，235 条 EST 序列被归入生物学过程、分子功能和细胞组件等 3 大类 36 亚类上，具体注释分类如图 5-5 所示。

结果表明，参与生物学过程（biological process）的 EST 功能类型最多，达 20 种，其中以代谢过程（metabolic process）与细胞过程（celluar process）为主，占 39.6%，其次是单一生物过程（single-organism process）、生物调节（biological regulation）及生物过程调控（regulation of biological process），三者占 27.7%；分子功能（biological process）分类主要有 8 种功能类型，主要集中于蛋白结合（binding）与酶催化（catalytic activity），分别占 45.5%、42.3%；参与细胞组件（cell component）的 EST 可分为 8 个功能类型，以细胞组分（cell part）、细胞（cell）和细胞器（organelle）为主。分析还发现，

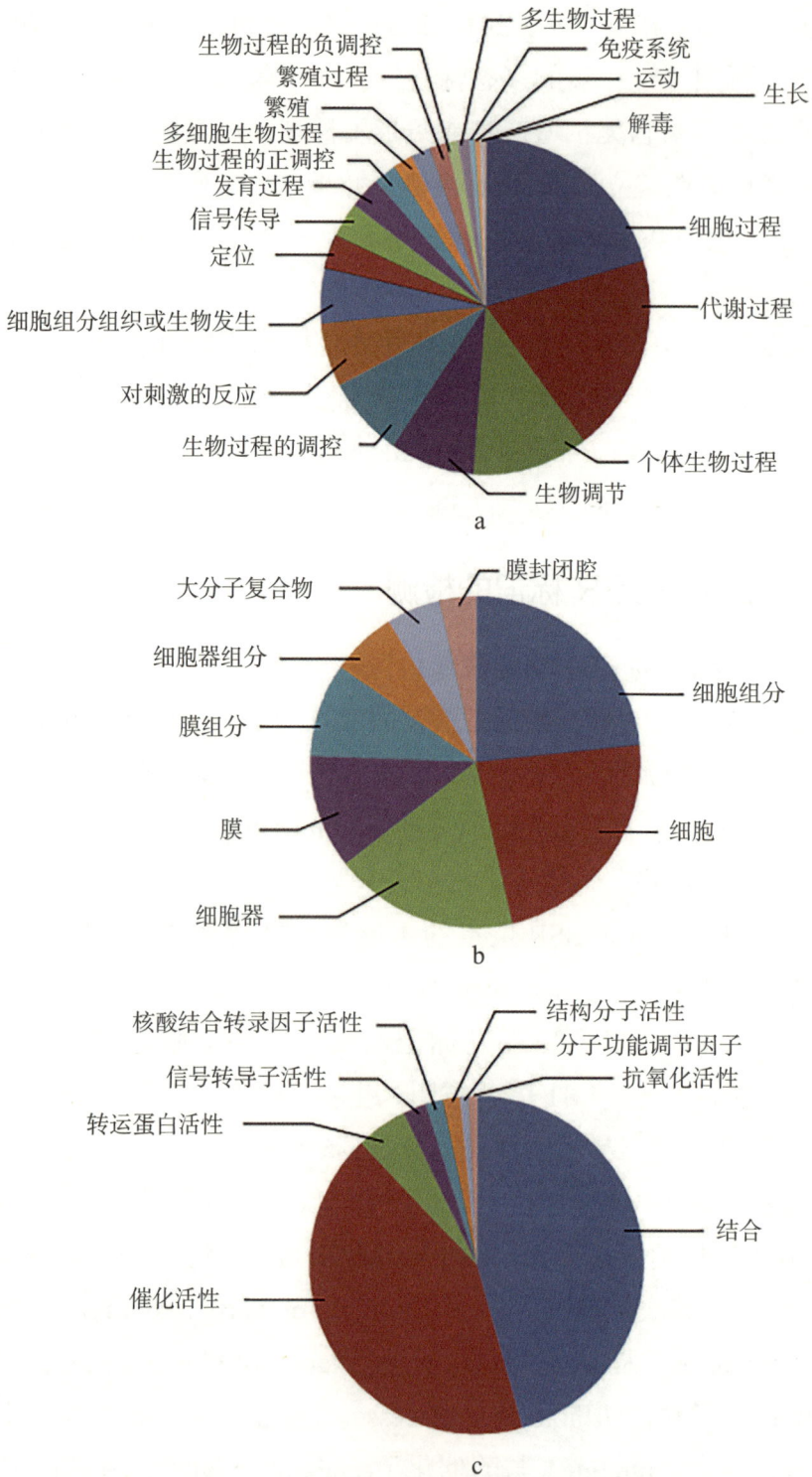

图 5-5　新开发标记对应的 EST 功能注释分类
a. 生物学过程；b. 细胞组件；c. 分子功能

许多序列涉及多重功能，如含有 CASeSSR190 标记位点的 EST 序列参与细胞过程、生物调节、蛋白结合、细胞膜、高分子复合物等 12 项生理功能。这些 EST-SSR 所在 DNA 序列功能注释为今后标记的利用提供了重要信息。

（二）新开发 EST–SSR 标记的多态性分析

基于荧光 dUTP，利用 ABI 3130xl 测序仪（美国 Applied Biosystems）对 PCR 产物进行 SSR 的多态性检测。

PCR 扩增体系为 10 μL，包括 1 μL 10×Buffer（100 mM Tris-HCl pH 9.0，80 mM $(NH_4)_2SO_4$，100 mM KCl，0.5% NP-40，20 mM $MgCl_2$），0.04 μL dNTPs（2.5 mM each）、0.1 μL Taq（5 U/μL；上海申能博彩公司）、0.25 μL 前向引物（10 mM）、0.25 μL 后向引物（10 mM）、0.01 μL 荧光 -dUTP（1 mM；加拿大 Fermentas）、2.0 μL DNA 模板（15 ng/μL），超纯水补至 10 μL。PCR 扩增在 DNA Engine 扩增仪上进行（美国 Bio-Rad）。

扩增程序采用降落 PCR 进行，94℃ 4 分钟；20 次循环：94℃ 30 秒，70～60℃ 30 秒且每循环降低 0.5℃，72℃ 1 分钟；再 26 次循环：94℃ 30 秒，60℃ 30 秒，72℃ 1 分钟；最后 72℃ 10 分钟。

取 1 μL PCR 产物、9.34 μL 超纯甲酰胺、0.16 μL 内标 GeneScan 500-LIZ（美国 Applied Biosystems）混匀，利用相应软件 GeneMapper 4.0（美国 Applied Biosystems）进行标记检测与判读，并利用 MSA 软件计算各位点等位基因数（number of alleles，N_a）、观测杂合度（observed heterozygosity，H_o）、期望杂合度（expected heterozygosity，H_E）、多态性信息含量（polymorphism information content，PIC）等遗传学参数。

开发成功的 235 个 EST-SSR 标记有 226 个与荧光 dUTP 结合较好，占标记总量的 96.2%。226 个标记中 223 个在木麻黄中具有丰富的多态性，部分多态性片段如图 5-6 所示。226 个标记共检测到等位片段 1221 个，其中 1218 个等位片段具有多态性，多态率 99.8%，每个位点的等位基因数 1～13 个不等，平均等位基因数 5.4 个。

223 个多态性的 EST-SSR 标记其观测杂合度（H_o）平均值为 0.8558，变化范围为 0～1；期望杂合度（H_E）变化范围为 0.1～1.0，平均为 0.7243；等位片段长度范围变化最大的为 88 bp，最小的为 2 bp。多态性信息量（PIC）是衡量群体变异程度的重要参数，用来评估每对引物标记的多态性信息量

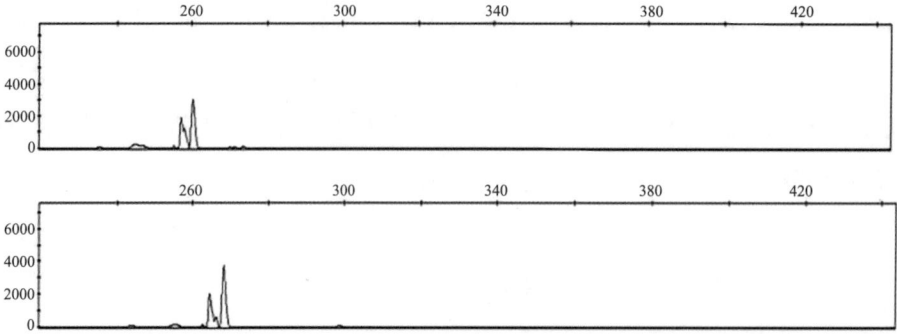

图 5-6　标记 CASeSSR004 在 10 株木麻黄中的两种不同分型结果

水平（高：PIC > 0.5；适中：0.5 > PIC > 0.25；低：PIC < 0.25）。本试验 223 个多态性标记 PIC 值介于 0.09～0.90（CASeSSR337），平均值为 0.63，其中有 161 个高度多态位点（PIC > 0.5）、46 个中度多态位点（0.25 < PIC < 0.5）、10 个低度多态位点（PIC < 0.25）。CASeSSR041、CASeSSR048、CASeSSR055 等 26 个标记每个位点具有等位基因数 10 个以上，H_O 值 0.8～1，H_E 值 0.86～0.97，PIC 值 0.8～0.9，表明新开发的 235 个标记多态性较高，能够应用于木麻黄种质资源群体结构及遗传多样性的研究。开发成功的 235 个 EST-SSR 标记具体遗传参数见附表 2。

研究认为由于位于编码区域，变异较少，EST-SSR 多态性要比基因组 SSR 低很多（Sharma *et al.*，2020），但本研究 235 个标记中多态性标记 226 个，占 96.2%，远高于青榨槭（*Acer davidii*）EST-SSR 29.8% 的多态率（穆莹 等，2021）。本研究木麻黄 EST-SSR 每个位点的等位基因平均为 5.4 个，高于 Li 等（2018）木麻黄的等位基因数（2.8 个），但低于胡盼（2015）木麻黄 EST-SSR 平均等位基因数（23.69 个），也低于 Kullan 等（2016）检测短枝木麻黄与山地木麻黄 829 个等位基因，平均每个基因座有 17 个等位基因，这可能是由于参试群体数量较少引起的。此外，本研究新开发的 EST-SSR 标记具有较高的多态性，其中 72.2% 的标记（161 个）PIC 值大于 0.5。

（三）新开发 EST–SSR 标记通用性检验

选择短枝木麻黄（10 株）、细枝木麻黄（2 株）、粗枝木麻黄（2 株）和山地木麻黄（2 株），检测 PCR 有效扩增的 235 个标记在木麻黄属内的通用性。PCR 扩增和标记多态性分析参照第六章第四节。计算参试材料缺失率（deleted rate，DR）和位点缺失程度（deleted degree，DD）。DR（%）=（有

缺失的材料总数 / 供试材料总数）× 100；DD（%）=（无扩增条带的引物总数 / 供试引物总数）× 100。

研究表明，新开发 235 个标记在木麻黄属不同树种间具有多态性。有 18 个标记在 4 个树种中有位点缺失，总计缺失位点 23 个。其中标记 CASeSSR340 有 3 个树种位点缺失，缺失最严重；其次是标记 CASeSSR226、CASeSSR262 和 CASeSSR304 各有 2 个树种位点缺失；标记 CASeSSR023、CASeSSR038、CASeSSR062、CASeSSR148、CASeSSR187、CASeSSR208、CASeSSR232、CASeSSR265、CASeSSR309、CASeSSR313、CASeSSR318、CASeSSR320、CASeSSR331 及 CASeSSR400 各有 1 个树种位点缺失；其余 217 个标记在 4 个木麻黄属树种中均有等位位点（表 5-4）。同一个树种下缺失位点数目变幅区间 [3，9]，其中短枝木麻黄缺失 9 个位点，细枝木麻黄缺失 4 个位点，粗枝木麻黄缺失 7 个位点，山地木麻黄缺失 3 个位点，参试的 4 个树种位点缺失程度均不超过 4%，即 96% 的标记在木麻黄属 4 个树种中可得到有效位点（表 5-5）。

通用性检测结果显示 95% 以上的标记在所有参试树种中都得到有效扩

表 5-4　各位点缺失的物种数目统计

标记	有缺失的物种数目	缺失率（%）
CASeSSR340	3	75
CASeSSR226、CASeSSR262、CASeSSR304	2	50
CASeSSR023、CASeSSR038、CASeSSR062、CASeSSR148、CASeSSR187、CASeSSR208、CASeSSR232、CASeSSR265、CASeSSR309、CASeSSR313、CASeSSR318、CASeSSR320、CASeSSR331、CASeSSR400	1	25

表 5-5　各物种缺失的位点数目

树 种	缺失位点数目（个）	缺失程度（%）
短枝木麻黄	9	3.8
细枝木麻黄	4	1.7
粗枝木麻黄	7	3.0
山地木麻黄	3	1.3

增，这可能由于 EST 序列属于 cDNA 序列的一部分，来源于 mRNA 的反转录，因此在物种间更容易发生交流。本研究新开发 235 个标记多态性丰富、通用性强，极大地推动了 SSR 标记在木麻黄遗传育种研究中的应用，也检验了通过木麻黄转录组数据库 EST 信息开发 SSR 标记的可行性。其中 223 个 EST-SSR 的引物序列存放在 GenBank 的 Probe 数据库（http://www.ncbi.nlm.nih.gov/probe），其 ID 为 Pr032826133-355。

第三节 木麻黄种质资源遗传多样性分析

一、木麻黄种质资源 DNA 提取与检测

采用改良的 CTAB 法所提取 63 个无性系 DNA，所有供试材料所提取的 DNA 纯度高、质量较好，在琼脂糖电泳检测中无明显拖尾，亮度高，条带完整清晰，经超微量分光光度计检测（图 5-7），OD260/OD280 值介于 1.68～2.10，浓度为 111.2～1239.2 ng/mL（表 5-6）。统一将所有供试材料 DNA 浓度稀释到 100 ng/μL 用于后续试验。

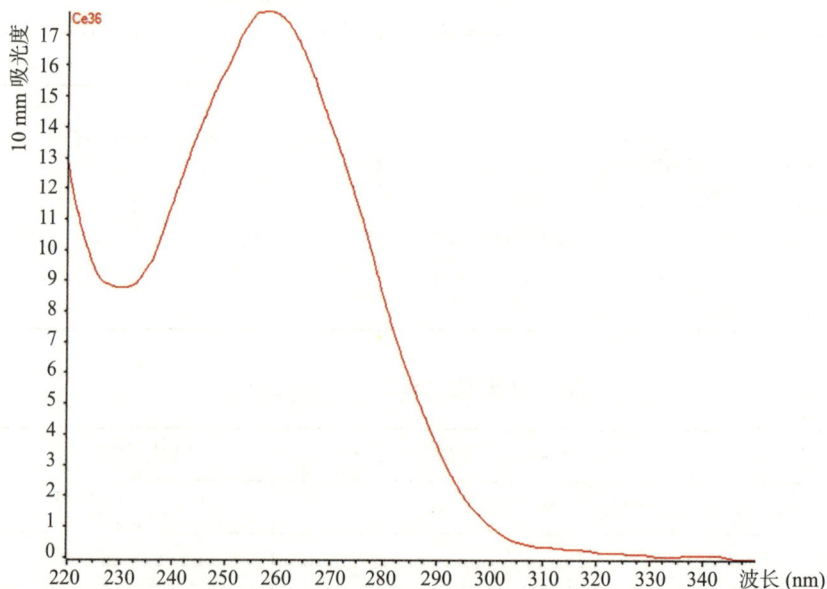

图 5-7 36 号无性系 DNA 检测

表 5-6　参试木麻黄无性系

编号	无性系	来源	DNA 浓度 (ng/µL)	DNA 纯度 A260/280	编号	无性系	来源	DNA 浓度 (ng/µL)	DNA 纯度 A260/280
1	1	福建	207.6	1.91	33	宝9	海南	297.5	1.94
2	2	福建	273.1	1.75	34	W2	福建	198.6	1.94
3	12	福建	442.2	1.98	35	W6	福建	250.3	1.87
4	13	福建	390.3	1.97	36	海口	海南	720.3	1.98
5	16	海南	761.5	2.07	37	何2	福建	302.5	1.92
6	20	海南	594.8	2.01	38	何细	福建	254.4	1.86
7	21	海南	228.9	1.99	39	G1	广东	339.0	1.98
8	27	海南	468.0	2.01	40	X2	广东	743.3	2.02
9	30	广东	143.7	1.92	41	K18	广东	1239.2	2.05
10	34	海南	627.9	2.01	42	K13	广东	111.2	1.80
11	37	福建	561.6	2.00	43	抗风	福建	542.8	2.01
12	41	福建	747.1	2.02	44	龙4	福建	287.6	1.90
13	45	福建	484.0	2.06	45	C7	广东	576.4	2.07
14	59	福建	1147.0	1.94	46	平2	福建	350.6	1.92
15	65	福建	168.7	1.94	47	平5	福建	252.8	1.77
16	76	福建	287.4	1.91	48	莆20	福建	163.7	1.89
17	77	福建	195.7	1.97	49	X1	海南	346.7	1.95
18	82	福建	276.5	1.88	50	杂交	福建	533.0	2.06
19	83	福建	215.4	1.81	51	湛江1	广东	145.7	1.87
20	G88	广东	251.8	1.80	52	湛江3	广东	126.4	2.06
21	91	福建	174.8	1.87	53	95	福建	199.5	1.88
22	105	福建	288.1	1.96	54	A14	广东	262.5	1.80
23	501	广东	334.6	1.99	55	X19	广东	285.4	2.01
24	503	广东	208.8	1.85	56	9201	福建	228.8	1.83
25	601	广东	215.0	1.87	57	C8	广东	490.4	1.98
26	701	广东	326.6	1.93	58	4	海南	493.2	1.99
27	701-3	广东	527.1	1.94	59	7	海南	236.5	1.92
28	A1	广东	207.7	1.97	60	杂5	广东	295.4	2.04
29	A1-3	广东	383.4	1.86	61	W8	广东	360.6	1.96
30	A13	广东	194.1	1.79	62	CK	广东生产用苗	502.7	1.91
31	A8	广东	208.5	1.79	63	东2	海南	144.8	1.88
32	A8-2	广东	241.1	1.87					

二、EST-SSR 扩增效果与多态性分析

从新开发的木麻黄 235 个 EST-SSR 多态性引物中随机选择 49 对引物，对木麻黄 63 个无性系进行遗传多样性分析。

由表 5-7 可见，49 个标记扩增结果共检测出 400 个观测等位基因，每个位点扩增出的等位基因数 3～19 个，平均每个位点为 8.16 个。多态性信息含量（PIC）数值 0.2191～0.9157，最小为 CASeSSR257 位点，最大为 CASeSSR041 位点，平均值为 0.6594。多态性信息量（PIC）用来评估每对引物标记的多态性信息量水平，除了 9 个标记 PIC 数值小于 0.5 外，其余 40 个标记 PIC 数值大于 0.5，表现为高度遗传多态性，充分验证了前期利用短枝木麻黄开发的 EST-SSR 标记的多态性与有效性，能够应用于木麻黄种质资源群体结构及遗传多样性的研究。此外，观测杂合度（H_o）数值在 0.0317～1.0000，CASeSSR034、CASeSSR048、CASeSSR059、CASeSSR069、CASeSSR076、CASeSSR125、CASeSSR134、CASeSSR176、CASeSSR230、CASeSSR232、CASeSSR238、CASeSSR304 等标记 H_o 值为 1.0000，平均值为 0.7629；期望杂合度（H_e）数值在 0.2323～0.9289，平均值为 0.7023，期望杂合度（H_e）作为度量群体遗传多样性水平的重要参数，表明这 63 份木麻黄无性系资源材料具有丰富的遗传多态性，可作为木麻黄遗传育种的重要材料。平均观测杂合度大于平均期望杂合度，表明群体中包含有杂合子。

表 5-7　49 对引物扩增结果及多态性信息

标记	等位基因数 N_a	等位片段大小范围 ASR	多态性信息含量 PIC	观测杂合度 H_o	期望杂合度 H_e
CASeSSR004	9	256～288	0.5643	0.2063	0.5921
CASeSSR022	5	184～196	0.6174	0.3871	0.6655
CASeSSR024	8	182～214	0.5535	0.3279	0.5884
CASeSSR027	4	244～264	0.5697	0.7903	0.6327
CASeSSR034	7	170～194	0.8054	1.0000	0.8359
CASeSSR041	19	192～270	0.9157	0.9836	0.9289
CASeSSR048	8	204～226	0.8011	1.0000	0.8312

标记	等位基因数 N_a	等位片段大小范围 ASR	多态性信息含量 PIC	观测杂合度 H_o	期望杂合度 H_e
CASeSSR052	10	235～261	0.8030	0.9661	0.8299
CASeSSR056	9	218～244	0.7842	0.9180	0.8113
CASeSSR059	3	189～207	0.4968	1.0000	0.5903
CASeSSR064	10	152～178	0.6148	0.9828	0.6771
CASeSSR066	3	160～172	0.5850	0.7869	0.6645
CASeSSR069	14	206～256	0.7831	1.0000	0.8107
CASeSSR076	9	350～383	0.6474	1.0000	0.7013
CASeSSR100	12	208～250	0.8035	0.7500	0.8293
CASeSSR108	11	210～274	0.3893	0.3333	0.4023
CASeSSR112	14	180～214	0.8618	0.9000	0.8821
CASeSSR125	8	328～370	0.7726	1.0000	0.8061
CASeSSR134	7	184～205	0.7752	1.0000	0.8093
CASeSSR140	6	210～230	0.5712	0.9836	0.6440
CASeSSR141	3	197～203	0.5491	0.9508	0.6261
CASeSSR156	8	160～222	0.7447	0.7759	0.7843
CASeSSR165	16	248～302	0.7418	0.9839	0.7738
CASeSSR176	4	204～228	0.4705	1.0000	0.5690
CASeSSR185	10	155～175	0.8572	0.8871	0.8773
CASeSSR209	10	257～293	0.7852	0.1020	0.8193
CASeSSR216	3	149～155	0.4016	0.0317	0.4602
CASeSSR217	8	222～252	0.6633	0.2097	0.6943
CASeSSR226	10	230～276	0.7242	0.9836	0.7591
CASeSSR230	11	152～192	0.8353	1.0000	0.8563
CASeSSR232	5	225～264	0.6366	1.0000	0.6979
CASeSSR238	10	254～290	0.7410	1.0000	0.7822
CASeSSR241	11	238～280	0.7947	0.7213	0.8255
CASeSSR242	5	223～255	0.4055	0.6167	0.4758
CASeSSR244	4	186～198	0.3139	0.4194	0.3538
CASeSSR252	11	170～208	0.6888	0.6825	0.7201

标记	等位基因数 N_a	等位片段大小范围 ASR	多态性信息含量 PIC	观测杂合度 H_o	期望杂合度 H_e
CASeSSR253	14	184～238	0.8288	0.7742	0.8531
CASeSSR257	4	152～184	0.2191	0.1111	0.2323
CASeSSR258	3	201～257	0.4423	0.8095	0.5439
CASeSSR259	6	197～230	0.6458	0.9333	0.7022
CASeSSR263	13	164～202	0.8047	0.9048	0.8292
CASeSSR264	9	200～233	0.7737	0.9841	0.8085
CASeSSR293	6	152～176	0.6315	0.9016	0.6842
CASeSSR304	6	137～155	0.6277	1.0000	0.6893
CASeSSR307	3	342～350	0.3943	0.3065	0.4386
CASeSSR359	7	370～386	0.5120	0.7097	0.5615
CASeSSR372	11	210～249	0.8277	0.6667	0.8565
CASeSSR387	6	192～213	0.7398	0.9672	0.7808
CASeSSR400	7	208～228	0.7955	0.6316	0.8274
总计	400				
平均	8.16		0.6594	0.7629	0.7023

三、木麻黄种质资源遗传多样性分析

（一）遗传距离计算与聚类分析

利用 49 个多态性 EST-SSR 标记对 63 个木麻黄无性系进行聚类分析，各无性系间的 Nei's 遗传距离见附表 3。研究结果表明，63 个无性系均可有效分开，不存在同一无性系编号错乱的现象；63 份木麻黄无性系之间的 Nei's 遗传距离分布范围为 0.0570～0.8198，平均为 0.5523，表明 63 个木麻黄无性系种质资源之间遗传差异较大，遗传多样性较高，遗传基础较宽。其中，无性系 77 与 K13 遗传距离最大，为 0.8198，表明这两份种质相似度最小，亲缘关系最远；无性系 A1-3 与 A13 遗传距离最小，仅为 0.0570，表明两份种质之间的相似度最高，亲缘关系最近。2 与 34、37 与 83、34 与 701-3、83 与 701、宝 9 与 X1 等部分无性系遗传距离小于 0.1，亲缘关系较近，可能由于母本或父本相同。

将遗传距离按 UPGMA 方法聚类分析，构建了 63 株木麻黄无性系的聚类图（图 5-8）。在遗传距离 0.30 处将 63 个无性系分为 3 大组，组 I 包括 G1、45、601、东 2、K18 和 C8 无性系；组 II 包括 95、W2、K13、抗风、30、503 无性系；海口、杂交、W8 等其余 51 个无性系归于组 III。虽然从总体来看，63 个参试无性系遗传多样性较高，遗传基础较宽，但从聚类图中可以看出，各组无性系数量极不平衡，组 I、组 II 分别只有 6 个无性系，组 III 有 51 个无性系，且这 51 个无性系遗传距离较小，遗传基础较窄，因此在亲本配置及无性系利用时还要注意无性系间的亲缘关系。

随机抽取的 49 个 EST-SSR 标记具有高度遗传多样性，可有效地反映木麻黄种质资源的亲缘关系状况，能够应用于木麻黄种质资源群体结构和遗传多样性的研究，同时也充分验证了前期开发的 235 个 EST-SSR 标记的可靠性与有效性。

（二）木麻黄种质资源来源与分类

木麻黄科植物分布范围广，有 4 个属 83 个种 13 个亚种，在分子标记上呈现遗传多样性。Li 等（2018）基于 15 个 SSR 位点的 42 个多态性条带对 26 个基因型的木麻黄属和异木麻黄属样品进行遗传关系分析，结果表明 26 个样品的遗传相似系数为 0.53。本研究中，49 个标记平均观测等位基因数为 8.16，平均多态性信息含量为 0.6594，平均观测杂合度为 0.7629，平均期望杂合度为 0.7023，63 个木麻黄无性系 Nei's 遗传距离为 0.0570～0.8198，平均为 0.5523，显示出比较丰富的遗传基础。但是，聚类分析发现两个特点：一是 63 个木麻黄无性系并不能按来源地各自单独聚为一类。如本研究中，来自广东的 K13、30、503 与来自福建的 95、W2、抗风无性系聚在一起，形成一大类群；来自海南的东 2 无性系与来自福建的 45 无性系和来自广东的 G1、601、K18、C8 无性系聚在一起，形成一大类群；海南无性系 34 与福建无性系 2 无性系遗传距离为 0.0672，福建无性系杂交与广东无性系 W8 遗传距离为 0.1327，与海南无性系海口遗传距离为 0.1710，参试无性系亲缘关系的远近与其来源相关性不大，各组无性系并不按来源地聚类，造成此现象的原因可能是木麻黄为外来树种，适应我国气候条件的树种、种源不多，经过选育的优良遗传资源更是匮乏，选育出

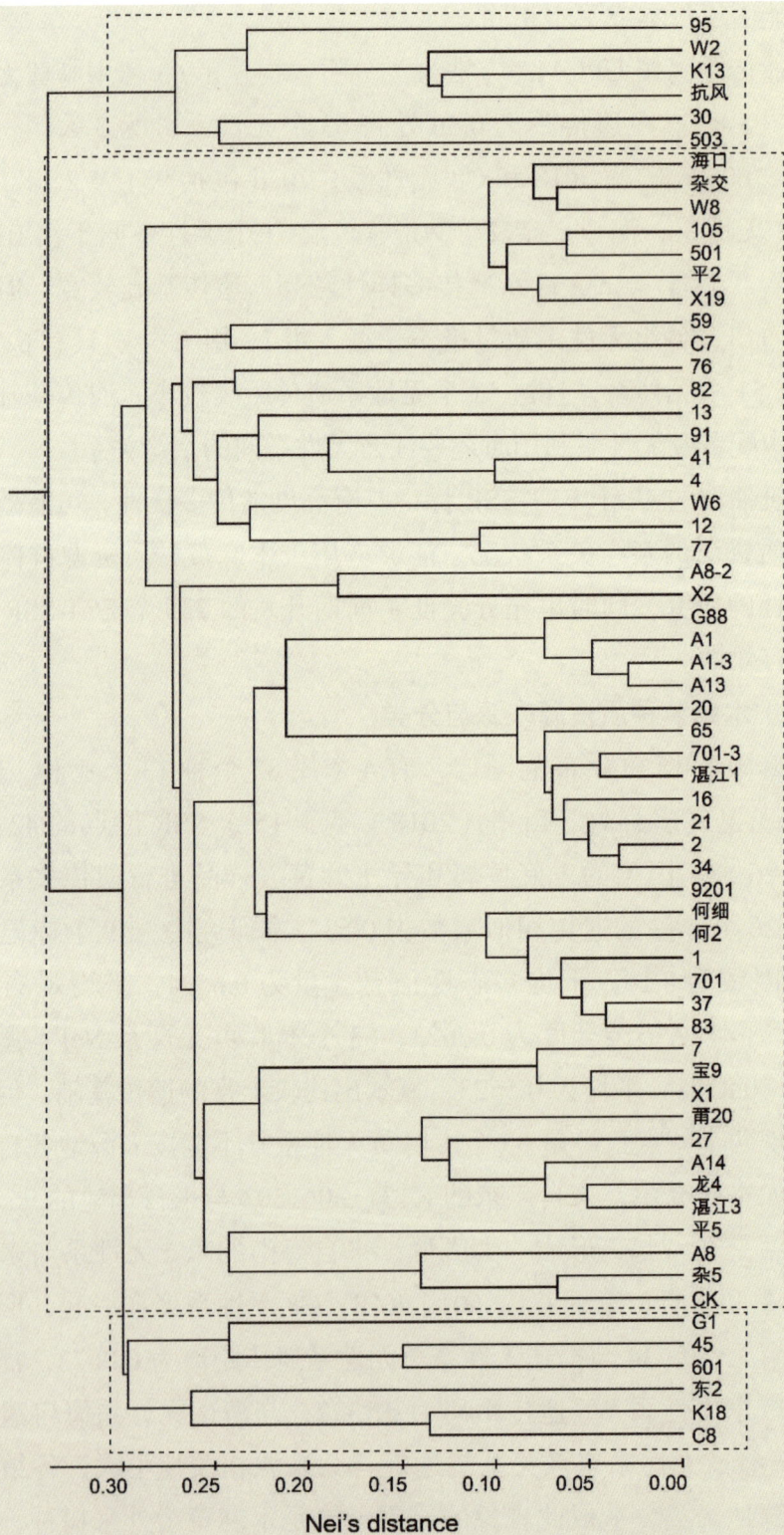

图 5-8　木麻黄无性系基于 49 个 EST-SSR 标记的聚类

的优良无性系因其性状优良被各地区频繁引用，各地区木麻黄优良种质交流频繁，种质资源相互渗透，使得地域阻隔减弱。二是各组无性系数量极不平衡，其中有 51 个无性系遗传距离较小，遗传基础较窄，聚为一类，究其原因，可能由于 20 世纪 80～90 年代沿海各省份选育出的优良无性系都来自亲缘关系比较接近的亲本或是遗传背景比较相似的选种群体，遗传多样性不高；另外选育出的优良无性系因其综合性状优良而被频繁用作木麻黄育种的亲本材料，遗传多样性降低；再是各省份选育出的优良种质资源相互渗透、相互引用，造成部分无性系遗传基础相对单一。鉴于此，今后应加强木麻黄种质资源的引进，广泛开展分子标记并发掘优良基因，参考本节各亲缘关系的数据，选择优良亲本进行定向组配，控制育种亲本遗传距离。

四、木麻黄优良无性系的选择与利用

木麻黄作为我国东南沿海防护林不可替代的当家树种，主要种植于广东、福建、海南。随着木麻黄无性系良种的选育和推广，各地区在生产活动中通常只推广应用某一种或几种特定的、优质高产的优良无性系。在广东，A13 无性系占 95% 以上，在海南，宝 9 无性系占 95% 以上，相对单一的无性系大面积造林使防护林带出现退化、林木生长衰退、局部病虫害蔓延、整个沿海防护林体系处于极大的风险之中，因此需要增加新的优良无性系用于沿海防护林体系建设，或是通过杂交亲本的选配进行制种，以期拓宽沿海防护林的遗传基础，增强沿海防护林的生态安全。广东省林业科学研究院的前期研究结果表明：63 个参试无性系中 W2、W6、K18、G1、K13、X19 在广东生长速度最快（谢金链 等，2010）；G1、W8、C8、701、A8-2、501 抗旱、抗风能力最强；G1、X19、X2、G88 抗青枯病能力较强；莆 20、701、W2、59、A13、K13、X2、W6 对盐具有较强的抵抗能力。在生产或研究上利用这些优良材料时，要充分考虑到它们之间遗传变异水平和亲缘关系，如 W2 和 K13 生长迅速，但亲缘关系较近，为了增加沿海防护林遗传多样性，不宜同时大面积推广这 2 个无性系；G1 与 G88 抗青枯病能力都较强，由于它们亲缘关系较远，同时推广应用既能增加防护林带的遗传多样性，又能抵抗青枯病的发生与蔓延。因此，基于 EST-SSR 分子标记建立的亲缘关系树状图在分子水平上显示了供试无性系品种间的亲缘关系，为今后木麻黄优良无性系的推广应用及育种亲本的选配提供了理论依据，有效避免选育出的优良材料遗传基础逐步单一化。

第四节 小 结

（1）本研究从 NCBI 公共数据库下载 37902 条短枝木麻黄茎组织转录组序列，SSR 位点的检出率为 10.2%，木麻黄 EST 序列中 SSR 平均分布距离为 8.3 kb。木麻黄二核苷酸类型（39.5%）的频率高于三核苷酸重复类型（24.4%），AG/CT 重复占二核苷酸重复的绝大部分达 87.1%，三核苷酸以 AAG/CTT 重复最多，其余类型的重复则相对较少，重复次数低的 EST-SSR 位点一样具有很好的多态性。

（2）新开发 235 个标记多态性丰富、通用性强，引物有效扩增率为 58.2%，226 个具有多态性（占 96.2%），161 个标记（72.2%）PIC 值大于 0.5，95% 以上的新开发标记在所有参试树种中都得到有效扩增。223 个 EST-SSR 的引物序列存放在 GenBank 的 Probe 数据库（http://www.ncbi.nlm.nih.gov/probe），其 ID 为 Pr032826133-355。

（3）235 个 SSR 位点的木麻黄 EST 序列中有 84 条 EST 序列没有注释信息，151 条与已知基因同源，其功能可归入生物学过程、分子功能和细胞组件等 3 大类 36 亚类上，许多序列还同时涉及细胞过程、生物调节、蛋白结合、细胞膜、高分子复合物等多重功能，具有更强的基因型鉴别能力。

（4）49 个标记平均观测等位基因数为 8.16，平均多态性信息含量为 0.6594，平均观测杂合度为 0.7629，平均期望杂合度为 0.7023，63 个木麻黄无性系 Nei's 遗传距离为 0.0570～0.8198，平均为 0.5523，显示出比较丰富的遗传基础。

（5）聚类分析表明，各组无性系并不按来源地聚类，且各组无性系数量极不平衡。有 51 个无性系遗传距离较小，遗传基础较窄，聚为一类，在生产或研究上利用这些优良材料时，要充分考虑到它们之间遗传变异水平和亲缘关系。

第六章

木麻黄青枯病抗性与 EST-SSR 标记的关联分析

植物青枯病抗性性状受多基因控制，属于数量性状，采用常规育种方法选育抗病品系难度大，进展慢。木麻黄科植物自然分布区广，不同树种、种源，及无性系间遗传变异非常丰富，在青枯病抗性上也存在着极显著分化。近年来，随着越来越多木本植物完成全基因组测序及大量分子标记的开发，数量性状的研究，特别是利用关联分析挖掘数量性状相关功能基因已经越来越成为国际植物基因组学研究的热点。林木繁衍以自然杂交为主，群体遗传多样性水平高，连锁不平衡水平低，特别适用于关联分析。目前，许多林木树种开展了数量性状与分子标记的关联分析，但大多集中在生长性状与木材性状，利用关联分析挖掘林木抗病基因位点的研究极少见报道，仅有火炬松（*Pinus taeda*）抗脂溃疡病（*Fusarium circinatum*；De La Torre *et al.*，2019）、欧洲云杉（*Picea abies*）抗松根白腐病（*Heterobasidion annosum*；Capador-Barreto *et al.*，2021）、斜叶桉（*Eucalyptus obliqua*）抗桃金娘锈病（*Austropuccinia psidii*；Yong *et al.*，2021）等少数几个树种做了相关研究。木麻黄不仅尚未开发足量的分子标记，在分子辅助选育、遗传图谱构建、抗病基因定位等分子生物学领域的研究滞后，木麻黄青枯病抗性相关分子标记研究在国内外也极少见报道。本研究利用木麻黄 223 个 EST-SSR 标记，对我国现有木麻黄种质资源青枯病抗性进行关联分析，旨在挖掘与木麻黄青枯病抗性密切相关的标记位点或具有特定功能的基因位点，为分子标记辅助育种提供有益参考，加速了抗病种质资源的选育进程。

第一节　研究方法

一、试验材料

供试 53 份木麻黄种质来源于广东、福建、海南，是广东、福建、海南各省份根据不同育种目的选育并保存下来的无性系，由广东省林业科学研究院培育。

供试材料青枯病抗性鉴定方法、病情指数、抗性分级等数据来源于第三章研究结果（表 3-5），为了统计分析方便，本节将病情指数换算成抗病指数，即抗病指数 = 100 – 病情指数。供试木麻黄种质材料信息见表 6-1。供试材料抗病指数变异范围大，介于 27.2～100.0，基本呈连续正态分布，适合用于抗病关联分析。

二、DNA 提取与标记分型

采取木麻黄新鲜嫩枝，采用改良的 CTAB 法提取基因组 DNA。检测浓度与纯度后稀释至 100ng/μL，作为 PCR 扩增模板。

选取杂交、30、41、45、W6、G1、平 5 和 X1 等 8 个亲缘关系较远、抗病指数大于 95 的无性系构建抗病基因池；选取 2、34、37、59、82、G88、K18 和 C7 等 8 个亲缘关系较远、抗病指数小于 50 的无性系构建感病基因池。利用前期筛选出来的 235 个木麻黄 EST-SSR 标记对抗、感池进行标记分型与筛选。初步筛选标记方法：比较两个基因池的标记—等位基因频率，相差 80% 以上的标记入选，筛选出用于关联分析的标记。

表 6-1　供试无性系及抗病指数

编号	无性系	来源	抗病指数	编号	无性系	来源	抗病指数
1	1	福建	92.7	28	A1	广东	100.0
2	2	福建	48.8	29	A1-3	广东	78.0
3	12	福建	61.0	30	A13	广东	47.2
4	13	福建	82.4	31	A8	广东	58.7
5	16	海南	50.0	32	A8-2	广东	89.2
6	20	海南	50.0	33	宝9	海南	47.3
7	21	海南	50.0	34	W2	福建	76.7
8	27	海南	50.0	35	W6	福建	97.4
9	30	广东	100.0	36	海口	海南	100.0
10	34	海南	50.0	37	何2	福建	95.4
11	37	福建	40.7	38	何细	福建	64.0
12	41	福建	96.1	39	G1	广东	100.0
13	45	福建	100.0	40	X2	广东	72.0
14	59	福建	42.3	41	K18	广东	27.2
15	65	福建	42.1	42	K13	广东	92.9
16	76	福建	76.1	43	抗风	福建	62.3
17	77	福建	82.1	44	龙4	福建	62.3
18	82	福建	44.9	45	C7	广东	50.0
19	83	福建	52.9	46	平2	福建	53.3
20	G88	广东	43.8	47	平5	福建	98.2
21	91	福建	50.4	48	莆20	福建	76.1
22	105	福建	64.0	49	X1	广东	100.0
23	501	广东	100.0	50	杂交	福建	100.0
24	503	广东	100.0	51	湛江1	广东	50.4
25	601	广东	82.8	52	湛江3	广东	63.7
26	701	广东	74.1	53	A14	广东	51.7
27	701-3	广东	53.2				

反应体系、分型过程参照第六章第四节相关内容；参试 235 个标记具体信息见附表 2。

三、数据分析

（一）群体结构分析

利用 GenAlEx 6.4.1 检测哈 – 温平衡，选择不偏离哈 – 温平衡的 EST-SSR 标记用于参试材料群体结构的分析。

群体结构分析采用软件 Structure 2.3.4，设定亚群数（K）的取值范围 1~16，将 MCMC(Markov Chain Monte Carlo）的 Length of Burn-in Period(不作数迭代）设为 100000 次，每个 K 值重复运行 10 次，其余参数采用默认设置，计算各单株变异来自第 K 个亚群的概率（Q 值）。根据 lnP(D) 计算 ΔK，以 ΔK 最高的群体结构 K 为最佳，并计算最佳数量 K 亚群所含的无性系。

个体间的亲缘关系系数 K 利用软件 SPAGeDi1-5a 计算。群体结构（Q）和亲缘关系（K）矩阵均纳入下一步的关联分析模型。

（二）关联 EST–SSR 标记分析

利用 TASSEL 3.0 软件，基于混合线性模型（Mixed linear model，MLM），结合群体结构和亲缘关系矩阵的 $Q+K$ 模型（Q 值作为协变量，纳入亲缘关系系数 K 的矩阵，即 $Q+K$ 法），将分子标记与参试材料抗病指数进行关联分析，找出与木麻黄青枯病抗性（高抗 / 高感）显著关联的 EST-SSR 标记，显著性通过 Bonferroni 多重检验校正。确定 $P<0.05$ 时的关联位点，计算标记对表型变异的解释率（R^2）。

（三）等位变异表型效应分析

对于显著关联的标记，将等位基因频率小于 5% 的等位片段视为无效等位变异，等位片段表型效应计算参考 Breseghello 等（2006）提出的"无效等位变异法"确定增效等位片段和减效等位片段。以无效等位变异的表型均值作为对照、计算各增效或减效等位片段的表型效应值；将某一标记增效和减效等位片段的平均效应分别作为该标记的增效和减效效应值，计算其百分比。

（1）等位片段的表型效应（PE）计算公式：

$$a_i = \sum x_{ij} / n_i - \sum N_k / n_k$$

式中，a_i 为第 i 个等位片段的表型效应值；x_{ij} 为第 j 个携带 i 等位片段样品的表型值；n_i 为携带 i 等位片段的样品数；n_k 为携带无效等位基因的样品数；N_k 为第 k 个携带无效等位基因的样品的表型值。若 a_i 为负，则被认为是减效等位片段；若 a_i 为正，则等位片段被认为是增效等位片段。

（2）增效（减效）等位变异平均效应（AAE）计算公式：

$$AAE = \sum a_c / n_c$$

式中，n_c 为位点内增效（减效）等位变异数；a_c 为关联位点内第 c 个增效（减效）等位变异表型效应值。性状关联的位点通常不止一个，并且存在正向作用与负向作用，因此需计算位点全部增效（减效）等位变异的平均效应作为该位点增效（减效）能力的整体评价。

（3）表型效应比（AN）计算公式：

$$AN = (\sum a_c / n_c) / (\sum N_k / n_k) \times 100\%$$

式中，a_c 为关联位点内第 c 个增效（减效）等位变异表型效应值；n_c 为位点内增效（减效）等位变异数。

第二节 群体结构与关联分析

一、木麻黄 EST-SSR 标记分型与筛选

检测发现，223 个木麻黄 EST-SSR 标记中，共有 49 个标记在抗、感基因池中等位基因频率差异达 80% 以上，且 CASeSSR244 与 CASeSSR064 两个标记偏离哈-温平衡（表 6-2），因此选择其余 47 个标记作为关联分析标记，利用这 47 个标记对参试材料进行群体结构分析与亲缘关系系数计算。

二、群体结构分析

依据最大似然原则进行木麻黄参试材料群体结构分析，根据模型后验概率 $\ln P(D)$ 计算 ΔK，以 ΔK 值为纵坐标，K 值为横坐标，求 1～16 个 K 值所对应的 ΔK 值。通过 ΔK 确定亚群数（K），以 ΔK 值最大时的 K 值即为最佳亚群数。由图 6-1a 可见，当 $K=2$，ΔK 值最大，这说明将 53 份木麻黄种质资源分为 2 个组群时（图 6-1b），群体结构数学分析模型后验概率最大，

表 6-2　49 个标记哈 – 温平衡卡方检验结果

编号	标记	自由度 DF	卡方	显著性	编号	标记	自由度 DF	卡方	显著性
1	CASeSSR004	36	216.801	***	26	CASeSSR209	36	314.538	***
2	CASeSSR022	10	92.005	***	27	CASeSSR216	3	77.404	***
3	CASeSSR024	28	90.580	***	28	CASeSSR217	28	207.750	***
4	CASeSSR027	6	33.079	***	29	CASeSSR226	36	210.618	***
5	CASeSSR034	21	196.403	***	30	CASeSSR230	55	230.060	***
6	CASeSSR041	136	415.891	***	31	CASeSSR232	10	53.294	***
7	CASeSSR048	21	153.442	***	32	CASeSSR238	36	124.481	***
8	CASeSSR052	45	327.174	***	33	CASeSSR241	55	220.705	***
9	CASeSSR056	36	66.620	**	34	CASeSSR242	10	62.294	***
10	CASeSSR059	3	46.815	***	35	CASeSSR244	6	2.182	ns
11	CASeSSR064	45	67.375	*	36	CASeSSR252	55	162.977	***
12	CASeSSR066	3	71.086	***	37	CASeSSR253	91	240.846	***
13	CASeSSR069	78	267.345	***	38	CASeSSR257	6	53.755	***
14	CASeSSR076	28	146.670	***	39	CASeSSR258	3	19.566	***
15	CASeSSR100	66	142.854	***	40	CASeSSR259	15	137.901	***
16	CASeSSR108	55	150.108	***	41	CASeSSR263	66	108.962	***
17	CASeSSR112	91	373.336	***	42	CASeSSR264	36	90.240	***
18	CASeSSR125	28	221.103	***	43	CASeSSR293	15	48.336	***
19	CASeSSR134	21	147.959	***	44	CASeSSR304	15	184.583	***
20	CASeSSR140	15	96.864	***	45	CASeSSR307	3	36.522	***
21	CASeSSR141	3	37.861	***	46	CASeSSR359	21	67.807	***
22	CASeSSR156	28	90.326	***	47	CASeSSR372	45	112.927	***
23	CASeSSR165	105	409.328	***	48	CASeSSR387	15	224.824	***
24	CASeSSR176	6	53.000	***	49	CASeSSR400	21	126.252	***
25	CASeSSR185	45	220.195	***					

注：*** 表示 $P<0.001$；** 表示 $P<0.01$；* 表示 $P<0.05$；ns 表示差异不显著。

88

组群内植株具有相对一致的遗传背景，组群间具有最大的遗传差异。

　　群体结构 Q 值计算结果表明：参试 53 个木麻黄无性系在各自所属组群中的 Q 值全部大于 0.5，这说明参试种质资源可归入 2 个组群中的某一个，遗传组分相对单一，群体结构简单，适于进行关联分析。其中有 34 个无性系被分到亚群 1，19 个无性系被分到亚群 2（图 6-1b）。木麻黄核心种质遗传结构亚群的划分与材料的地理来源没有必然联系，这与第七章研究结果相一致。

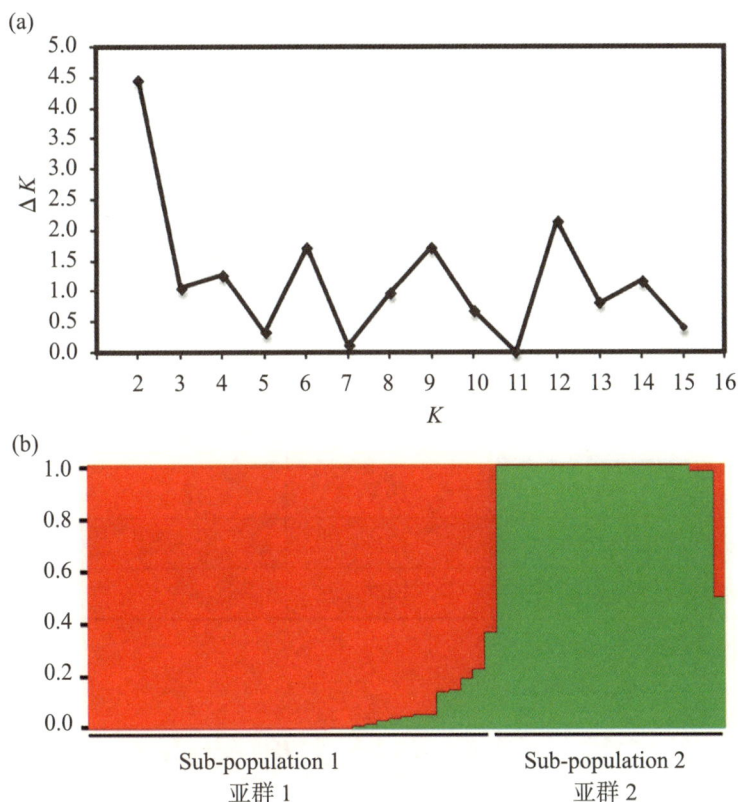

图 6-1　木麻黄 53 个无性系群体结构

三、关联 EST-SSR 标记分析

　　由表 6-3 关联分析结果可见：CeSSR253、CeSSR022 和 CeSSR359 等 10 个标记与青枯病抗性显著相关（$P<0.05$），相关标记对表型变异的解释率较高，介于 12.6%～60.1%。其中有 5 个标记具有增效效应，标记 CASeSSR359、CASeSSR052 与 CASeSSR056 增效效应值最大，分别为

19.1、18.1、11.7，其相对的表型变异解释率分别为19.1%、18.1%、43.7%，推断这些标记与某个贡献率较大的抗病位点连锁的可能性较大，可利用这些标记对木麻黄种质资源的青枯病抗性潜力做出评价。除了CASeSSR359、CASeSSR052标记外的其余8个标记均具有减效效应，CASeSSR022、CASeSSR242、CASeSSR176减效效应值最大，分别为32.2、22.0、21.4，相应的表型变异解释率分别为35.9%、20.7%、12.6%，初步推断这些标记与感病位点连锁的可能性较大，可利用这些标记淘汰易感植物材料。

表6-3　关联标记的平均增效效应、减效效应

标记	P值	R^2 (%)	增效效应	减效效应
CASeSSR253	0.003	60.1	—	14.0
CASeSSR022	0.009	35.9	—	32.2
CASeSSR359	0.017	28.0	19.1	—
CASeSSR241	0.018	47.3	3.6	10.5
CASeSSR242	0.028	20.7	—	22.0
CASeSSR056	0.029	43.7	11.7	4.1
CASeSSR263	0.031	52.6	7.4	0.81
CASeSSR052	0.031	29.9	18.1	—
CASeSSR176	0.034	12.6	—	21.4
CASeSSR258	0.049	14.7	—	5.3

第三节　等位变异表型效应分析

一、位点和等位片段的表型效应

由表6-4可见，具有增效表型效应等位变异的关联位点有CASeSSR052、CASeSSR056、CASeSSR241、CASeSSR263和CASeSSR359，其表型效应范围分别为2.9～37.1、6.1～17.3、2.0～5.3、2.1～13.8、11.5～27.3，其优异增效等位变异分别为CASeSSR052-255bp（PE = 37.1）、CASeSSR052-237bp（PE = 37.1）、CASeSSR359-370bp（PE =

表6-4　木麻黄无性系青枯病抗病关联位点及其等位变异

标记	等位增效				等位减效			
	等位片段(bp)	表型效应 PE	表型效应比 AN(%)	携带等位基因个体数	等位片段(bp)	表型效应 PE	表型效应比 AN(%)	携带等位基因个体数
CASeSSR253	—	—	—	—	186	24.1	29.3	24
	—	—	—	—	196	9.6	11.6	20
	—	—	—	—	202	33.9	41.2	9
	—	—	—	—	214	5.5	6.6	11
	—	—	—	—	222	0.6	0.7	8
	—	—	—	—	226	10.4	12.6	6
CASeSSR022	—	—	—	—	186	19.3	19.8	30
	—	—	—	—	188	24.3	25.0	13
	—	—	—	—	190	43.7	44.9	15
	—	—	—	—	196	41.4	42.5	17
CASeSSR242	—	—	—	—	223	16.5	18.7	50
	—	—	—	—	227	27.4	31.0	30
CASeSSR176	—	—	—	—	204	23.1	25.9	45
	—	—	—	—	219	19.6	22.0	53
CASeSSR258	—	—	—	—	201	9.3	12.6	39
	—	—	—	—	233	1.3	1.7	50
CASeSSR052	237	37.1	70.1	7	—	—	—	—
	239	12.9	24.5	19	—	—	—	—
	241	10.9	20.6	10	—	—	—	—
	243	2.9	5.4	11	—	—	—	—
	255	37.1	70.1	7	—	—	—	—
	257	16.3	30.8	29	—	—	—	—
	259	9.1	17.3	8	—	—	—	—
CASeSSR359	370	24.0	48.6	50	—	—	—	—
	380	13.5	27.4	23	—	—	—	—
	382	11.5	23.2	6	—	—	—	—
	386	27.3	55.4	6	—	—	—	—
CASeSSR241	265	2.0	2.6	9	247	6.0	7.9	44

标记	等位增效				等位减效			
	等位片段（bp）	表型效应 PE	表型效应比 AN（%）	携带等位基因个体数	等位片段（bp）	表型效应 PE	表型效应比 AN（%）	携带等位基因个体数
	274	5.3	7.0	10	256	12.0	15.9	15
	—	—	—	—	280	13.4	17.7	22
CASeSSR056	220	6.1	9.1	36	228	5.6	8.3	10
	234	17.3	25.8	9	238	2.4	3.6	14
	—				240	4.2	6.3	16
CASeSSR263	176	2.6	3.8	19	164	0.9	1.3	13
	180	11.1	16.0	6	166	0.7	1.0	31
	186	13.8	19.9	6	—	—	—	—
	192	2.1	3.1	7				

24.0）、CASeSSR359-386bp（PE = 27.3）。具有减效表型效应的关联位点有 CASeSSR022、CASeSSR056、CASeSSR176、CASeSSR241、CASeSSR242、CASeSSR253、CASeSSR258、CASeSSR263，其中 CASeSSR022-196bp、CASeSSR022-190bp、CASeSSR022-188bp、CASeSSR253-202bp、CASeSSR242-227bp、CASeSSR253-186bp、CASeSSR176-204bp 的等位变异减效表型效应均高于 20.0。育种中，可优先利用表型效应值大的优异等位变异，利用优异增效等位变异进行优质亲本和抗病植物材料的筛选，为后续标记辅助育种和杂交育种提供有益参考。

二、关联标记及等位变异的应用

木麻黄分子生物学研究基础薄弱，早期利用 FISSR、ISSR、SSR、SCAR 等标记开展了木麻黄遗传多样性、群体结构、群体亲缘关系（Kullan *et al.*，2016；Zhang *et al.*，2020；许秀玉 等，2012；Yu *et al.*，2020）、木麻黄物种和品种的鉴定（Ghosh *et al.*，2011；余微 等，2019）等少量研究，Xu 等（2018）开发了 223 个木麻黄 EST-SSR 标记，2019 年木麻黄的基因组数据首次公布（Ye *et al.*，2019），本研究在此基础上首次开展了木麻黄青枯病抗病性状与分子标记的关联分析，共发掘出 CASeSSR241、CASeSSR263、

CASeSSR056 等 10 个与木麻黄青枯病抗病性状显著关联的 EST-SSR 位点，及 CASeSSR052-255bp、CASeSSR052-237bp、CASeSSR359-370bp、CASeSSR359-386bp 等优异增效等位变异，为今后预测控制性状的主效 QTL、新基因发掘、标记辅助育种、杂交育种等研究提供参考。其次，CASeSSR253-202bp、CASeSSR022-190bp、CASeSSR022-196bp 等多个等位片段对木麻黄青枯病抗性具有较高的减效效应，利用这些等位变异可以淘汰木麻黄感病材料。

本研究从 223 个木麻黄 EST-SSR 标记中筛选得到 10 个与青枯病抗性相关的标记，关联标记数量偏少，这可能由于与木麻黄青枯病抗性相关的基因原本就不多，也可能由于所用的 EST-SSR 标记数量不够多，今后可扩大标记数量与种类以获得更多的关联位点。本研究筛选出的 10 个关联标记表型变异解释率介于 12.6%～60.1%，高于大多数植物抗病虫害关联标记，如烟草青枯病抗性关联分析中表型变异解释率 5%～14%（赖瑞强 等，2018），辣椒疫霉病（*Phytophthora capsici*）抗性关联分析中表型变异解释率 2.98%～16.05%（袁欣捷 等，2019），大豆（*Glycine max*）灰斑病（*Cercospora sojina*）抗性关联分析中表型变异解释率 1.98%～14.90%（弟文静 等，2021）等，这可能由于本次试验群体数量少，也可能由于这些标记位于基因编码区或基因表达调控区，是青枯病抗性性状重要位点。

木麻黄为外来树种，本研究参试群体为我国海南、福建、广东各省份根据抗风、速生、抗旱等不同育种目的选育出来的，为我国现存的木麻黄重要种质资源，因此群体数量少。利用这个群体进行关联分析难免存在着 LD 偏差和表型取样误差，为了提高关联分析的准确性，今后要进一步加强木麻黄育种群体的收集、积累、选育和杂交品系的创制，不断扩大用于木麻黄关联分析的群体数量，对获得的标记位点与优异等位变异进一步验证。其次，本研究中木麻黄青枯病抗性表型数据为室内接种试验所得，而林木对青枯病抗性的强弱除了受基因型影响外，还受自身生长势、侵染方式和环境条件等因素的影响，今后还应开展多地点田间试验，获得不同地点、不同生境条件下、不同木麻黄资源对青枯菌的抗病性能，研究环境与基因型的互作，以得到更多更准确的抗性相关位点与优异等位变异。

第四节 小 结

（1）CeSSR253、CeSSR022、CeSSR359、CeSSR241、CeSSR242、CeSSR056、CeSSR263、CeSSR052、CeSSR176、CeSSR258 等 10 个标记与青枯病抗性显著相关（$P < 0.05$）。

（2）具有增效表型效应等位变异的关联位点有 CASeSSR052、CASeSSR056、CASeSSR241、CASeSSR263 和 CASeSSR359，其中 CeSSR359-386bp（PE = 27.3）、CeSSR359-370bp（PE = 24.0）、CeSSR241-265bp（PE = 20.0）、CeSSR052-237bp（PE = 37.1）和 CeSSR052-255bp（PE = 37.1），这 5 个位点具有最大增效等位变异。

（3）具有减效表型效应的关联位点有 CASeSSR022、CASeSSR056、CASeSSR176、CASeSSR241、CASeSSR242、CASeSSR253、CASeSSR258、CASeSSR263，其中 CASeSSR022-196bp、CASeSSR022-190bp、CASeSSR022-188bp、CASeSSR253-202bp、CASeSSR242-227bp、CASeSSR253-186bp、CASeSSR176-204bp 的等位变异减效表型效应均高于 20.0。

第七章

木麻黄成熟材料生理幼化技术研究

　　无性繁殖可以保持原株优良特性，提高繁殖速度并缩短育种周期，短期内可以繁殖出遗传基因型和品质相对一致性的苗木，利于保持种苗质量标准化，进而提高经济效益，因此，选择优良个体育种并进行无性系造林，是林业可持续发展和提高造林效益的重要途径，利用林木无性繁殖体进行苗木繁育是保存林木优良种质资源、维持优良基因型的一种有效育苗途径。但受采条部位、母株年龄及其培育方式、育苗方式等成熟效应和位置效应影响，都会产生老化现象，如起源于萌生的树木，它们都携带着母桩的年龄信息，他们的特点是速生、速死、自然稀疏，与实生苗相比，以扦插苗培育的人工林生理老化主要表现在扦插生根率降低，造林后通常表现出生长不旺盛（小老头树）、偏冠、成熟早、树干空心等一系列问题，制约高效人工林培育与林业发展。因此，林木无性繁殖体幼化问题已成为当前利用无性系苗木培育高效人工林面临的重要问题，这也是无性系育种和造林的瓶颈之一。

国内外对植物幼化技术进行了研究，发现组织培养及继代次数增加有利于植物幼化（Isah *et al.*, 2020；Rathore *et al.*, 2020），接穗连续嫁接到已在体外建立的幼年砧木上也被认为是幼化方法（Wendling *et al.*, 2014a），其次，通过截干可以改变顶端优势，促进激素重新分配，打乱营养物质的分布来进行幼化，从截断位置萌发的新枝条发展出的新个体在生长和繁殖活力方面优于原始个体（Zhang *et al.*, 2020b）。本章节基于上述研究背景，在构建木麻黄采穗圃营建技术体系及组织培养技术体系基础上，探讨了截干及离体培养对麻黄植物材料生理幼化的影响。

第一节　木麻黄采穗圃营建技术体系

一、采穗圃建设必要性分析

水培育苗是木麻黄进行优良苗木培育的重要途径，水培育苗的质量和规模取决于穗条产量和质量。采穗圃是种苗资源的生产培育基地，是生产优质穗条的圃地，因此，建立高效木麻黄采穗圃已成为其良种化造林的重要途径。由于木麻黄生长迅速、抗逆性强、繁殖容易，其良种繁育工作长期未得到我省基层林业工作者足够重视。经调研，与海南、福建两省相比，我省建成的木麻黄采穗圃资金投入不足，缺乏有力经营管理，特别是不能进行科学合理的施肥、母树的修剪、采穗母树的更新及优良无性系基因库的建立等，甚至部分基层林场为节约成本不再营建木麻黄采穗圃，而直接在营养袋苗上采穗、水培生根，水培生根苗长大出圃前再次采穗育苗，如此往复，繁殖苗木生理年龄不断累积，成熟效应加大，大大加快了我省木麻黄优良种质资源的老化、退化，建成的沿海防护林小老头树越来越多。营建采穗圃能够通过多次截干、降低伐桩、施用激素等方式对采穗母株进行幼化与复壮，保证繁殖生产出的苗木保持幼龄状态，因此在源头规范木麻黄采穗圃营建技术，提高穗条产量与质量，控制生产苗木生理年龄，提高苗木活力与生长势，是我省沿海防护林体系健康发展的保证，也是解决我省沿海防护林退化、病害蔓延的迫切工作。

二、木麻黄采穗圃营建技术

（一）基因库营建

采穗母株定植前，以不同育种目的选育出来的木麻黄优良无性系为建库材料，选择生长健壮、无病虫害植株，每个无性系 5～10 株，种植于采穗圃地周围，建立优良无性系基因库，永久保留第一代优良基因，以备采穗母株更新换代使用。

基因库植株株距 3～4 m，行距 3～4 m。春季或雨季种植，以土壤湿透后造林为宜，每穴施基肥为复合肥 150 g + 磷肥 150 g，肥料与土壤搅拌均匀，施基肥宜在造林前 7～10 天完成。

种植时除去育苗袋，保持营养土团完整，不损伤根系，苗木置于植穴中央，填土压紧。壤土或沙壤土，种植深度在苗木根颈位置下 10～15 cm；沙土可根据苗木大小，确定种植深度增加至根颈位置下 15～20 cm 以上，造林后 3 个月内及时查苗补植。在 1～3 年生时每年追肥一次，每次每株穴施复合肥 100～250 g，穴距离植株根颈为 0.3～0.6 m，穴深 20 cm，施后覆土。造林当年夏秋，水平带状铲草抚育 1 次，抚育宽度 1 m；第 2～4 年，于植株周围 1 m×1 m 穴状铲草抚育 1～2 次。下部枝条明显衰弱时对下部枝条进行修枝，修枝高度在树高的 1/4～1/3，并在春、夏、秋季及时去除其顶端优势，控制高生长。此外，根据需要，随时补充新的优良无性系到基因库中。

（二）圃地准备

1. 采穗圃地的选择

选择年平均气温 20℃以上、年降水量 1000 mm 以上、交通便利、地势平坦、水源充足、土层深厚、排水良好、地下水位在 1.5 m 以下、无季节性积水、土壤 pH 值 4.5～6.5 的沙壤土或中壤土且前期未种植过茄子、花生、马铃薯等易感染青枯病作物的地块作为采穗圃地。

2. 采穗圃地的清理、整地

清除圃地上的杂灌及石块，秋冬季进行全垦整地，深度 30 cm 以上。第 2 年春季在母株定植前进行平整。

开设排水沟：沿圃地周边开设 30～50 cm 宽、40～60 cm 深的围沟；

沿圃地等高线每隔 20～30 m 开设 30～50 cm 宽、30～50 cm 深的中沟，中沟与围沟相通，避免圃地积水。

布设栽植沟：按规划行每隔 60～80 cm 挖深 30 cm、宽 20 cm 的栽植沟。采穗母株定植于栽植沟中。

（三）采穗母株定植与管理

1. 母株选择

母株来源于经良种选育、遗传改良或遗传测定后的优良单株或优良无性系；母株为实生苗或经过生理幼化后的无性系苗，以苗高 50～80 cm、枝叶浓绿、生长势旺盛、无病虫害的营养袋苗为定植母株，对生长不均匀的苗木应分级后选择 I 级苗。

2. 母株定植

母株定植以春季为宜，选择在阴天或晴天傍晚进行。在栽植沟内进行定植，定植株行距为（60～80）cm×（60～80）cm，每亩 1800～1000 株。每穴施用有机肥 0.5～1.0 kg，并与穴底土壤充分拌匀；定植时先回 1/4 土，栽紧踏实后再回填 3/4 土，做到根系舒展并与土壤紧密结合；定植后浇透定根水。

3. 母株管理

母株定植后加强日常水分管理。在雨季应注意排水，做到雨停后无积水，土壤干旱缺水时要及时淋水。对未成活的植株及时补植，对老化或生长状况不佳的母株采取施肥、截干等措施进行复壮，以保证采穗母株整齐规范（图 7-1）。

当母株地径达 1 cm 以上时即可进行截干促萌。截干高度视树干枝下高而定，一般为 25～40 cm，截干下端须留 1～2 轮侧枝。截干切口要平整，避免撕破树皮。截干后，截干部位的断面或下方会萌发出数个新芽，当新萌发出的小枝长至 60 cm 以上或木质化严重时，在采集完穗条后即可进行下一轮的截干促萌。

（四）采穗圃管理

1. 追 肥

对截干或采穗后的母株及时追肥。肥料宜选择可溶性的养分，主要以氮、磷、钾为主，可适当添加一定量的微量元素。按浓度 0.5% 配制水溶

图 7-1 木麻黄采穗圃建设
a. 基因库营建；b. 采穗母株定植；c. 采穗母株复壮；d. 采穗母株促萌

液，每隔 5～10 天追肥 1 次。前期可适当提高追肥频度，促进萌芽，后期适当控水控肥，避免养分过多会影响穗条的徒长。当穗条长 8～12 cm 并已半木质化时，又可进行穗条的采集。

2. 水分管理

干旱高温季节，为避免植株干旱萎蔫，及时灌溉浇水，保持土壤湿润以利于萌条生长，截干促萌后期适当控水，避免萌条的徒长。每年雨季应注意圃地排水管理，做到雨停后无积水。

3. 除草培土

每年 4 月上旬至 10 月中旬对采穗圃的杂草进行清除，除草可安排在每次追肥前进行。除草应注意不要伤及采穗母株的根系，每次除草必须结合清沟、培土。

4. 修　剪

母树的修剪主要是采萌条和留萌条2个环节，目的在于保证母树生长和穗条的数量和质量。木麻黄萌芽能力比较强，萌条过多会导致营养不足，小枝生长细弱，影响生根穗条的制备，应及时剪除过多的萌条，保留健壮萌条。另外，木麻黄萌芽顶端优势明显，顶端旺盛的萌条会吸收母树的养分，影响树干基部的萌芽，抑制下部萌条的生长。当母树树干上的萌芽生长变弱，应及时选择一条顶生健壮萌条进行截干，促进下部萌条的生长。

5. 病虫害防治

病虫害的防治主要以预防为主，结合化学防治。母树种植前5天，用0.2%的高锰酸钾溶液喷洒定植圃地。高温高湿季节每隔7～10天喷洒杀菌剂以预防病害发生，药剂可选用波尔多液、甲基托布津、多菌灵、百菌清等，一旦发病，应及时清除病苗和周围土壤。采穗圃在经营过程中要预防东风螺、蝼蛄、地老虎、蚂蚁等动物的危害，以炒米糠、生麸500 g拌敌百虫80%可溶性粉剂或晶体15～25 g为药饵，每处局部投放20～50 g于苗床周边，当虫害发生较严重时，可用氧化乐果、百虫清、敌杀死等农药喷杀。

6. 采穗母树更新

木麻黄无性系采穗母树在连续采穗5～6年后就会出现母树长势衰弱、萌条数量减少、苗木生长质量下降等生理退化现象，须重新更换种植母树。母树更换时先将原母株树桩挖出，清除枯枝落叶和残根，结合土壤消毒进行深耕细耙。利用建立的优良无性系基因库繁育出新的苗木作为新的定植母株。

（五）档案管理

绘制采穗圃无性系的种植平面图，记录每个无性系种植区并挂牌，标明无性系名称、种植时间，同时定期观测、记录母树萌芽的生长动态和穗条产量，建立采穗圃档案管理系统。

第二节　木麻黄组织培养技术体系

研究发现，组织培养及继代次数增加有利于植物幼化，它是利用离体的植物器官、组织进行的一种无菌培养，以获得完整植株的无性繁殖方法。

该技术采用腋生株从成苗技术，使组培苗体细胞无性系变异频率保持在 2% 以下，从而保持了优树遗传的稳定性，在进行林木遗传改良、新品种培育、种质资源保存、脱毒复壮、大规模无性系造林苗木的培育等方面有重要的作用。我国林木组织培养工厂化育苗工作起步较晚，但发展迅速，在目前全世界成功繁殖出试管苗的 100 多个树种中，由我国首先培育出的就有 80 多个。我国比较成功且已形成一定规模的是桉树和杨树的组织培养苗木生产，在脱毒复壮研究方面，我国在杨树、枣树、泡桐、苹果、葡萄等树种上都取得了明显的进展，但木麻黄组织培养研究较少，鲜见报道。本章节以选育出的抗青枯病无性系为材料，构建木麻黄组织培养技术体系，为木麻黄优良植物材料脱毒、复壮、幼化研究奠定基础。

一、材料与方法

（一）试验材料

以木麻黄抗青枯病无性系 X1、G1、30 为试验材料。

（二）试验方法

1. 外植体消毒

选择健壮无病害穗条，根据木质化程度分为老、中和嫩 3 种，用洗洁精清洗表面，冲水 30 分钟，剪成 5 cm 长的含芽小段。在超净工作台内采用 75% 酒精 5 秒，0.1% 升汞 5 分钟和仅 0.1% 升汞 5 分钟两种消毒处理方式。消毒后在 1/2MS + 0.5 mg/L 6-BA + 15 g/L 蔗糖 +7.5 g/L 卡拉胶中进行初代培养，培养温度为 25℃，光照时长为 18 小时，光照强度为 1800 lx。

2. 增殖培养

采用 1/2MS、WPM、MS 和 DCR 四种培养基，添加 6-BA 0.5 mg/L、1.0 mg/L 和 2.0 mg/L 三种浓度，共 12 种培养基，进行增殖培养。培养温度为 25℃，光照时长为 18 小时，光照强度为 1800 lx。

3. 生根培养

采用 1/4MS、1/2WPM、1/2MS 和 1/2DCR 四种培养基，添加 IBA 0.5 mg/L、1.0 mg/L 和 2.0 mg/L 三种浓度，共 12 种培养基，进行生根培养。培养温度为 25℃，光照时长为 18 小时，光照强度为 1800 lx。

二、外植体选择和消毒处理

以木麻黄抗青枯病无性系 X1 为试验材料，选择健壮无病害穗条，根据木质化程度分为老、中、嫩 3 种，用洗洁精清洗表面，冲水 30 分钟，剪成 5 cm 长的含芽小段。在超净工作台内采用 75% 酒精 5 秒，0.1% 升汞 5 分钟和仅 0.1% 升汞 5 分钟两种消毒处理方式。消毒后在 1/2MS+0.5 mg/L 6-BA+15 g/L 蔗糖 +7.5 g/L 卡拉胶中进行初代培养，培养温度为 25℃，光照时长为 18 小时，光照强度为 1800 lx。结果表明，以幼嫩枝条作为外植体，在 0.1% 升汞中消毒 5 分钟保存率最高，达 92.11%；枝条木质化程度越高，诱导培养 1 周内褐化率越高，诱导效果越差；木麻黄枝条对酒精不耐受，单独用 0.1% 升汞消毒更好。

表 7-1　不同木质化程度穗条消毒效果

木质化程度	处　理	保存率（%）
嫩	75% 酒精 5 秒，0.1% 升汞 5 分钟	58.06
中	75% 酒精 5 秒，0.1% 升汞 5 分钟	53.33
老	75% 酒精 5 秒，0.1% 升汞 5 分钟	27.59
嫩	0.1% 升汞 5 分钟	92.11
中	0.1% 升汞 5 分钟	37.50
老	0.1% 升汞 5 分钟	6.25

三、增殖培养

采用 1/2MS、WPM、MS 和 DCR 4 种培养基，添加 6-BA 0.5mg/L、1.0 mg/L 和 2.0 mg/L 3 种浓度，共 12 种培养基，进行增殖培养。培养温度为 25℃，光照时长为 18 小时，光照强度为 1800lx。结果表明，DCR+6-BA1.0 mg/L 作为增殖培养基诱导芽分化效果最佳，总体增殖率可达 3.8，芽苗生长势旺盛，表现优良。

四、生根培养

采用 1/4MS、1/2WPM、1/2MS 和 1/2DCR 4 种培养基，添加 IBA 0.5 mg/L、

表 7-2　不同培养基增殖效果

序号	基本培养基	6-BA 浓度（mg/L）	增殖率	生长表现
1	1/2MS	0.5	1.5	良
2	1/2MS	1.0	1.9	差
3	1/2MS	2.0	1.8	良
4	WPM	0.5	2.5	良
5	WPM	1.0	2.2	良
6	WPM	2.0	2.0	良
7	MS	0.5	2.0	良
8	MS	1.0	1.8	良
9	MS	2.0	2.2	良
10	DCR	0.5	3.0	优
11	DCR	1.0	3.8	优
12	DCR	2.0	2.8	优

表 7-3　不同培养基生根效果

序号	基本培养基	IBA 浓度（mg/L）	生根率（%）	生长表现
1	1/4MS	0.5	69.1	良
2	1/4MS	1.0	72.8	良
3	1/4MS	2.0	78.5	良
4	1/2WPM	0.5	71.6	良
5	1/2WPM	1.0	77.2	良
6	1/2WPM	2.0	80.2	良
7	1/2MS	0.5	67.5	优
8	1/2MS	1.0	78.6	优
9	1/2MS	2.0	83.5	优
10	1/2DCR	0.5	70.9	优
11	1/2DCR	1.0	74.2	优
12	1/2DCR	2.0	81.4	优

1.0 mg/L 和 2.0 mg/L 3 种浓度，共 12 种培养基，进行生根培养。培养温度为 25℃，光照时长为 18 小时，光照强度为 1800 lx。结果表明，小苗生根

在 1/2MS、1/2DCR 基本培养基中表现优良，枝叶嫩绿，小苗健壮，其中以 1/2MS+IBA2.0 mg/L 培养基配方小苗生根率最高，平均生根率可达 83.5%，根系生长快，须根多。

图 7-2　木麻黄组织培养
a. 不同木质化程度穗条；b. 诱导培养；c. 增殖培养初期；d. 增殖培养中后期；
e. 生根培养初期；f. 生根培养中后期

第三节　成熟木麻黄材料生理幼化效果研究

　　林木繁殖能力大多随着生理年龄增加而降低。因而受生理年龄效应的影响，林木种苗良种化成为限制产业发展的关键瓶颈问题，成年树复幼成为近年来林业科研的热点与难点。生根能力提高和苗木生长速率的增加是林木幼化的重要标志（Zhang *et al.*，2020）。本章节在前期采穗圃营建体系与组培体系建设完成的基础上，进一步探讨采穗母株截干及离体培养对木麻黄复壮与幼化的影响，从生根状况、生长量、叶绿素、光合作用、内源激素等角度分析不同技术措施幼化效果及其影响幼化的主要因素，旨在为今后林业实践中木麻黄复幼体系的建立提供理论依据。

一、材料与方法

（一）试验材料

　　以木麻黄 C7 无性系为研究材料，通过离体培养及反复截干复幼措施，获得不同类型试验材料：①经离体培养后，70 cm 高组培苗（ZPM）；②反复截干后的采穗母株（CSP）；③收集圃 4 年生植株（SJP）；④短枝木麻黄 70 cm 高实生苗（SSM）。

（二）扦插生根试验

　　采集 ZPM、CSP、SJP 及 SSM 不同类型材料 8~12 cm 绿梗小枝为扦插穗条。扦插床 15 cm 高，扦插基质为 100% 河沙，扦插前 0.1% 高锰酸钾浇淋消毒。穗条插入深度 3～5 cm，浇透水后搭竹拱棚并覆盖遮阳网，每周喷洒一次多菌灵，全天保持扦插苗床湿润。共设置 4 个处理（4 种类型穗条），3 个重复，12 个小区，每个小区扦插 100 根穗条，每个处理共 300 根穗条。扦插 90 天后，每种处理随机选择 100 根穗条，调查生根率。生根率（%）=（生根穗条数 / 扦插穗条数）×100。

（三）指标测定

1. 生长指标测定

　　4 种参试材料穗条扦插成活的扦插苗生长 5 个月后，分别随机选取 15 株生长正常的植株调查其树高、地径。

2. 根系测定

4种参试材料扦插苗生长5个月后，将整株苗木根系缓慢冲洗干净，用吸水纸将表面水分吸干，用EPSONv39扫描仪（Epson，Japan）扫描根系图像，用根系专用WinRHIZO软件进行分析，计算出根总长（root length）。

3. 光合参数测定

使用LI-6400便携式光合分析仪（Li-COR，Lincoln，Nebraska，USA）进行测量。对离体培养的组培苗（ZPM）、采穗圃截干处理采穗母株（CSP）进行测定，并以实生苗（SSM）及4年生植株（SJP）为对照，参试材料选取中部8条光合小枝，平行有间隔排列置于光合分析仪红蓝光源叶室中进行光合参数测定。

4. 内源激素测定

对离体培养的组培苗（ZPM）、采穗圃截干处理采穗母株（CSP）进行测定，并以实生苗（SSM）及4年生植株（SJP）为对照，分别取其中上部小枝测定内源激素含量。吲哚乙酸（IAA）、脱落酸（ABA）、细胞分裂素（CTK）酶联免疫分析（ELISA）试剂盒购于上海酶联生物科技有限公司。

（四）数据处理与统计分析

利用Microsoft Excel 2010对原始数据进行整理和作图。采用R语言软件对数据进行单因素方差分析（One-way ANOVA），并利用Duncan's多重比较对差异显著性进行分析。

二、不同幼化措施对不定根发生的影响

林木扦插生理年龄效应明显，即林木生理越成熟，扦插繁殖越困难，反之亦然（王胤 等，2019）。因此，生根能力高低反应了植株的幼化程度。木麻黄扦插生根以皮部生根为主，少部分为愈伤组织生根，属于综合生根类型。从生根率来看，实生苗穗条（SSM）生根率最高，其次是组培苗穗条（ZPM），在不施用任何激素条件下生根率可分别达到36.7%、27.4%，显著高于采穗母株穗条（CSP）及收集圃4年生植株穗条（SJP）生根率（$P < 0.05$）；SJP穗条生根率最低（8.8%），显著低于其他3种类型穗条（$P < 0.05$）（图7-3）。从总根长来看，4种类型扦插苗总根长介于22～80cm，SJP与CSP之间差异不显著，但显著低于ZPM、SSM培育苗木的总根长（$P < 0.05$）

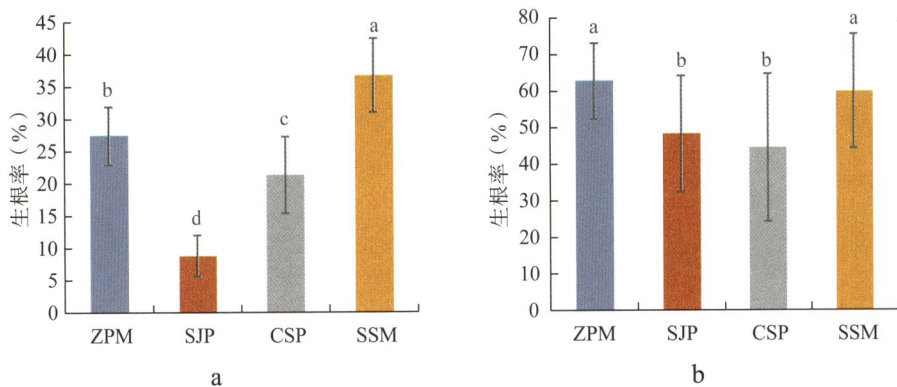

图 7-3　不同幼化措施对穗条根系生长的影响
a. 生根率；b. 总根长

（图 7-3）。这表明，离体培养与采穗母株截干能显著提高穗条生根率，再生能力增强，枝条出现复幼；其次，ZPM 穗条生根率及根总长显著高于 CSP，离体培养的复幼效果优于截干。

三、不同幼化措施对扦插苗生长及光合特性的影响

由图 7-4 可以看出，ZPM、CSP、SSM 穗条培育出的苗木高生长量分别为 65.2 cm、73.4 cm、68.5 cm，显著高于 SJP（55.3 cm；$P < 0.05$）。4 种类型材料，以 CSP 培育苗木高生长量最大，这可能由于 CSP 采穗母树截干后培育的穗条与 ZPM、SSM 穗条相比更为粗壮、养分充足，在苗木生长初期更有生长上的优势。从地径生长量来看，ZPM、SJP、CSP 生长差异不显著，但显著高于 SSM（$P < 0.05$），这可能由于实生苗扦插小枝更为纤细、幼嫩，

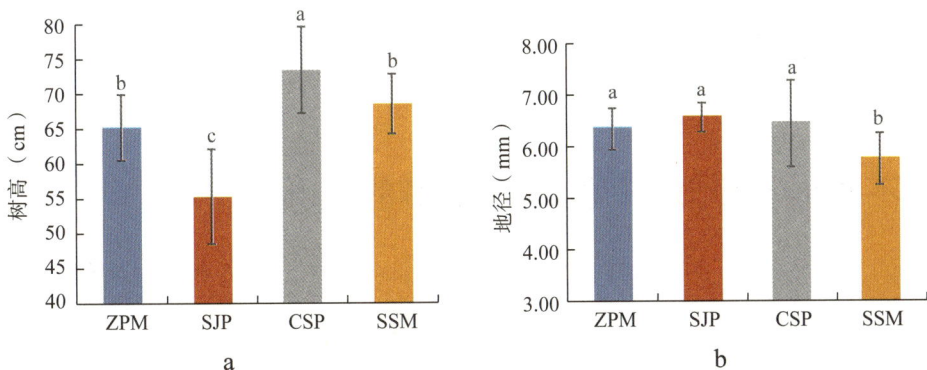

图 7-4　不同幼化措施对扦插苗生长的影响
a. 树高；b. 地径

使得早期地径观测值较小。不同幼化措施对扦插苗生长的影响是长期的，还需要进一步长期观测。以上结果说明，复幼后 ZPM、CSP 扦插苗高生长量显著提高，但地径生长量与 SJP 扦插苗差异不显著。

光合特性直接关系到其光能转化效率和碳同化能力，这些特性又与植物生长量密切相关。由表 7-4 可知，SJP 最大净光合速率值最小，复幼处理 ZPM、CSP 最大净光合速率均比 SJP 显著增加，增幅分别达 23.8%、8.7%；复幼处理 ZPM、CSP 光饱和点均比 SJP 显著增加（$P < 0.05$），与 SSM 差异不显著；4 种试验材料光补偿点差异显著（$P < 0.05$），SSM 光补偿点最低，SJP 光补偿点最高，复幼处理 ZPM、CSP 光补偿点比 SJP 显著下降，降幅分别达到 39.4%、24.9%；SJP 暗呼吸速率显著高于其他 3 种类型材料，ZPM 暗呼吸速率最低，复幼处理 CSP 暗呼吸速率也显著降低，降幅达36.1%。以上结果说明，经过离体培养和截干幼化处理的 ZPM、CSP 与 SJP 相比，显著提高了最大净光合速率、光饱和点，显著降低了光补偿点及暗呼吸速率，具有更强的弱光利用能力及光能利用效率，这也与 ZPM、CSP 扦插苗具有较大高生长相一致。

表 7-4　不同幼化措施扦插苗小枝光响应特征参数

处理	最大净光合速率 [μmol/(m² · 秒)]	光饱和点 [μmol/(m² · 秒)]	光补偿点 [μmol/(m² · 秒)]	暗呼吸速率 [μmol/(m² · 秒)]
ZPM	22.951 ± 2.568ab	2338.451 ± 324.243a	28.167 ± 4.731c	0.984 ± 0.652c
SJP	18.536 ± 2.435c	2110.144 ± 200.214b	46.452 ± 8.142a	4.432 ± 1.141a
CSP	20.144 ± 1.104b	2454.234 ± 145.457a	34.875 ± 5.347b	2.831 ± 0.858b
SSM	23.421 ± 1.287a	2224.637 ± 432.251a	26.676 ± 6.152c	1.296 ± 0.414bc

注：同一列不同小写字母表示不同处理间差异显著（$P < 0.05$）。

四、不同幼化措施对扦插苗内源激素的影响

激素在植物生长发育中发挥重要作用，本研究对 4 种类型试验材料进行比较，以揭示内源激素与复幼的变化规律。不同幼化措施下不同类型试验材料小枝内源激素含量如图 7-5 所示。从 IAA 含量来看，4 种类型材料差异极显著（$P < 0.01$），SSM 含量最高，其次是 ZPM，SJP 小枝 IAA 含量

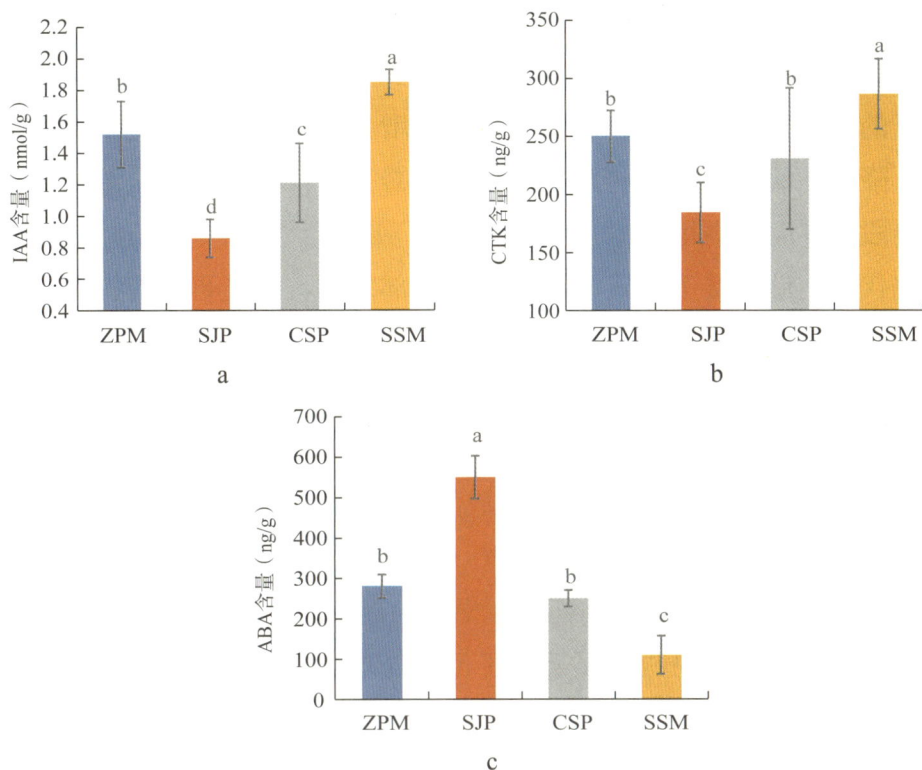

图 7-5 不同幼化措施对扦插苗内源激素的影响
a. IAA 含量；b. CTK 含量；c. ABA 含量

最低，复幼处理 ZPM、CSP 均能显著提高小枝 IAA 含量，提高幅度分别达76.7%、40.7%；CTK 含量在 4 种类型试验材料间差异极显著（$P < 0.01$），SSM 小枝含量最高（286.5 ng/g），其次是 ZPM 与 CSP 小枝，SJP 小枝含量最低（184.5 ng/g）；从 ABA 含量来看，SJP 小枝含量最高，复幼处理后ZPM、CSP 分别降低了 49.0%、54.6%，其中 SSM 小枝 ABA 含量最低。从激素生理作用看，IAA 能够刺激细胞和茎段伸长，细胞分裂素（CTK）促进植株复幼，ABA 能够引起芽休眠、叶子脱落，植物激素之间相互作用，共同调节着植物的生长和形态发育。离体培养及截干复幼处理促使 ZPM、CSP 小枝 IAA 含量、CTK 含量显著提高，ABA 含量显著降低。

五、不同幼化措施复幼效果评价

已有研究表明，幼龄期植株具有旺盛的生长能力、良好的生根能力以及较强的抗逆性征。但随其年龄增长，这些优良能力及抗性会逐渐减弱甚至丧失（成熟效应 / 生理衰老），出现生长势和不定器官发生能力弱、生长不良和抵抗不良环境能力差等情况（刘杰 等，2022）。树木通常在幼龄期具有良好的不定根发生能力，然而随着树龄增大其插穗形成不定根的能力也逐渐下降，复幼能够使植物细胞、组织或器官的特征部分或全部恢复到其幼龄阶段，进而提高植株的再生能力（彭广州 等，2024）。通过平茬修枝、组培继代、幼砧嫁接等方式能诱导植株局部复幼，繁殖再生能力可大幅提升。许多学者在毛白杨（*Populus tomentosa*）、山杨（*Populus davidiana*）、泡桐（*Paulownia fortunei*）等树种的组培幼化方面做过相关研究（董胜君 等，2017），不同部位组织均有幼化趋势。基部修剪促萌复幼措施在提高云杉（*Picea asperata*）和松属（*Pinus*）的成年插穗不定根发生能力上效果显著，且广泛应用于生产（赵媛媛 等，2020；陈广辉 等，2007），本研究木麻黄离体培养与截干处理均能提高穗条生根率，提升幼化水平，克服年龄效应，组培苗穗条生根率及总根长显著高于截干处理穗条，离体培养的复幼效果优于截干。

叶片净光合速率能直观表现其光合作用强度变化，反映叶片积累有机物的能力，其最大值一定程度上代表了叶片最大光合能力（骆丹 等，2020）。叶洲辰等（2025）小黑杨（*Populus simonii* × *Populus nigra*）复幼处理（埋根和埋干）扦插苗叶片表观量子效率、最大净光合速率及光饱和点均比母树扦插苗有不同程度增加，暗呼吸速率和光补偿点均比母树扦插苗有所下降。本研究表明，经复幼处理 ZPM、CSP 小枝最大净光合速率、光饱和点均高于 SJP，推测复幼处理可能具有提高木麻黄小枝利用光能进行光合作用积累有机物的能力。植物光饱和点越高且光补偿点越低，其对强光和弱光的利用能力则越强，同时对光强的利用范围也越广，提升了对光环境的适应能力，从而更有利于植物有机物的积累和对光环境的适应（呼亚捷 等，2024）。暗呼吸速率反映了植物呼吸作用的强弱，与植物的耐弱光性有关，其值越低意味着越有利于光合产物的积累。王晓荣等（2015）在研究中发现，楸树（*Catalpa bungei*）和栓皮栎（*Quercus variabilis*）具有较高的暗呼吸速率，意味着其对有机物的消耗较大，而厚皮香（*Ternstroemia gymnanthera*）、杜英（*Elaeocarpus decipiens*）、杨梅（*Morella rubra*）、钩栗（*Castanopsis tibetana*）、油桐（*Vernicia fordii*）的暗呼吸速率相对较低，代表着这些树种在弱光条件下仍具有相对较强的光合产物积累能力。本研究经复幼处理后 ZPM、CSP 小枝的暗呼吸速率低于 SJP，说明前者对有机物消耗较小，更有利于光合产物的积累。尽管木麻黄复幼处理后小枝光合特性得以提升，但更深层次的复幼机理尚不明确。有学者认为相关基因的表达以及某些特异性蛋白是揭示复幼机制的关键，但结论尚未得到证实，有待持续关注与深入研究。

早期有研究者发现，树木幼年期和成年期的各类植物激素水平存在差异（赵建国 等，2015）。Haffner 等（1991）认为，生长素与复幼有关，而赤霉素、脱落酸等与成熟现象有着密切关联。彭广州等（2024）在水曲柳（*Fraxinus mandshurica*）循环复幼后插穗生根率显著提高，证明植株的复幼水平提高，茎段内源激素中 IAA、CTK、GA3 增加，ABA 下降。本研究也得到类似结果。激素在扦插穗条产生不定根（adventitious root）的过程中发挥重要调节作用（Druege *et al.*，2019），最常见的促进扦插穗条产生不定根的策略是通过外源施加生长调节剂，促进扦插穗条基部产生不定根。生长素作为最早被发现的植物激素，参与植物生长发育的诸多过程，同时也是控制不定根发生的核心激素（Xu，2018；Pacurar *et al.*，2014）。生产实践中，内源性生长素水平有时不足以刺激根的发生时，常外源施用生长素或其类似物，诱导扦插枝条产生不定根。细胞分裂素（CTK）可促进细胞分裂，诱导树木幼化，使树木保持幼年状态（Ford *et al.*，2002）。Perrin 等（1997）发现 CTK 与橡胶树（*Hevea brasiliensis*）幼化有密切关系，认为细胞分裂素水平可作为橡胶树幼化的生化指标。在含有 CTK 的培养基中，大桉（*Eucalyptus grandis*）外植体芽的连续继代培养可以诱导复幼（Titon *et al.*，2006）。本研究结果表明，木麻黄离体培养或截干复幼后，新生小枝生长素（IAA）、细胞分裂素（CTK）含量显著增加，这可能也是复幼枝条更利于扦插的重要因素之一。杨舜垚等（2023）研究发现，ABA 和 ABA-GE 的含量会随年龄增加显著升高，与之对应的是，ABA 相关代谢通路基因 Pt8G12520，Pt8G13050，PtJG10710，PtJG10720 的表达量变化也与激素水平的变化有着相同趋势。这一结果与前人对于 ABA 与年龄关系的研究相一致：在不同树龄的古银杏和古槐树（*Sophora japonica*）及桃树（*Prunus persica*）中，ABA 的含量与树龄呈正相关，且 ABA 在将要脱落的组织中和衰老植物组织中含

量较高（张艳洁，2009；Moncaleán *et al.*，2002）。Munné-Bosch 和 Lalueza
（2007）结合前人研究得出结论：随着植物年龄的增长，植物叶片中 ABA 含量增加。综上，本研究中离体培养或采穗母株截干复幼措施能显著降低穗条 ABA 含量，ABA 含量与植物材料幼态呈负相关。复幼处理后穗条中 ABA 含量的降低也为其易扦插生根提供了合理的解释。

从激素生理作用看，IAA 能够刺激细胞和茎段伸长，CTK 促进细胞分离及枝条萌蘖，ABA 能够引起芽休眠、叶子脱落，抑制细胞生长。植物激素之间相互作用，共同调节着植物的生长和形态发育，这说明促进木麻黄复幼的关键在于调控 IAA、CTK 维持在较高水平，ABA 保持在较低水平。激素定量结果为采穗母株所产枝条的高生根率提供了重要理论基础。在生产实践中可外源施加特定的激素或其类似物，从而实现难生根无性系高效扦插。

综上所述，本章节利用木麻黄 C7 无性系离体培养的组培苗（ZPM）、采穗母株截干处理（CSP）、实生苗（SSM）及 4 年生植株（SJP）4 种不同类型材料，探讨截干及离体培养对木麻黄复壮与幼化的影响。结果表明，离体培养与截干能显著提高穗条生根率，再生能力增强，扦插苗高生长量显著增加；复幼处理后植物材料最大净光合速率、光饱和点显著提高，光补偿点与暗呼吸速率显著降低，具有更强的弱光利用能力及光能利用效率；内源激素 IAA 含量、CTK 含量显著提高，ABA 含量显著降低，以往研究表明，相较成熟态植株，幼态植株中生长素水平、细胞分裂素水平较高，繁殖再生能力较强，与本试验研究结果一致。因此，离体培养与截干可实现木麻黄成熟材料的复幼，综合数据判断离体培养幼化效果优于截干促萌。

第四节　小　结

（1）建立木麻黄采穗圃营建标准技术体系，主要包含了基因库营建、圃地准备、采穗母株定植与管理、采穗圃管理、档案管理等技术内容。

（2）构建了木麻黄组织培养技术体系：以幼嫩枝条作为外植体，在0.1% 升汞中消毒 5 分钟保存率最高；DCR+6-BA 1.0 mg/L 作为增殖培养基诱导芽分化效果最佳，总体增殖率可达 3.8，芽苗生长势旺盛，表现优良；

1/2MS+IBA 2.0 mg/L 生根培养基配方小苗生根率最高，平均生根率可达83.5%，根系生长快，须根多。

（3）生理幼化研究表明，离体培养与截干能显著提高穗条生根率，繁殖再生能力增强，扦插苗高生长量显著增加；复幼处理后植物材料最大净光合速率、光饱和点显著提高，光补偿点与暗呼吸速率显著降低，提高了光合作用能力，具有更强的弱光利用能力及光能利用效率；内源激素 IAA 含量、CTK 含量显著提高，ABA 含量显著降低，细胞生长与分裂能力增强。综上，木麻黄成熟材料为克服年龄效应与位置效应可以通过低位截干、连续组培继代繁殖等不同方式进行复幼处理，以重现与保持其优良的幼态性状。

第八章
沿海困难立地植被重建与示范

　　广东省海岸线曲折，大陆海岸线长超过 4000 km，居全国首位。经过几十年发展，木麻黄已广泛用于沿海防风固沙、盐碱地改良、抵御台风危害和海浪侵蚀等方面，在广东构建起了近 3000 km 的"绿色长城"，成为我国东南沿海地区不可替代防风固沙树种，为维护我国沿海地区生态安全和经济社会可持续发展作出了重大贡献。

　　近 10 年来，由于自然灾害频发和人为经营不善等原因，造成海岸侵蚀、海水倒灌、疫病流行、水土流失，近海海岸生态环境不断恶化，一线基干林带防护林林分结构单一、稳定性差、树体易早衰、固碳功能效率低、疫病流行，植被恢复极其困难。无论是科研院所还是基础林业生产部门，都在寻求更多合适的树种应用于沿海防护林体系建设中。实践证明，木麻黄由于喜炎热气候，生长迅速，萌芽力强，对立地条件要求不高，根系发达，分布深广，具有耐干旱、抗风沙、耐盐碱和耐贫瘠的优良特性，木麻黄还是广东省沿海防护林不可替代的主栽树种。但是，目前木麻黄在广东省沿海防护林体系建设应用中面临三大问题：①遗传多样性丧失。整个广东海岸线可供应用的木麻黄优良材料仍是 20 世纪 80 年代选育出的少数几个无性系。②林带普遍退化。枯枝、断枝、风折、风倒造成缺口断带，青枯病蔓延，生态系统稳定性差，难以发挥应有的防护功能。③造林质量不高。科技支撑滞后，培育壮苗及造林区补植、抚育、管护等工作难以保证，造林成效难以持续。解决三大困局，迫在眉睫，其核心关键在于使用新一代抗逆木麻黄种质资源，通过科学的修复技术，从根本上提高防护林质量。经过多年努力，广东省林业科学研究院利用木麻黄科植物遗传变异大、适应性多样的特点，针对广东沿海基干林带恶劣生境条件，以抗青枯病、抗台风、耐盐碱、抗旱为育种目标，选育出了许多抗逆无性系，探索出沿海基干林带困难立地植被修复的关键技术，并取得了重大突破，形成了一套完整的沙质和岩质基干林带高质量营建的技术体系，为沿海防护林体系建设夯实了技术之基。

广东省沿海防护林困难立地根据土壤类型分为两类：一是沙质基干林带困难立地；二是岩质基干林带困难立地，二者植被重建与生态修复均需要良种良法，具体技术路线如图 8-1 所示。

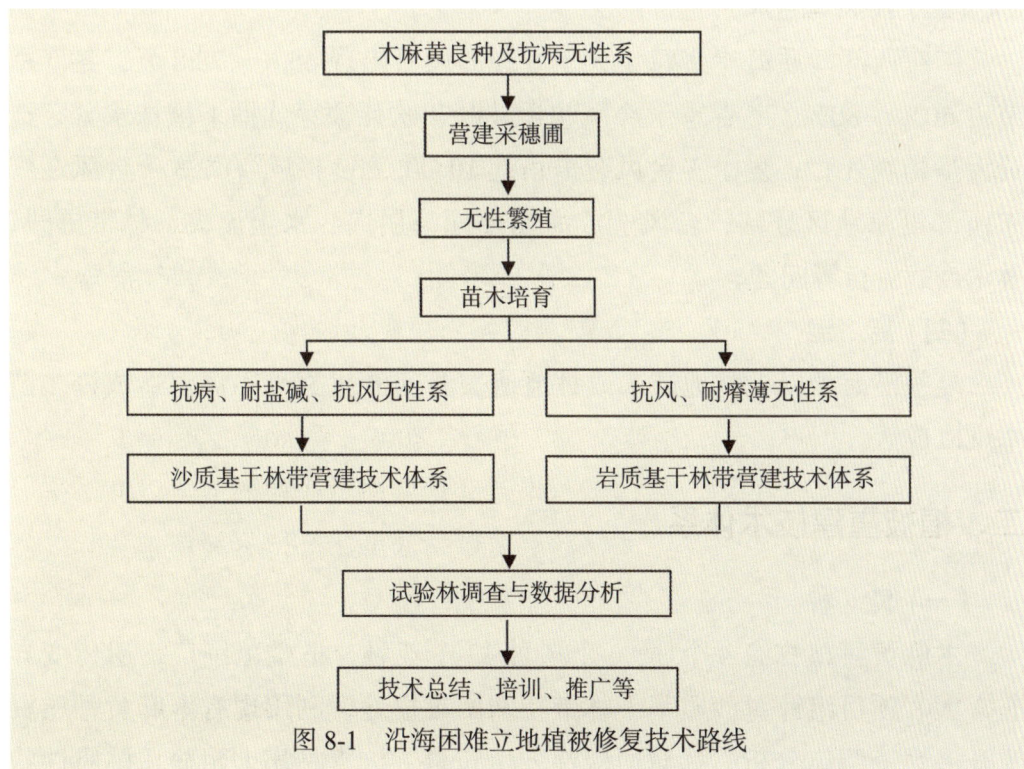

图 8-1 沿海困难立地植被修复技术路线

第一节　沿海沙质基干林带植被重建与示范

一、沙质基干林带环境灾害因子分析

（一）干旱与瘠薄

沙质海岸土壤为风沙土，沙质占比80%～100%，沙粒较粗，沙粒流动，无毛细管结构，土壤结构性差，保肥保水性能差，养分瘠薄、肥力差；再加上该区域风力大，大风日多，日照强，蒸发量大，地表层干旱成为必然。干旱瘠薄造成地表植物稀少，也限制了许多树种的生长。

（二）海潮与海雾

沙质海岸紧邻大海，海陆交汇，地势平缓，海拔较低，海潮和海雾内侵经常发生。海潮内侵造成海水浸渍、海水倒灌，地势低洼处的许多树种往往因水浸而不能存活。春秋季节海雾比较严重，雾滴中含盐量达1%～5%，高盐分的海雾限制了许多树种的生长。

（三）海风与台风

广东西部沙质海岸带每年大于6级的风日出现65.6～78.8天，冬春季节占60%～80%。冬春季干冷风吹干枝叶、吹死顶芽、抽干植株水分，造成大量植物死亡；夏季多台风袭击，近10年，平均每年有2.3个台风在广东西部沿海地区登陆，台风造成海岸侵蚀与崩塌、水土流失、林带摧毁、林木疫病流行等问题。

（四）高　温

夏季沿海沙岸无林地或未成林地地表温度可达50℃，高温造成许多苗木难以成活。

二、植被重建技术体系

（一）良　种

木麻黄科植物有4个属86个树种13个亚种，适生范围广，遗传变异非常大。项目组针对沙质基干林带特殊困难立地，利用现有木麻黄种质资源开展系统测定分析，针对适应性、生长量、抗青枯病、耐盐、抗风性状

116

表现，采用目标多元化选择策略，选育出速生、抗青枯病、耐盐、抗风木麻黄优异新材料，并将这些材料应用于沿海沙质基干林带植被重建，真正做到适地适树。

（二）壮　苗

1. 生理年龄的控制

（1）生理年龄的重要性。林木的年龄有两种：一种是生长年龄；另一种是生理年龄。生长年龄就是植物实际生长的年限，乔木可用年轮来计。生理年龄指的是植株不同部位的成熟度，也可以理解为生长次序，如果设最初长出的植物器官的生理年龄为1年，以后长出的植物器官的生理年龄逐渐增大，则根据植物学原理，先生长出来的植物器官生理年龄较小，后生长出来的植物器官生理年龄较大（图8-2）。

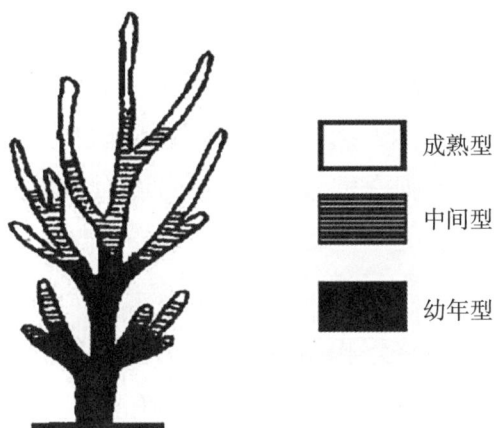

成熟型

中间型

幼年型

图 8-2　树木的幼年期和成年期部位

从这张图中可以看出，下部的枝叶最早出现，出现时植株较年轻，保持幼年期特征，生理年龄小。生理年龄越小，活力越高，生长势旺盛，再生能力非常强。因此，在采集木麻黄穗条的时候，应采集植株底部的穗条，培育出的苗木比较幼嫩，生长势旺盛。

最上部的枝叶最迟出现，出现时植株较年老，表现为成年枝叶特征，生理年龄比较大。生理年龄越大，生活力越低，体内抑制生长的物质越多，生长势下降，再生能力越差。因此，在采集木麻黄穗条的时候，如果采集顶部的穗条，培育出的苗木生理年龄比较大，生长势降低。顶部成熟枝条也有用，如在果树嫁接的时候通常采集顶端枝叶进行嫁接，可以提早开花结实，矮化树体。

这里重点要提生理年龄。首先，选育出的木麻黄优良无性系应用时间长，生理年龄大；其次，林业生产部门在培育木麻黄苗木过程中通常没有建采穗圃，而是采集即将出圃苗木顶端枝条进行水培繁殖，第2年等这批水培苗长大即将出圃时再采集顶端枝条进行水培。苗木年龄 = 采穗母株年龄 + 穗条生长年龄。如现在培育出的80 cm高的苗木，它的生理年龄可能已达到了30年，生长势下降，活力下降，衰退快，容易形成小老头树。因此，造林苗木生理年龄的控制是提高广东省沿海防护林质量的关键技术之一。

（2）生理年龄的控制。控制苗木生理年龄的方法很多，如伐桩促萌、修剪、幼砧连续嫁接、组织培养、化学调控等方法都可以不同程度地幼化植株，控制年龄。对木麻黄来说，主要有以下几种方式。

①营建采穗圃。对采穗母株反复多次的截干促萌，使其生理年龄变小，活力更高，生长势更旺盛，再生能力更强，达到幼化与复壮的目的。

②组织培养。利用细胞全能性，通过愈伤组织诱导或细胞幼化再分化的过程，从根本上对苗木成熟器官复壮、幼化、脱毒，降低其生理年龄，提高生长势。

③组织培养与采穗圃营建相结合。对选育出来的抗青枯病或耐瘠薄等优良无性系开展组织培养研究，建立成熟的木麻黄组培快繁体系，得到比较彻底幼化、脱毒与复壮后的组培苗，再利用组培苗营建采穗圃，通过采穗圃采穗繁殖的方式保持无性系幼化状态，最大程度提高苗木活力与生长势。

由于组织培养前期投入研发成本高，繁殖系数小，最佳的方式是将组织培养与采穗圃无性繁殖相结合，即经组织培养得到的复壮苗通过采穗圃方式培育生产用苗，控制生产用苗生理年龄，从根本上改变广东省木麻黄苗木衰退快、质量差、林分易老化等问题。

2. 大营养袋育苗

大营养袋比小营养袋有更强的蓄水保肥能力，为适应沙质基干林带特殊生境，培育苗木的营养袋直径至少8 cm以上，流动沙丘用直径15 cm以上营养袋苗效果更佳，小营养袋沙土育苗造林成活率显著降低（图8-3）。

3. 黏重的营养土

采用黏土或黄心土作为苗木培育的营养土。黏土或黄心土比沙土有更强的蓄水保肥能力，在沙质基干林带用黏重的营养土培育出的苗木造林，相当于客土改良，大大提高造林成活率。

4. 大　苗

大苗根系发达，茎干粗壮，苗高通常在 1 m 以上，大苗深栽后，根系在沙土中可较长时间保持湿润，高大的地上部也避免植株被沙土掩埋，更好应对基干林带沙丘移动、干旱、高温、风大等恶劣生境条件。

a

b

c

d

图 8-3　不同规格的营养袋
a. 直径 15 cm；b. 直径 8～10 cm；c. 直径 5～7 cm；d. 小营养袋沙土育苗

（三）种　植

1. 清树头

老化或有疫病林分重建时，除了需要砍伐清理林木地上部分外，还需要挖除清理采伐迹地上的树头，有条件进行全垦整地后造林效果更佳。

2. 随挖随种

不提前备耕，一般挖穴（或开沟）、施肥、栽植同时完成。利用钩机挖出种植沟后在种植沟里种植苗木效果更佳，种植沟蓄水保湿更强，林木成活率更高，造林密度 1 m×2 m 至 3 m×3 m。

3. 深 栽

苗木尽可能深栽，种植深度 50 cm 左右，苗木露出地表 40 cm 左右，避免干旱和风沙对苗木造成伤害。

4. 浇定株水

苗木种植后如未遇一场透雨，应在造林任务结束 1～4 天内对所有新造林苗木人工浇水 1 次。可以是附近自来水水源、自然水源，也可以是人工打井水源。由黏重土填满的大营养袋浇好定株水后可维持苗木 2 周生长，2 周时间可让埋在沙土里的根部长出新根系，大大提高苗木存活率。

5. 设置沙障

在沿海移动沙丘，为避免风沙对苗木的填埋和大风对苗木的摧残，可利用遮阳网做 2 层沙障，高 80 cm 以上，第 1 层在造林地最前沿，与第 2 层之间相距 8～12 m。沙障的设置大大提高前沿苗木的存活率。

（四）抚育管理

1. 除沙覆土

在沿海移动沙丘，植被修复 1 年内定期巡逻，对被沙土掩盖严重的苗木挖除基部沙土，防止苗木被沙土埋没；对沙丘移动造成根系裸露的苗木进行覆土，防止苗木根系裸露、失水萎蔫。植被修复第 1 年前半年每周一次，后半年 2～3 周一次。

2. 追 肥

沙质基干林带土壤氮肥极其缺乏，植被修复后前 2 年每年施肥至少 1 次，每次每棵苗木施复合肥 250～500 g。肥料能改变土壤微环境，促进微生物活动，促进木麻黄菌根形成，固氮菌根的形成为木麻黄生长提供充足养分。

三、示范推广

（一）示范点概况

沿海沙质基干林带植被重建示范点选择在湛江市坡头区南三林场大沙

角，木麻黄青枯病疫区，21°11′32″N、110°37′4″E，移动沙丘，距离海岸30 m，平均海拔1 m，除了极少量的厚藤（*Ipomoea pes-caprae*）分布外，基本无植被覆盖（图8-4）。建设规模320亩。

a   b

图8-4　湛江市坡头沙质基干林带困难立地（植被修复前）
a.无植被覆盖；b.有少量厚藤分布

（二）植被修复方案

（1）选择抗青枯病无性系8个（X1、A1、30、W6、杂交、501、G1、503），耐盐、抗风无性系5个（杂5、海口、X19、X2、77），并以当地木麻黄实生苗为对照。利用采穗圃截干、促萌等措施对所有筛选出的抗青枯病优良无性系进行复壮、幼化，制定木麻黄采穗圃地方标准，营建了木麻黄良种繁育基地（图8-5），2017—2019年，共繁育出了C7、K18、G88等13个抗逆优良无性系共计约40万株苗。

（2）沿海岸带划分3个区组，采取随机完全区组设计，3次重复，每个小区种植1个木麻黄无性系1000～1500株，共13个无性系，以当地木麻黄实生苗为对照；无性系间块状混交，林带前6行株行距1 m×2 m，每亩种植334株；林带6行之后株行距2 m×2 m，每亩种植167株。

（3）因为风沙大，无法进行备耕，种植时挖穴（图8-6a），不施基肥，造林成活后进行追肥，造林后第1年追肥2次。

（4）打井（图8-6c）。试验地每100亩打井1～2口，每口井深80～120 m，每口井费用5000～6000元。

图 8-5　木麻黄良种繁育基地
a. 采穗圃建设；b. 无性繁殖简易大棚；c. 全自动喷淋系统；d. 苗木培育

（5）人工浇水（图 8-6g）。造林任务完成后浇定株水一次，造林后第1年遇极端干旱天气，干旱季节浇水1次。

（6）设置沙障（图 8-6e）。利用遮阳网做2层沙障，80 cm 高，第1层与第2层之间相距 8～12 m。沙障能保护苗木不被风沙掩埋（图 8-7），因此种植后1年内应定期巡逻，对损坏的沙障进行维修与维护。

（7）除沙覆土（图 8-6h）。种植后1年内定期巡逻，对被沙土掩盖严重的苗木挖除基部沙土，防止苗木被沙土埋没；对沙丘移动造成根系裸露的苗木进行覆土，防止苗木失水萎蔫（图 8-8）。

a　　　　　　　　　　　　　b

c　　　　　　　　　　　　　d

e　　　　　　　　　　　　　f

g　　　　　　　　　　　　　h

图 8-6　沙质基干林带植被重建技术体系

a. 挖穴；b. 种植；c. 打井；d. 井口；e. 设置沙障；f. 两层沙障；g. 人工浇水；h. 除沙覆土

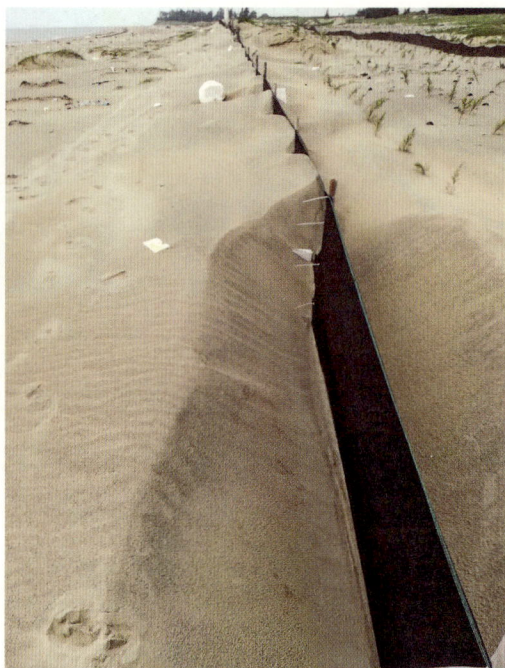

a   b

图 8-7 沙障作用

a.新建沙障；b.沙障对移动沙丘的阻挡

a   b

图 8-8 除沙覆土的重要性

a.风沙对苗木的掩埋；b.风沙作用下苗木裸露根系

（8）示范林定期调查、观测（图8-9）。

（三）植被重建成效

1.造林存活率

造林存活率是林木对生境条件适应能力的最直观的指标。13个抗逆无性系在沿海沙质困难立地上均能成活，方差分析结果表明，13个抗逆无性系在造林0.5

图8-9 示范林调查

年后、2.5年后的存活率均存在极显著差异（$P<0.01$）。种植0.5年后示范林平均存活率为87.3%，其中X1、杂交、501、30、杂5表现最好，存活率在90%以上；海口、A1、X19、G1、X2种植0.5年的存活率在80%以上；77、W6、503无性系0.5年存活率较低，在75%左右。种植2.5年后示范林平均存活率为77.0%，其中30、501无性系存活率最高，在90%以上；其次为杂5、X1、海口、A1、G1无性系（存活率在80%以上）；表现最差的是X2、W6号，低于对照存活率（65.1%；表8-1）。

沙质海岸带示范林13个无性系和对照均未发现有青枯病危害，由于种植时间较短，示范林抗病性状上还需后续长期监测记录。

表8-1 沙质海岸带示范林保存率分析

无性系号	0.5年成活率			2.5年成活率		
	平均值（%）	标准差	多重比较	平均值（%）	标准差	多重比较
杂5	98.8	10.2	a	85.5	15.2	b
30	94.02	8.9	b	91.5	10.6	a
501	94.89	10.5	b	92.25	7.9	a
杂交	93.41	9.7	b	72.5	12.8	de
X1	92.38	7.5	bc	88.5	10.7	b
海口	89.47	11.2	c	82.1	6.5	c
A1	89.02	5.4	d	83.5	15.8	c
X19	87.17	8.0	d	75.1	13.4	d
G1	85.13	7.7	de	80.13	7.9	cd

续表

无性系号	0.5 年成活率			2.5 年成活率		
	平均值（%）	标准差	多重比较	平均值（%）	标准差	多重比较
X2	82.15	9.6	e	60.5	9.4	g
77	78.12	3.4	f	67.5	13.1	f
W6	74.43	9.5	f	58	16.2	g
503	78.92	11.5	f	71.5	15.3	e
实生（CK）	75.21	6.1	f	65.1	5.4	e
平　均	87.3	8.9		77.0	9.4	

注：多重比较中所标字母相同表示差异不显著（$a = 0.01$）。

2. 林木生长量

从图 8-10 可以看出，沙质海岸带示范林平均树高、平均胸径逐年增长，1.5 年以前，示范林生长量增长迅速，1.5 年后增长减缓，2 年后胸径、树高又恢复生长速度，这可能是由于造林 1.5 年林分尚未成林，苗木被不同程度沙埋造成数据上生长量增长减缓；冠幅生长量 1.5 年以前逐年增加，在 1.5 年后逐渐下降，这可能是木麻黄适应海风胁迫引起的生理改变。

由表 8-2 可以看出：13 个抗逆无性系在生长量上差异极显著（$P<0.01$），0.5 年生示范林中 X1、杂 5、30、501 无性系生长量最大，平均树高均在 1m 以上；2 年生示范林中 X1、G1、X2 无性系生长量最大，平均树高分别为 5.27m、5.10m、5.08m；5 年生示范林中 X1、503、A1 无性系生长量最大，

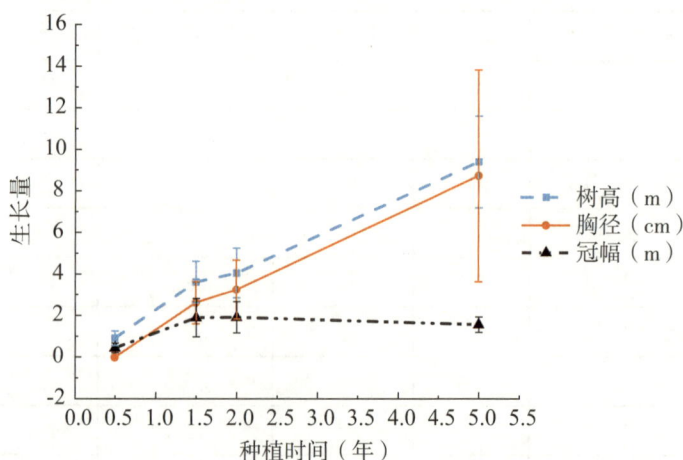

图 8-10　示范林生长量

表8-2 沙质海岸带示范林生长情况

无性系		0.5 年生			1.5 年生			2 年生			5 年生		
		树高(m)	地径(cm)	冠幅(m)	树高(m)	胸径(cm)	冠幅(m)	树高(m)	胸径(cm)	冠幅(m)	树高(m)	胸径(cm)	冠幅(m)
77	平均值	0.87	0.95	0.37	2.40	1.90	1.40	2.80	2.30	1.48	8.50	7.01	1.56
	方差	0.23	0.28	0.12	0.41	0.64	0.49	0.64	1.27	0.45	0.91	0.92	0.25
501	平均值	1.11	1.14	0.47	3.70	3.00	1.50	4.35	3.75	1.71	10.94	8.74	1.70
	方差	0.29	0.24	0.16	0.80	0.61	0.44	0.52	0.91	0.55	0.98	1.38	0.32
503	平均值	0.86	0.98	0.37	3.20	2.20	2.10	4.35	2.96	2.27	11.85	9.47	1.54
	方差	0.27	0.22	0.19	1.11	1.10	0.96	1.00	1.15	0.76	1.51	1.36	0.16
A1	平均值	0.78	0.76	0.33	2.90	1.40	1.40	3.10	2.09	1.57	11.27	9.85	1.68
	方差	0.21	0.28	0.14	0.70	0.64	0.53	0.77	0.76	0.42	1.90	2.21	0.36
30	平均值	1.12	1.13	0.64	3.90	2.50	2.50	3.84	3.34	2.01	8.17	8.18	1.55
	方差	0.24	0.24	0.16	0.87	0.72	0.61	1.15	2.23	1.21	0.97	1.99	0.42
W6	平均值	0.82	0.88	0.47	3.50	3.20	1.50	2.73	2.71	1.94	8.18	9.00	1.67
	方差	0.25	0.28	0.25	0.68	0.72	0.35	0.88	1.46	0.42	0.51	1.22	0.08
海口	平均值	0.90	0.89	0.35	3.20	2.40	1.50	3.98	3.30	1.90	9.41	10.01	1.27
	方差	0.31	0.26	0.14	0.76	0.88	0.44	0.54	0.99	0.65	0.82	10.14	0.21
G1	平均值	0.78	0.93	0.40	4.30	3.30	1.70	5.10	3.77	1.65	6.47	7.59	1.30
	方差	0.25	0.20	0.15	0.82	0.56	0.35	0.38	0.64	1.03	1.18	1.99	0.49
X2	平均值	0.72	0.71	0.36	3.10	1.80	2.30	5.08	3.53	1.88	8.29	8.41	1.78
	方差	0.28	0.26	0.14	0.96	0.71	0.79	0.85	0.86	0.45	1.49	2.50	0.54
杂交	平均值	0.92	0.94	0.40	3.10	2.00	1.80	3.30	2.59	1.51	8.31	7.67	1.35
	方差	0.27	0.29	0.15	0.51	0.55	0.43	0.82	0.77	0.57	0.65	1.42	0.16
X19	平均值	0.85	0.95	0.40	3.40	3.00	1.20	3.29	2.50	1.90	9.69	9.18	1.71
	方差	0.31	0.32	0.12	0.94	0.60	0.23	0.45	0.64	0.28	1.39	1.61	0.40
X1	平均值	1.13	1.23	0.61	4.80	3.70	2.70	5.27	4.51	2.05	13.30	12.08	1.74
	方差	0.35	0.41	0.28	0.65	0.76	0.60	0.61	1.37	0.66	0.82	2.17	0.13
杂5	平均值	1.15	1.28	0.68	4.50	3.30	1.80	4.45	4.08	1.83	9.54	9.12	1.83
	方差	0.32	0.38	0.21	0.81	0.97	0.43	0.37	0.51	0.31	1.11	1.38	0.23
对照	平均值	0.69	0.92	0.33	3.70	3.10	3.00	4.06	3.19	3.10	5.47	6.59	1.93
	方差	0.18	0.28	0.17	0.72	0.74	0.53	0.75	1.25	0.91	1.52	1.12	0.51
平均	平均值	0.94	1.00	0.45	3.50	2.63	1.89	4.05	3.26	1.91	9.40	8.74	1.56
	方差	0.35	0.37	0.23	1.00	1.02	0.92	1.20	1.43	0.75	2.21	5.09	0.37

平均树高分别达到 13.3 m、11.85 m、11.27 m，30、G1 无性系生长量最小，平均树高分别为 8.17 m、6.47 m。造林后各无性系不同时期生长量变化较大，这是各无性系长期适应沿海特殊生境的结果。

3. 优良无性系综合评价

对不同无性系综合评价可采用加权评分法。加权评分法根据相对重要性分别给予各性状以权重 W_i，把无性系各性状的测定值 X_i 除以该性状群体平均数 M_i，再乘以权重后积加，得到该无性系的总分数 Y_i，可表述为 $Y_i = \sum X_i \times W_i / M_i$。选取保存率、树高、胸径 3 个指标进行综合评价，权重分别定为 0.5、0.3、0.2。各示范点各无性系综合得分见表 8-3，排名前 5 的无性系有 X1、501、A1、杂 5、海口。综合来看，利用沿海沙质基干林带植被重建技术体系，13 个抗逆无性系在沙质基干林带无论是存活率还是生长量均表现较好，能适应沿海沙质基干林带干旱、瘠薄、高温、沙丘移动等恶劣生境条件，2 年后可基本成林，林分平均高度 4 m 左右，平均胸径 3 cm 左右，可形成较完整的防护林带，能初步发挥沿海防护林防风、固沙、涵养水源等生态效益，推广示范效果好。图 8-11 展示了不同阶段沙质基干林带林相状态。

表 8-3　不同地点无性系生长表现及综合评分

无性系	树高均值（m）	胸径均值（cm）	保存率均值（%）	综合得分	排名
77	8.50	7.01	67.50	0.859	11
501	10.94	8.74	92.25	1.134	2
503	11.85	9.47	71.50	1.045	6
A1	11.27	9.85	83.50	1.113	3
30	8.17	8.18	91.50	1.030	7
W6	8.18	9.00	58.00	0.832	13
海口	9.41	10.01	82.10	1.049	5
G1	6.47	7.59	80.13	0.890	10
X2	8.29	8.41	60.50	0.839	12
杂交	8.31	7.67	72.50	0.900	9
X19	9.69	9.18	75.10	0.994	8
X1	13.30	12.08	88.50	1.259	1
杂 5	9.54	9.12	85.50	1.055	4
平均	9.53	8.95	77.58		

a

b

c

d

e

f

图 8-11 沙质基干林带不同生长阶段林相

a.新造林地；b.造林 6 个月；c.造林 8 个月；d.1.5 年生林分；e.2 年生林分；f.4 年生林分

由图 8-12a 可以看出，新造林地上沙丘移动，无任何植被覆盖，风力大，地表气温高，需要设置沙障才能保证木麻黄先锋树种不被沙土覆盖；由图 8-12b 可以看出，经过 3 个月生长，新造林地上逐渐出现了草本植物——厚藤，平均覆盖度 10% 左右；6 个月后，存活的木麻黄变得粗壮，生长更为迅速，厚藤密度进一步加大，平均覆盖度 30%～40%（图 8-12c）；由图 8-12d 可以看出，造林 1.5 年后，林分平均树高 3.5m，基本成林，开始发挥沿海防护林生态服务功能；造林 2 年后，林下植被逐渐丰富，除了草本还出现了马缨丹（*Lantana camara*）等灌木，草本植物种类也日益丰富，除了厚藤，还出现了假马齿苋（*Bacopa monnieri*）、鬼针草（*Bidens pilosa*）、海马齿（*Sesuvium portulacastrum*）等，植物多样性大幅提升（图 8-12e）。

研究表明，沿海沙质基干林带先锋树种非常重要，先锋树种的定植，改变了小气候，改变了土壤微生物群落，固定了移动沙丘，促进了先锋草本的出现。草本的出现降低了沙地的地表温度，减缓了沙地水分的蒸发，反过来促进了木麻黄的生长。造林 1.5 年后林地植被覆盖度可达 80% 以上，出现了多种灌木和草本，林分结构进一步完善。造林 2 年后，即可形成具

图 8-12　植被修复过程生物多样性变化
a.无任何草本（新造林地）；b.出现草本植物（3 个月）；c.草本植物覆盖度增大（6 个月）；
d.出现灌木（1.5 年）；e.草本灌木种类不断丰富（2 年）

有乔、灌、草健康稳定的林相结构。因此，沙质基干林带植被重建采用乔、灌、草同时修复的方式更低效、更不容易成功，采用先重建乔木树种，由生长良好的乔木树种带动草本层和灌木层的重建更高效合理，也更符合森林的自然演替规律。

第二节　沿海岩质基干林带植被重建与示范

一、岩质基干林带环境灾害因子分析

（一）山体土层稀薄，土壤养分贫瘠

岩质海岸带特别是临海一面坡山体土层多呈半风化状态，土层薄，石砾含量高，无腐殖质层，土壤蓄水力差，漏水、漏肥，立地以Ⅲ、Ⅳ类地为主。

（二）土壤冲刷，水土流失

岩质海岸山体坡度 15°～45°，森林植被稀少，部分山体基岩大面积裸露，蒸发散强，土壤冲刷和水土流失严重，常形成较大面积的侵蚀沟，植被恢复困难。

（三）台风袭击，海风胁迫

夏季多台风袭击，短期极端风害可导致树木倒伏、折断，甚至连根拔起，造成大范围海防林结构和功能损伤；秋、冬、春 3 季月平均风速在 10 m/ 秒以上，以北至东北风为主，长期强风胁迫降低林木净光合速率和水分利用效率，吹干枝叶、吹死顶芽、抽干植株水分，造成植物死亡。

（四）地表干旱，盐雾为害

岩质海岸带特别是临海一面坡山体风力大，大风日多，日照强，蒸发量大，地表层干旱成为必然；春秋季节海雾比较严重，雾滴中含盐量达 1%～5%，高盐分的海雾限制了许多树种的生长。

二、植被重建技术体系

（一）良　种

木麻黄科植物有 4 个属 86 个树种 13 个亚种，适生范围广，遗传变异

非常大。针对岩质海岸带特别是临海一面坡山体特殊生境条件，采用目标多元化选择策略，选择抗风、耐瘠薄、耐干旱且适应山丘造林的木麻黄优良无性系进行植被重建与恢复，真正做到适地适树、提高林分质量。

（二）壮 苗

1. 苗木生理年龄的控制

通过伐桩促萌、修剪、幼砧连续嫁接、组织培养、化学调控等方法都能实现苗木生理年龄的控制，对木麻黄来说，最高效的方法是组织培养与采穗圃营建相结合，即建立成熟的木麻黄组培快繁体系，得到比较彻底幼化、脱毒与复壮后的组培苗后，再利用组培苗营建采穗圃，通过采穗圃采穗繁殖的方式保持无性系幼化状态。这样既能最大程度幼化苗木，又能最大程度降低苗木生产成本，提高苗木生产效率。

2. 大营养袋育苗

由于岩质基干林带土层稀薄，石砾含量高，理论上种植苗木营养袋越大越好，综合考虑造林成本等因素，培育苗木的营养袋直径至少8 cm以上，15 cm以上营养袋苗效果更佳。

3. 黏重的营养土

在山体基岩大面积裸露、水土流失严重地方，采用黏土或黄心土作为苗木培育的营养土相当于客土改良，改善立地条件，大大提高造林成活率。

4. 中小苗

岩质基干林带土层薄，蒸发散强，用40～60 cm高的中小苗能更好应对岩质基干林带干旱、强风胁迫的特殊生境，大大提高存活率。

岩质基干林带植被修复对壮苗的要求与沙质基干林带基本一致，如都需要控制苗木生理年龄、用黏重的营养土进行大营养袋育苗等，但岩质基干林带用中小苗造林效果较好，沙质基干林带用大苗才能更好应对基干林带沙丘移动、干旱、高温的立地条件。

（三）林地清理

木麻黄为强阳性树种，植被修复前林地清理非常关键。岩质基干林带有的自然分布着杂草、杂灌、小乔木等，有的曾经多次人工改造修复过，零星分布人工种植树种，郁闭度0.1～0.4，为了保证造林后苗木获得足够的阳光，林地清理应对造林地上林木适当砍伐或修剪，控制造林前林分郁闭度小于 0.2，种植穴半径 2m 范围内无乔木，半径 1.5m 范围内清除杂灌。

（四）整　地

1. 穴状整地

由于土层薄，石砾含量大，通常需要用到钉耙进行挖穴，穴深 20～30 cm；种植穴与林地上原有小乔木应保持 2 m 以上距离。

2. 施基肥

结合整地，在栽植前将基肥施于穴底，基肥宜采用充分腐熟的有机肥。

3. 清杂灌

清除种植点半径 1.5 m 的范围内所有杂灌草，通常采用带状清理的方式。

（五）种　植

采用常规的山地造林种植方法。由于土层稀薄，种植时需要在种植穴周围就地集土，将苗木根系覆盖。

（六）抚育管理

1. 清　杂

为保证苗木生长获得充足的阳光，造林后前 3 年每年至少清杂 2 次。清杂安排在每年的春、冬季，清除种植点周围半径 1.5 m 的范围内高于种植苗木的所有杂灌草，通常采用带状清理的方式。

2. 追　肥

岩质基干林带土层薄、无腐殖质层，有的呈半风化状态，石砾含量高，土壤养分极其缺乏，植被修复后前 3 年每年施肥至少 1 次，每次每棵苗木施复合肥 500 g。肥料能改变土壤微环境，促进微生物活动。微生物活动不但能促进木麻黄菌根形成，还能促进土壤的分化和腐化，为木麻黄在特殊困难立地生长提供最基本保障。

三、示范推广

（一）示范点概况

沿海岩质基干林带植被重建示范点有 3 个。

1. 惠东黑排角观音山

22° 40′ 20″ N、114° 56′ 43″ E，石漠化山地临海一面坡，非木麻黄青枯病疫区，坡度 15°～30°，距离海岸线 80 m，海拔 30～100 m，平均土层厚度 10 cm，无乔木层，部分林地有灌木，有草本层覆盖，盖度在 70% 左右。建设规模 300 亩，2018 年造林，造林过程如图 8-13 所示。

2. 惠东港口海龟自然保护区

岩质山地临海一面坡，非木麻黄青枯病疫区，坡度 20° ～35°，距离海岸线 10 m，海拔 10～50 m，平均土层厚度 5 cm 左右，水土流失较严重，形成大小不一的侵蚀沟，无乔木层，有灌木与草本，灌草层盖度在 50% 左右。建设规模 250 亩，2020 年造林。

图 8-13　黑排角观音山岩质基干林带营建过程
a. 植被修复前困难立地；b. 大袋育苗；c. 施基肥；d. 种植；e. 新造林地

3. 惠东黑排角杨屋沙滩

与黑排角观音山示范点相邻，石漠化山地临海一面坡，非木麻黄青枯病疫区，坡度 20°～35°，距离海岸线 50 m，海拔 10～80 m，平均土层厚度 30 cm 左右，山脚有少量湿地松分布，有灌木与草本，灌草层盖度在 90% 以上，立地条件要好于黑排角观音山与海龟自然保护区。建设规模 250亩，2020 年造林。

（二）植被修复方案

（1）选择杂 5、30、海口、77、501、A1、杂交等 7 个无性系为植物材料，其中耐盐、抗风无性系 3 个（杂 5、海口、77），耐瘠薄、耐干旱无性系 4 个（30、501、A1、杂交），并以当地生产用无性系苗为对照。利用采穗圃截干、促萌等复壮、幼化基础上，营建木麻黄繁育中心，苗高达 40 cm 时即出圃造林。

（2）沿海岸带划分 3 个区组，采取随机完全区组设计，3 次重复，每个区组 8 个小区，每个小区种植 1 个无性系，共 8 个无性系，每个无性系种植 1000～1500 株，无性系间块状混交，造林密度每亩 90 株。8 个无性系（包含对照）依据地形地势（山脊、山谷）随机分布。

（3）提前 1 个月整地挖穴，施基肥，回土。清除种植点周围半径 1.5 m 的范围内高于种植苗木的所有杂草，保证种植苗木获得充足阳光。

（4）种植后前 3 年，每年秋后追肥 1 次、清杂 1 次。

（三）植被重建成效

1. 造林存活率

（1）惠东黑排角观音山。造林半年后，7 个无性系存活率均在 90% 以上，平均存活率为 96.2%，远高于当地对照（70.4%），这表明参试 7 个无性系对广东东部沿海岩质山地困难立地具有良好的适应性。多重比较分析表明，杂交无性系存活率最高，99.0%，海口、501、77、30、A1 等 5 个无性系存活率也较高，但差异不显著，对照无性系表现最差，存活率只有 70.4%（表 8-4）。

造林 2.5 年后林分基本郁闭，造林 5.5 年后林分平均保存率 80.9%，77、30、A1、杂交、杂 5 无性系保存率均在 85% 以上，无显著差异；海口与501 无性系保存率略低。调查发现 501 无性系由于开路、挖山造成林木损

表 8-4　惠东黑排角观音山示范林保存率分析

无性系号	0.5 年成活率			5.5 年保存率		
	平均值（%）	标准差	多重比较	平均值（%）	标准差	多重比较
海口	94.0	2.1	ab	80.2	8.6	c
501	95.0	6.4	ab	75.3	6.2	d
77	96.7	0.4	ab	88.5	2.8	a
30	97.7	4.5	ab	87.8	3.5	a
A1	96.9	4.3	ab	85.7	6.7	ab
杂交	99.0	2	a	88.4	2.1	a
杂5	93.8	5.5	b	85.5	5.9	ab
对照（当地无性系）	70.4	8.7	c	55.6	10.2	e
平均	96.2	5.5		80.9	6.9	

注：多重比较中所标字母相同表示差异不显著（$a = 0.01$）。

毁，保存率降低；海口无性系部分苗木种植于山的背风面，杂灌杂草茂密，未及时充分抚育，苗木被压，成活率降低。

（2）惠东港口海龟自然保护区。造林 1 年后，5 个无性系（X19、501、海口、杂交、杂5）成活率均较高，均在 90% 以上，差异不显著；造林 3.5 年后，林分郁闭，5 个无性系保存率在 85% 左右，差异不显著，当地对照无性系保存率较低，只有 68.5%（表 8-5）。表明这 5 个无性系对岩质山地

表 8-5　海龟保护区及杨屋沙滩示范林保存率分析

无性系	1 年成活率（%）				3.5 年保存率（%）			
	海龟		杨屋		海龟		杨屋	
	平均值（%）	多重比较	平均值（%）	多重比较	平均值（%）	多重比较	平均值（%）	多重比较
X19	91.1	a	95.7	a	85.9	a	93.7	a
501	91.2	a	96.0	a	84.5	a	91.0	a
海口	90.3	a	96.0	a	85.2	a	92.0	a
杂交	91.0	a	93.0	b	85.9	a	88.0	b
杂5	92.8	a	77.4	d	87.7	a	73.3	d
对照	74.2	b	85.3	c	68.5	b	75.6	c
平均	91.3		87.6		85.8		87.6	

注：多重比较中所标字母相同表示差异不显著（$a = 0.01$）。

困难立地均有较好的适应性。

（3）惠东黑排角杨屋沙滩。杨屋沙滩立地条件是 3 块示范林中最好的，造林 3.5 年后，X19、501、海口、杂交这 4 个无性系保存率均较高，分别为 93.7%、91.0%、92.0%、88.0%，杂 5 无性系成活率较低，只有 73.3%。调查发现，杂 5 在无杂灌杂草自然分布的山顶保存率较高，在山脚与山腰立地条件更好但杂草杂灌更茂密区域保存率非常低，这表明立地条件不是影响苗木成活的关键因子，对木麻黄来说，及时清杂抚育，避免苗木被压才能大大提高造林成活率。

2. 林木生长量

（1）惠东黑排角观音山。由表 8-6 可以看出，造林 5.5 年后，林分平均高度为 4.09 m，平均胸径 5.01 cm，平均冠幅 1.75 m，结果表明，7 个无性系在沿海岩质基干林带困难立地推广造林适应性良好，生长良好，2 年可基本成林。生长前期，海口、501、30、A1、杂交表现最好，造林 0.5 年后，这 5 个无性系平均树高均在 1.5 m 以上，冠幅大于 0.7 m；造林 1.5 年后，这 5 个无性系平均树高均在 3 m 以上，胸径 2 cm 左右。造林 5.5 年后，A1、杂 5、海口生长量最大，平均树高分别为 6.17 m、5.20 m、4.85 m，平均胸径分别为 5.97 cm、7.76 cm、4.46 cm。本示范点 501、77 无性系生长量最小，5.5 年平均树高 2.37 m、2.93 m，平均胸径 3.05 cm、3.85 cm，这与 501、77 无性系立地条件最差、土层最薄密切相关。

由图 8-14a 可以看出，造林 1.5 年后，除了 A1、杂 5、海口无性系外，501、77、30、杂交无性系树高生长大大减缓，501 无性系甚至出现越长越矮的现象，这是由于特殊风口地段冬季干冷海风吹死顶芽和顶梢，翌年春天又从植株下部萌发出新芽，每年周而复始，木麻黄干而不死，通常也不会长太高。与树高生长速度减缓趋势相反，造林 1.5 年后，7 个无性系胸径生长速度大大提高（图 8-14b），林木径高比值不断增大，不同生长阶段林相如图 8-15 所示。

（2）惠东港口海龟自然保护区。由表 8-7 可以看出，海龟保护区岩质基干林带造林 1 年后林分平均树高 1.41 m，平均地径 2.22 cm，造林 3.5 年后林分平均树高 4.5 m，平均胸径 4.56 cm，平均冠幅 1.57 m。结果表明，木麻黄优良无性系在沿海岩质基干林带推广造林适应性良好，2 年可基本

表8-6　惠东黑排角观音山示范林生长情况

无性系	0.5年生			1.5年生			5.5年生		
	地径（cm）	树高（m）	冠幅（m）	胸径（cm）	树高（m）	冠幅（m）	胸径（cm）	树高（m）	冠幅（m）
海口	2.05±0.50	1.69±0.41	0.87±0.27	1.74±0.84	3.09±1.17	1.44±0.70	4.46±1.03	4.85±0.78	1.15±0.24
501	2.13±0.48	1.52±0.36	0.87±0.24	2.01±0.97	3.02±1.04	1.70±0.51	3.05±0.75	2.37±0.44	1.13±0.24
77	1.83±0.44	1.08±0.39	0.72±0.19	1.35±0.46	2.45±0.40	1.66±0.42	3.85±0.90	2.93±0.53	1.41±0.24
30	2.13±0.50	1.63±0.32	0.97±0.25	2.46±0.72	3.20±0.62	2.27±0.48	5.34±1.42	3.33±0.46	2.15±0.43
A1	2.11±0.36	1.86±0.20	1.04±0.11	2.21±0.88	3.82±0.62	2.05±0.50	5.97±1.18	6.17±0.90	2.37±0.28
杂交	1.70±0.41	1.74±0.27	0.78±0.20	2.33±0.48	3.61±0.97	1.62±0.58	4.65±0.76	3.77±0.56	1.33±0.35
杂5	1.05±0.67	0.86±0.44	0.57±0.27	2.12±0.74	2.53±0.68	1.77±0.55	7.76±1.36	5.20±0.80	2.38±0.38
CK（对照）	0.89±0.46	0.74±0.74	0.46±0.15	1.21±0.42	1.83±0.52	1.32±0.35	3.78±0.85	2.95±0.74	2.56±0.45
平均	1.86	1.48	0.83	1.95	3.04	1.74	5.01	4.09	1.75

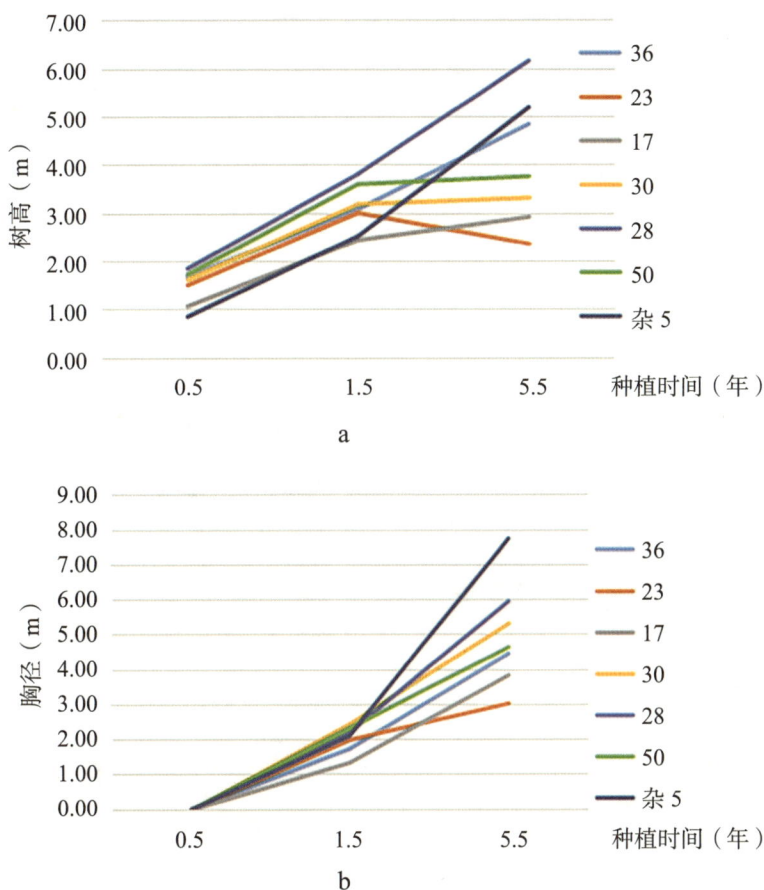

图 8-14　各无性系生长量变化趋势
a. 各无性系树高生长量变化趋势；b. 各无性系胸径生长量变化趋势

成林，不同生长阶段林相如图 8-16 所示。在海龟保护区这个推广点 501 与 X19 无性系生长量最大，1 年生平均树高 1.5 左右，3.5 年生平均树高 5 m 左右；海口无性系生长量最小，3.5 年生平均树高 3.47 m，这可能与海口无性系多集中分布于离海岸线最近山顶处，海风胁迫最严重有关。

（3）惠东黑排角杨屋沙滩。由表 8-8 可以看出，杨屋沙滩岩质基干林带造林 1 年后林分平均树高可达 3.0 m，平均胸径 2.11 cm，造林 3.5 年后林分平均树高 6.3 m，平均胸径 8.05 cm，平均冠幅 1.85 m。结果表明，木麻黄优良无性系在沿海岩质基干林带推广造林适应性良好，2 年可基本成林。在杨屋沙滩这个推广点 X19 与海口无性系生长量最大，1 年生平均树高分别达到 4.58 m、3.70 m，3.5 年生平均树高均在 7 m 以上；本示范点杂 5 无

a

b

c

d

e

f

g

图 8-15　惠东黑排角观音山岩质基干林带不同生长阶段林相

a. 新造林地；b. 造林 6 个月；c.1.5 年生林分；d.2.5 年生林分；e.4 年生林分；

f. 林下草本层；g.5.5 年生林分

表 8-7　惠东港口海龟保护区示范林生长情况

无性系	1年生		3.5年生		
	树高（m）	地径（cm）	树高（m）	胸径（cm）	冠幅（m）
501	1.56 ± 0.51	2.25 ± 0.52	5.01 ± 0.80	4.76 ± 1.11	1.62 ± 0.18
海口	1.16 ± 0.58	1.93 ± 0.70	3.47 ± 0.67	4.19 ± 1.14	1.49 ± 0.29
杂5	1.36 ± 0.50	1.95 ± 0.61	4.43 ± 0.96	4.41 ± 0.72	1.46 ± 0.29
X19	1.50 ± 0.32	2.73 ± 0.67	5.10 ± 0.81	5.26 ± 1.03	1.77 ± 0.39
杂交	1.11 ± 0.49	2.28 ± 0.72	4.25 ± 0.94	4.18 ± 0.67	1.51 ± 0.21
平均	1.41	2.22	4.50	4.56	1.57

性系表现最差，保存率最低、生长量最小，3.5年平均树高5.20 m。由于试验点面积比较大，与其他无性系相比，杂5无性系种植地块立地条件更恶劣，山腰岩石裸露、无土层、山脚杂灌杂草生长旺盛、抚育管理不够到位等原因造成了杂5在山腰与山脚保存率低，成活苗木多分布于山脊线上，分布在山脊线或山顶上的苗木在养分和海风胁迫下生长缓慢。不同生长阶段林相如图8-17所示。

表 8-8　惠东黑排角杨屋沙滩示范林生长情况

无性系	1年生		3.5年生		
	树高（m）	胸径（cm）	树高（m）	胸径（cm）	冠幅（m）
501	3.18 ± 0.27	2.03 ± 0.41	5.50 ± 0.98	6.53 ± 1.49	1.30 ± 0.57
海口	3.70 ± 0.60	2.51 ± 0.72	7.00 ± 0.50	8.61 ± 0.58	1.88 ± 0.37
杂5	1.91 ± 0.49	1.40 ± 0.87	5.20 ± 0.80	6.76 ± 1.36	2.38 ± 0.38
X19	4.58 ± 0.34	2.75 ± 0.31	7.27 ± 0.86	9.43 ± 0.98	1.80 ± 0.53
杂交	2.98 ± 1.09	2.48 ± 0.47	6.33 ± 0.75	7.93 ± 1.05	1.88 ± 0.44
平均	3.00	2.11	6.30	8.05	1.85

3. 优良无性系综合评价

从3个示范点长期观测数据和现场调研来看，同一示范点保存率低、生长量小的无性系多是由于特殊生境造成的（土层厚度、石砾含量、风口地形、杂灌盖度等），对不同无性系综合评价可采用加权评分法。加权评分法根据

a

b

c

d

e

f

g

h

图 8-16　惠东港口海龟自然保护区岩质基干林带不同生长阶段林相
a. 新造林地（石砾含量高）；b. 新造林地（土层薄）；c. 造林 6 个月（顶芽干枯）；d. 造林 6 个月（生长正常）；e.2 年生林分；f. 在侵蚀沟中生长的林木（2 年生）；g.3.5 年生林分；h. 在石缝中生长的林木（3.5 年）

图 8-17　黑排角杨屋沙滩岩质基干林带不同生长阶段林相

a.新造林地；b.造林 6 个月；c.6 月龄林分调查；d.1 年生林分调查；e.1 年生林分；
f.2 年生林分；g.3.5 年生林分结构；h.临海一面坡的植被修复（3.5 年）

相对重要性分别给予各性状以权重 W_i，将无性系各性状的测定值 X_i 除以该性状群体平均数 M_i，再乘以权重后积加，得到该无性系的总分数 Y_i，可表述为 $Y_i = \sum X_i \times W_i/M_i$。选取保存率、树高、胸径 3 个指标进行综合评价，权重分别定为 0.5、0.3、0.2。各示范点各无性系综合得分见表 8-9，同一无性系在立地条件不同的 3 个示范点表现也略有不同，但综合来看，利用沿海岩质基干林带植被重建技术体系，7 个抗逆无性系在岩质基干林带无论是存活率还是生长量均表现较好，能适应沿海岩质山地土层稀薄、养分贫瘠、海风胁迫、地表干旱、水土流失等恶劣生境条件，2 年后可基本成林，林分平均高度 3 m 左右，平均胸径 2 cm 左右，可形成较完整的防护林带，能初步发挥沿海防护林防风、固沙、涵养水源等生态系统服务功能，推广示范效果好。

表 8-9　不同地点无性系生长表现及综合评分

造林地点	无性系	树高平均值（m）	胸径平均值（cm）	保存率平均值（%）	综合得分	排名
黑排角观音山（5.5 年生）	海口	4.85	4.46	80.20	1.029	3
	501	2.37	3.05	75.30	0.761	7
	77	2.93	3.85	88.50	0.916	6
	30	3.33	5.34	87.80	1.000	5
	A1	6.17	5.97	85.70	1.221	1
	杂交	3.77	4.65	88.40	1.009	4
	杂 5	5.20	7.76	85.50	1.220	2
	平均值	4.09	5.01	80.90		
海龟自然保护区（3.5 年生）	501	5.01	4.76	84.50	1.035	2
	海口	3.47	4.19	85.20	0.912	5
	杂 5	4.43	4.41	87.70	1.000	3
	X19	5.10	5.26	85.90	1.071	1
	杂交	4.25	4.18	85.90	0.967	4
	平均值	4.50	4.56	85.80		
黑排角杨屋沙滩（3.5 年生）	501	5.50	6.53	91.00	1.026	4
	海口	7.00	8.61	92.00	1.156	1
	杂 5	5.20	6.76	13.30	0.504	5
	X19	7.27	9.43	93.70	1.200	2
	杂交	6.33	7.93	88.00	1.079	3
	平均值	6.30	8.05	75.60		

第三节 小 结

（1）构建了沙质基干林带植被重建技术体系。首先针对沙质基干林带高温、干旱与瘠薄、海潮与海雾、海风与台风等灾害因子，选择抗青枯病、耐盐、抗风木麻黄良种，经过复幼后，选择黏重的营养土培育大苗进行种植。种植关键技术在于随挖随种、大苗深栽、浇定株水、设置沙障等；抚育关键技术在于除沙覆土、沙障维护及追肥等。营建的示范林2年可基本成林，造林保存率77%以上，平均树高4.05 m，平均胸径3 cm，乔木树种带动草本层和灌木层的重建，形成具有乔、灌、草健康稳定的林相结构。

（2）构建了岩质基干林带植被重建技术体系。首先针对岩质基干林带生态退化地（无乔木层）、土层稀薄、土壤养分贫瘠、水土流失、干旱、盐雾危害等灾害因子，选择抗风、耐瘠薄、耐干旱且适应山丘造林的木麻黄优良无性系进行植被重建与恢复。植物材料经复幼后，使用黏重的营养土培育40~60 cm高的大营养袋中小苗进行种植。种植关键技术在于控制造林地林分郁闭度小于0.2，清除种植点半径1.5 m的范围内所有杂灌草。营建的示范林2年后可基本成林，林分平均高度3 m左右，平均胸径2 cm左右，从无到有，形成较完整的防护林带，从而实现整个生态系统（尤其是林下植被）的快速恢复。

沿海困难立地生态修复综合评价

  岩质海岸临海第一面坡是沿海防护林最常见并且最难恢复的困难立地，土层稀薄、物理结构不良、营养物质缺乏、海风胁迫、盐雾为害、地表干旱，一般植物难以生长。近些年，项目组对该类型困难立地实施了植被恢复重建工程，工程实施区域整体林相已经得到了明显改善。木麻黄沿海防护林的造林成本低、生态友好，一直被用来缓解自然生态系统退化问题，但人们对这种土地利用模式的生态影响知之甚少。

  研究表明，植树造林可直接或间接影响土壤肥力和地上地下群落，但国内外关于植被恢复的研究主要侧重于地上（即植物）群落。与植物群落相比，土壤微生物表现出独特的空间分布模式，它们通常对环境变化的反应更快，反过来又对生态系统过程产生巨大影响。退化生境中植被和土壤条件（土壤理化性质和土壤微生物）的恢复对于生态系统的成功恢复至关重要，也是"联合国生态系统恢复十年"行动计划的目标要求（Waltham *et al.*, 2020）。植被恢复通过增加土壤有机质和养分的方式可改变林下微生境并改善土壤条件，从而有利于物种定殖和生态系统发展（Farrell *et al.*, 2020），但具体效果取决于以前的土地利用历史、环境压力（如干旱、土壤营养和质地）、局部随机因素（Batterman *et al.*，2013；Cai *et al.*，2018；Jakovac *et al.*，2021），以及土壤的管理框架等（Becknell *et al.*，2014）。另外，在亚热带和热带地区，土壤微生物群落在演替开始后（造林5～10年）快速恢复，即可达到与原始森林相似的水平（Guggenberger *et al.*，1999；Hamer *et al.*，2013；Cai *et al.*，2018），组成微生物群落的不同驱动因素在不同时空尺度上各不相同，进而影响与碳循环和营养循环相关的土壤微生物功能（Tripathi *et al.*，2016；Cai *et al.*，2018）。土壤微生物监测对评估森林恢复项目的成功与否至关重要，但从目前研究进展来看，土壤功能指标的开发仍处于起步阶段（Robinson *et al.*，2023）。

严重退化生态系统植被重建的效应取决于重建过程中土壤环境的形成发育和演变状况，不同的植被类型和不同重建阶段的土壤环境对其具有不同的响应过程、速度与方向。因此，探讨土壤物理性质变化与植被恢复的关系是科学筛选植被恢复模式的关键。本研究在广东惠东黑排角杨屋沙滩和海龟自然保护区岩质基干林带调查了先锋树种木麻黄生长适应性及木麻黄植被重建后对林地植物多样性、表层土壤理化性质（0～10 cm）、森林碳储量分配格局的短期（2.5年）影响，结果表明：木麻黄可以促进岩质基干林带退化生态系统的恢复，并引导林下植物群落向多样性发展；一旦适应性先驱树种木麻黄生长存活，迅速形成以乔木层碳储量为绝对优势的碳储量分配格局，地上（林下植物群落）和地下（碳储量和氮储量）的恢复速度取决于当地土壤条件，林下植物的恢复速度快于土壤恢复速度；微生物群落对土地利用变化很敏感，植树造林地和自然退化地形成了不同的微生物群落。这些研究结果有助于我们全面了解岩质基干林带退化生态系统修复过程，并为未来的植被恢复项目设定可实现的目标。

第一节 研究方法

一、试验地概况

试验地位于我国南部的广东省惠东县。根据世界土壤资源参考基准

（WRB；IUSS WRB 工作组，2022），惠东沿海地区属于沙质土壤，年平均气温为 23.1℃，年降水量为 1267 mm。2020 年 4 月，在黑排角杨屋沙滩和海龟自然保护区（两地相距约 60 km）分别种植了木麻黄（株高 70～80 cm），密度为 3 m×2 m。为减少青枯菌引起的细菌性枯萎病，两地分别采用 5 种木麻黄无性系（501、X19、海口、杂交、杂 5）随机块状混交。每个地点分别种植 250 亩木麻黄，并以自然退化的土地作为对照。种植区在 2020 年 5 月施用了氮、磷、钾肥（约 150 kg/hm²）和有机肥（50 kg/hm²），自然退化的土地不进行施肥。两个沿海地区的取样地块有 4 种土地利用类型（表 9-1）：①黑排角杨屋沙滩木麻黄恢复地块（HPJ-R）；②黑排角杨屋沙滩未经人工处理的自然对照地块（HPJ-CK）；③海龟自然保护区木麻黄恢复地块（HG-R）；④海龟自然保护区未经人工处理的自然对照地块（HG-CK；图 9-1）。

表 9-1　样地类型

样地编号	地点	造林时间（年）	面积（亩）	乔木层无性系
HPJ-R	黑排角杨屋沙滩木麻黄恢复地块	2020	250	501、杂 5、海口、X19、杂交
HPJ-CK	黑排角杨屋沙滩未经人工处理的自然对照地块	—	—	—
HG-R	海龟自然保护区木麻黄恢复地块	2020	250	501、杂 5、海口、X19、杂交
HG-CK	海龟自然保护区未经人工处理的自然对照地块	—	—	—

二、样地设置与调查

每种土地利用类型设 3 个 20 m×20 m 样方，4 种土地利用类型共设置了 12 个样方。样方之间至少相隔 20 m，且距离森林边缘至少 30 m。

调查每个样方内所有维管束植物，对每种植物进行鉴定分类，物种的鉴定以《广东植物志》为基础，植物数字标本由植物分类学专家（张永红教授）确认；统计每种植物个体数量；计算植被覆盖率，计算公式为植被覆盖率（%）=（地面植被垂直投影面积/土地总面积）×100；采用 Fisher 指数（α）计算林下维管束植物多样性，计算公式为：$S = \alpha \times \ln(1 + n / \alpha)$，式中，

图 9-1　试验地类型

a. 海龟自然保护区未经人工处理的自然对照地块（HG-CK）；b. 海龟自然保护区木麻黄恢复地块（HG-R）；c. 黑排角杨屋沙滩未经人工处理的自然对照地块（HPJ-CK）；d. 黑排角杨屋沙滩木麻黄恢复地块（HPJ-R）

S 为分类群数目；n 为个体数目；α 为 Fisher 指数。每个样方测量 5～6 株木麻黄胸径（DBH）和树高。

三、土壤样品的取样与测定

（一）土壤样品的取样

使用消毒过的 PVC 管在样方的 4 个角落和中心位置分别采集表层土壤（深度 0～10 cm，直径 5 cm），将每个样方采集的 5 份表层土壤充分混合后用于土壤理化性质的测定；充分混合的土壤样本在去除根部残留物后保存于 –80℃环境下，用于土壤微生物 DNA 的提取。12 个样方共得到 12 份土壤样本。

（二）土壤理化性质的测定

对新鲜的充分混合的土壤样本立即称重，得到土壤鲜重（FW）；土壤样本在 70℃下干燥 48 小时至恒重，得到土壤干重（DW）；计算土壤含水量，计算公式为土壤含水量（%）=[（FW-DW）/FW]×100；将干燥的土壤样品过 0.15 mm 筛，根据鲍士旦（2000）的方法，开展土壤理化性质的常规测定；电导率（EC）值由电导率仪（DDS-11A，REX，中国上海）测量；可溶性阳离子（K^+、Na^+）用电感耦合等离子体原子发射光谱（ICP-AES，Optima 5300DV，Pekin-Elmer，美国）测量。

（三）土壤碳含量测定

采用氯仿熏蒸提取法测定土壤微生物生物量碳（MBC；Vance et al.，1987）；采用土壤湿筛法测定颗粒有机碳（POC）和矿物相关碳（MOC）（Gregorich et al.，2008）。采用 SIX 等（1998）提出的物理分组方法分离得到土壤大团聚体中各有机碳组分，大于 250 μm 颗粒所含的碳为粗颗粒有机碳（cPOC），53～250 μm 颗粒所含的碳为细颗粒有机碳（fPOC），POC 包含了 cPOC 与 fPOC；小于 53 μm 黏土和粉砂矿物所含的碳为 MOC。

（四）土壤微生物测定

采用 Cai 等（2018）方法进行土壤微生物基因组 DNA 提取和 PCR 扩增，使用 QIIME 和 UPARSE 软件包中的测序工具对原始序列进行处理；使用 USEARCH 程序在 97% 的同一性阈值上将高质量序列聚类为操作分类单元（OTUs）；基于 16S rRNA 测序数据（细菌）和 ITS 测序数据（真菌），计算各样地土壤微生物群落丰富度和多样性指数。

群落丰富度采用 ACE 指数和 Chao1 指数，群落多样性采用 Shannon 多样性指数；使用 Mothur 软件包生成维恩图，以比较文库的系统发生结构；利用 PICRUSt 预测细菌代谢途径丰度；在下游分析之前，代谢途径应先进行 $\log_{10}$ 转化。

四、林分碳储量测定

林分碳储量采用分层估算的方法，分别计算乔木层、林下植物层、凋落物层和土壤层碳储量后求和。

乔木层碳储量测定：通过乔木层总生物量与乔木层含碳率相乘，得到乔木层碳储量。乔木层总生物量基于单株木麻黄的生物量模型计算，再结合样方内木麻黄的数量，估算出每公顷木麻黄林的乔木层生物量。单株木麻黄的生物量采用生物量模型为 $\ln W = a + b \ln (D^2 H)$，其中 W 为生物量，a 和 b 为前人研究中针对木麻黄的常用系数，D 为乔木平均直径，H 为平均高度，本文木麻黄含碳率参考前人研究幼龄林中各器官的平均含碳率（0.47），a、b 值分别为 1.825、0.412（叶功富 等，2008b）。

林下植物层及凋落物层碳储量测定：基于收割小样方的干物质质量（生物量）获得林下植物层或凋落物层总生物量，采用重铬酸钾容量法测定林下植物及凋落物中的有机碳含量，二者相乘，得到林下植物层或凋落物层碳储量。

土壤层碳储量测定（叶功富 等，2008a）：土壤层碳储量计算公式为 $S_d = \sum_1^i D_i C_i H_i$。其中，$S_d$ 表示土壤层 i 深度内单位面积土壤碳贮量（t/hm^2），H_i 表示第 i 个土层的厚度（m），C_i 表示第 i 土层的含碳率（%），D_i 表示第 i 土层的容重质量（t/m^3），本试验土壤分为 0～10 cm、10～20 cm 两层，仅采集 0～10 cm 土层样品测定含碳率，10～20 cm 土层的平均含碳率根据前人研究结果为 0～10 cm 土层的 22.5%（叶功富 等，2008b）。

五、数据分析

利用 SPSS 22.0（SPSS, Chicago, IL, USA）对植物和土壤理化性质的差异进行方差分析（ANOVA）；采用 Tukey 法进行多重比较。根据 UniFrac 距离利用扩增子分析工具 QIIME（quantitative insights into microbial ecology）计算微生物群落 β 多样性；为了使组成差异可视化，利用 R 软件包中的 UniFrac 距离矩阵进行主成分分析（PCoA）；通过 999 种排列组合的多变量方差分析（PerMANOVA）评估植树造林和地点及其相互作用对土壤微生物群落结构的影响；利用基于距离的冗余分析（dbRDA）揭示土壤特性与微生物群落结构之间的关系，dbRDA 模型中的前向选择程序用于选择土壤变量，并通过方差分析检验土壤变量的显著性。在进行方差分析之前，先用 Kolmogorov-Smirnov 检验法检验数据的正态性和方差的同质性，必要时，数据需要进行 $\log_{10}$ 或平方根转换，以满足方差分析的假设条件。利用 R 语言 vegan 程序包中的环境拟合 Mantel 相关性进行群落差异性与环境条件之间的比较。

第二节 植被重建对沿海生态系统的影响

一、植被重建对林下维管束植物群落的影响

本研究以惠东黑排角杨屋沙滩和海龟自然保护区 2.5 年生木麻黄重建林分为研究对象，以原状未恢复的退化土地作为参考对照，采用样方法调查分析木麻黄植被重建后植物种类组成及其多样性差异，意在为岩质基干林带植被恢复工程的进一步实施提供参考。研究结果表明木麻黄植被重建后大大提高了植物多样性，两个地点的林下植物物种丰富度和覆盖度均显著增加，也显著提高了黑排角杨屋沙滩的物种数，研究的主要结果如下。

（1）所有样方共调查统计到 46 种林下维管植物，两地点木麻黄均开始结果，但没有自然更新。黑排角杨屋沙滩生长的木麻黄在树高、胸径指标上明显大于海龟自然保护区（表 9-2）；黑排角杨屋沙滩对照组初始植物的丰富度、物种数量和覆盖度远高于海龟自然保护区，两地点对照组各指标均差异显著（$P < 0.05$）。

表 9-2 不同地块 5 种基因型木麻黄平均生长量

	HPJ（黑排角杨屋沙滩）	HG（海龟自然保护区）
树高 (m)	6.11 ± 0.23a	4.71 ± 0.33b
胸径 (cm)	3.53 ± 0.33a	3.28 ± 0.12a
单株蓄积量 (m³)	0.0107 ± 0.008a	0.0083 ± 0.0007b

注：不同字母表示平均值在 $P<0.05$ 的水平上存在显著差异；单株蓄积量按 D^2H 计算。

（2）与对照组相比，黑排角杨屋沙滩木麻黄植被重建后物种数量增加 32.1%，植被覆盖度提高 53.8%，植物物种丰富度增加 38.8%；海龟自然保护区木麻黄植被重建后植被覆盖度增加 86.1%，植物物种丰富度增加 46.1%。从图 9-2 可以看出海龟自然保护区地块的物种数量提高幅度不大，与对照差异不显著；植物群落 α - 多样性在两个地点都没有明显提高。

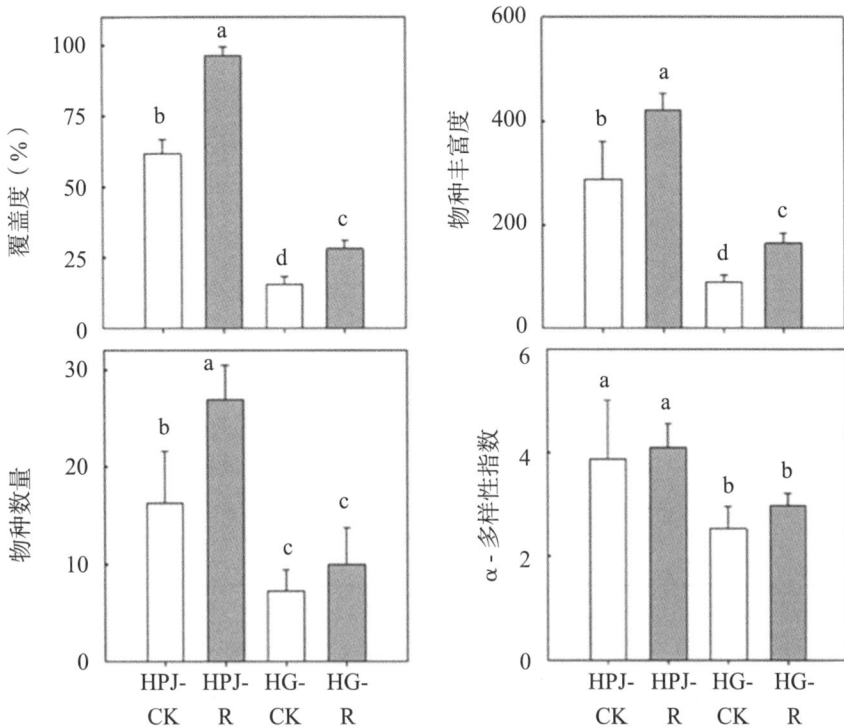

图 9-2　各样地林下维管束植物群落的丰富度和植被覆盖率指数
注：不同字母表示不同样地平均值（均值 ± 标差）存在显著差异，*P*<0.05。

二、植被重建对土壤理化性质的影响

本研究采用野外调查和室内测定分析相结合的方法，测定黑排角杨屋沙滩和海龟自然保护区 2.5 年生木麻黄重建林分土壤理化性质，探讨木麻黄植被重建对土壤性质的影响，综合分析植被重建前后土壤肥力变化趋势，这些研究有助于退化岩质基干林带植被恢复模式的合理选择和土壤生态效应的综合评价。结果表明，植被重建后改良了土壤，提高了土壤肥力，土壤特性演变朝良性方向发展，研究的主要结果如下。

（1）除总磷含量外，两个研究地点的土壤理化性质差异极显著，与海龟自然保护区相比，黑排角杨屋沙滩的土壤含水量较低，但土壤养分（速效氮、有效磷和有效钾）高于海龟自然保护区；黑排角杨屋沙滩的土壤有机质（SOC）远高于海龟自然保护区，即黑排角杨屋沙滩具有更高的土壤肥力。

（2）与对照组相比，黑排角杨屋沙滩与海龟自然保护区经过木麻黄植被重建后土壤含水量、土壤有机质（SOC）、有效钾、电导率、土壤微生物量碳（MBC）、Na$^+$、土壤颗粒有机碳（POC）含量均显著增加，但pH值下降，总氮、总磷、总钾含量，速效氮、有效磷含量，矿物质性有机碳（MOC）含量在植被重建后无显著差异（表9-3）。植被重建后海龟自然保护区与黑排角杨屋沙滩的土壤有机质含量分别增加了4.33%和2.44%。

（3）方差分析表明，Na$^+$和土壤微生物量碳（MBC）两个指标的地点×造林交互作用显著，Na$^+$与MBC在两个地点之间存在极显著差异，造林后，Na$^+$和MBC在海龟自然保护区显著增加，但在黑排角杨屋沙滩变化不大。

表9-3　各样地土壤理化性质及方差分析

样地	含水量(%)	pH值	SOC(g/kg)	TN(g/kg)	TP(g/kg)	TK(mg/kg)	AN(mg/kg)	AP(mg/kg)	AK(mg/kg)	EC(dS/m)	MBC(mg/kg)	Na$^+$(g/kg)	POC(g/kg)	MOC(g/kg)
HPJ-CK	5.28	5.97	17.79	1.12	0.07	29.03	91.62	1.23	47.33	26.57	139.7	0.175	12.23	5.56
SD	1.45	0.17	0.52	0.13	0.02	1.10	6.18	0.92	8.73	5.10	11.9	0.105	0.34	0.45
HPJ-R	6.79	5.17	18.56	0.98	0.07	26.65	87.84	1.73	67.67	30.77	192.2	0.133	13.54	5.02
SD	0.89	0.01	1.22	0.12	0.01	0.94	4.91	0.58	16.50	7.26	29.4	0.045	0.75	0.17
HG-CK	15.33	5.02	4.35	0.31	0.09	7.45	24.79	0.16	26.67	40.73	99.8	0.227	3.21	1.14
SD	1.88	0.08	0.37	0.04	0.01	0.87	6.18	0.09	6.43	10.30	17.5	0.126	0.34	0.28
HG-R	17.16	4.91	4.53	0.29	0.11	7.07	19.60	0.20	42.33	53.97	105.1	0.307	3.59	0.94
SD	1.33	0.16	0.59	0.05	0.02	2.25	1.47	0.02	11.50	9.00	10.7	0.083	0.21	0.19
地点	***	*	***	*	ns	***	***	**	***	**	**	**	*	*
植被重建	*	*	*	ns	ns	ns	ns	ns	***	**	**	*	*	ns
地点×植被重建	ns	ns	ns	ns	ns	ns	ns	ns	ns	ns	*	*	ns	ns

注：*** 表示存在极显著差异（$P<0.01$），* 表示存在显著差异（$P<0.05$），ns 表示差异不显著；SOC 为土壤有机碳，TN 为全氮，TP 为全磷，TK 为全钾，AN 为速效（水解）氮，AP 为有效磷，AK 为有效钾，EC 为电导率；MBC 为土壤微生物生物量碳，POC 为颗粒有机碳，MOC 为矿物相关有机碳；HG 为海龟自然保护区，HPJ 为黑排角杨屋沙滩；-CK 为对照，-R 为植被重建地块，SD 为标准差。

三、植被与土壤性状的恢复模式探讨

（一）植被丰富度与多样性恢复的不一致性

退化土地的生态系统恢复轨迹是可预测的，但在某种程度上，由于当地局部环境的随机因素，其轨迹也是不确定的（Chen *et al.*，2023）。许多关于恢复与演替的理论和实证研究都侧重于某一特定的生态系统属性，如植物丰富度、植物生物量或土壤理化性质（Duarte *et al.*，2013；Ding *et al.*，2021），但很少将它们整合在一起。不同生态系统组成部分（水、土、气、生）的恢复是相互依赖的，如植物覆盖率和丰富度的快速恢复导致大量枯落物的产生和分解，从而使土壤有机碳迅速恢复。研究发现，木麻黄造林后2.5 年内林下植物覆盖率迅速恢复，但植物物种组成并没有迅速恢复，植物群落 α- 多样性没有明显提高，这与物种组成的完全恢复需要很长时间的事实是一致的（Veldkamp *et al.*，2020；Poorter *et al.*，2021）。

在研究区域没有发现木麻黄的幼苗，这与我国海南木麻黄不能自然再生的结果一致（杨彬 等，2020）。木麻黄造林后，两地点林下植物丰富度和覆盖率大大提高，植被恢复效果快速且显著，黑排角杨屋沙滩的林下植物丰富度和覆盖率均高于海龟自然保护区，且木麻黄植株较海龟自然保护区高大，这与其较高的初始土壤碳和氮含量是一致的。

（二）植被与土壤恢复进程不同

植被和土壤功能的恢复取决于气候、土壤类型、以往的土地使用强度和持续时间，以及它们之间复杂的相互作用（Poorter *et al.*，2016；Veldkamp *et al.*，2020）。本研究发现，退化土地转化为木麻黄林后，土壤理化性质恢复主要受研究地点（立地条件）的影响，黑排角杨屋沙滩土壤有效磷和有效钾含量高于海龟自然保护区，这证实了养分的可利用性是亚热带森林初级生产力的制约因素。热带森林次生演替的研究结果表明（Poorter *et al.*，2021），90% 的原始森林的土壤恢复速度（少于 10 年）快于植物功能的恢复速度（超过 25 年），及植物生物量和物种组成恢复速度（超过 12 年），但研究发现木麻黄造林地点的土壤养分（总氮、总磷和总钾含量）与退化未造林地点的土壤养分（总氮、总磷和总钾含量）相似，这表明在植树造林过程中，土壤恢复过程相对缓慢（Wang *et al.*，2017；Martin *et al.*，2013），此结论与上述热带森林次生演替的结果不一致。研究区域木麻黄植树造林后，地上植被与地下土壤性状的恢复进程并不一致，植被恢复进程相对较快，土壤恢复进程相对缓慢，生态系统的恢复在很大程度上取决于当地的土壤条件。

（三）土壤 pH 值变化

由于腐烂的凋落物和林下植被渗出的质子增多（Poorter et al.，2021），木麻黄造林后预计土壤 pH 值会下降。事实上，研究发现在木麻黄林生长期间，土壤 pH 值有所下降，尤其是在黑排角杨屋沙滩，这可能是木麻黄的氮固定表现出阳离子吸收过多，通过质子渗出进行补偿，从而导致土壤酸化，以维持电中性（Aoki et al.，2012）。另外，黑排角杨屋沙滩地区比较干旱（即土壤含水量较低），下层植物种类较多，凋落物丰富，每年的枯落物输入量可能较高，从而导致更多的有机物被分解，pH 值下降。

（四）土壤碳、氮、磷恢复的差异

植树造林一般可以促进土壤碳积累，增强土壤碳稳定性，在提高土壤碳稳定性方面的功效却存在很大争议（Chen et al.，2017；Jourgholami et al.，2019）。尽管次生林演替过程中，土壤碳储量并没有统一的模式（Martin et al.，2013；Jourgholami et al.，2019），但一些研究发现，植树造林可使土壤迅速恢复（Deng et al.，2016）。在本研究中预计木麻黄造林后土壤碳会增加，因为植物枯落物的养分输入、共生细菌和真菌对氮和磷的固定加快了木麻黄林的森林恢复，岩质土壤中植被的快速恢复会导致更多的枯落物输入和地下细根生长（Aoki et al.，2012；Chen et al.，2017）。研究发现，在种植木麻黄后的 2.5 年内，总有机碳尤其是活性有机碳（POC）和有效钾都有所增加，但其他方面如总氮、总磷和总钾未表现出恢复。POC 主要来源于未分解或半分解的碎屑有机物，周转速度快，稳定性差，容易被微生物分解和利用，对土地利用模式的变化非常敏感（Li et al.，2023）；而无机碳来自植物的渗出物或土壤生物转化物质，容易与土壤矿物质结合（MOC），周转周期长，稳定性好，有利于土壤碳库的长期固定（Lavallee et al.，2020；Luo et al.，2020）。此外，本研究中土壤碳、氮恢复的差异表现也可以通过造林前土壤条件的差异解释，即原先的土地利用类型（即立地条件），以及木麻黄造林前初始林下植物群落的差异（Don et al.，2011；Deng et al.，2016）造成了土壤碳、氮恢复的差异表现。一般来说，植被重建后土壤氮和磷含量会增加（Poorter *et al.*，2021），然而，研究发现木麻黄造林后表层土壤中的总氮和总磷含量未明显增加，退化地区和造林地之间的氮和磷含量差异不大，这可能是由于菌根或根瘤所释放的氮、磷元素被马齿苋等林下植物吸收。

（五）土壤中的 Na⁺ 和有效钾的增加

钾会极大地影响风化岩石土壤上的植物生产力（Vitousek *et al.*，2010），因此森林演替过程中有效钾的微弱变化都会影响亚热带森林的快速恢复。有趣的是，植树造林后随着林下植物多样性的增加，土壤中的 Na^+ 和有效钾含量（不是总钾含量）也增加了。一些盐生植物耐盐性的主要机制是将盐分排出叶片，而不是吸收液泡中的 Na^+（Munns *et al.*，2008），因此，沿海地区盐生植物越来越丰富，即使在短期植树造林之后，也会导致土壤中的 Na^+ 含量增加。本研究中植树造林后土壤中有效钾含量增加，表明 Na^+ 的供应改善了植物对 K^+ 的吸收。K^+ 与 Na^+ 在细胞质的代谢过程中竞争主要的结合位点，植物组织对 K^+ 吸收和保留的不断增加，应归因于植物的高耐盐性（Munns *et al.*，2008；Cai *et al.*，2020）。了解土壤性状的恢复和抗性非常重要，因为这对恢复碳储量和氮储量、地上和地下生物多样性，以及改善造林实践都很重要。

四、植被重建对土壤微生物群落的影响

运用高通量测序技术研究植被重建区土壤微生物群落结构的变化特征，结果表明植被重建后土壤微生物群落数量与丰富度均显著增加，对于岩质基干林带防护林体系而言，植被重建能显著改善其浅层土壤养分状况、微生物数量和丰富度，是改善沿海生态环境的重要措施。研究的主要结果如下。

（1）在 12 个土壤样本中，细菌 16S rRNA 测序共产生了 719280 个高质量序列和 5133 个 OTUs（操作单元），而真菌测序共产生 840112 个 ITS 序列和 1888 个 OTU（表 9-4），稀释曲线较缓和（图 9-3），表明测序深度足够，序列的覆盖率均高于 99%（表 9-4），表明其测序能力可以反映微生物群落结构。

（2）ACE、Chao 1 都是群落丰富度指数，与对照相比，黑排角杨屋沙滩和海龟自然保护区两个地点木麻黄植被重建区域土壤细菌和真菌的 OTU

表 9-4　土壤微生物 16S rRNA 和 ITS 测序数据统计

样本	序列数	基数 (bp)	平均长度 (bp)	覆盖率（%）
16S sequencing				
HPJ_CK1	55192	13833695	277.10	99.14
HPJ_CK2	64644	15713471	277.12	99.25
HPJ_CK3	54390	13190631	277.10	99.21
HPJ_R1	57650	14201908	276.07	99.73
HPJ_R2	58323	13910121	276.08	99.28
HPJ_R3	59235	14278127	276.06	99.44
HG_CK1	64470	16522665	277.35	99.47
HG_CK2	68040	16564791	279.26	99.92
HG_CK3	65524	16753471	276.12	99.95
ITS sequencing				
HPJ_CK1	65292	14147921	225.96	99.94
HPJ_CK2	72904	16658463	236.19	99.96
HPJ_CK3	72033	15596546	225.71	99.92
HPJ_R1	69296	16979759	255.84	99.94
HPJ_R2	72165	18822702	270.35	99.93
HPJ_R3	73215	15523603	220.18	99.95
HG_CK1	65442	18248006	287.62	99.88
HG_CK2	69883	16868986	250.72	99.98
HG_CK3	65859	15489280	238.42	99.96

丰富度（即 ACE 和 Chao1 指数）均因植被重建而显著提高（图 9-4），且黑排角杨屋沙滩的数值高于海龟自然保护区，表明黑排角杨屋沙滩的微生物丰富度高于海龟自然保护区，但两个地点细菌和真菌的 α- 多样性（Shannon 多样性指数）并没有因为植被重建而增加。

（3）取样土壤中最主要的细菌门是绿弯菌门（Chloroflexi）和变形菌门（Proteobacteria），其次是放线菌门（Actinobacteria）和酸杆菌门（Acidobacteria）；木麻黄植被重建降低了光合细菌绿弯菌门的丰富度，但增加了变形菌门细菌的丰富度（图 9-5a）。对于真菌群落，土壤中以子囊菌门

a

b

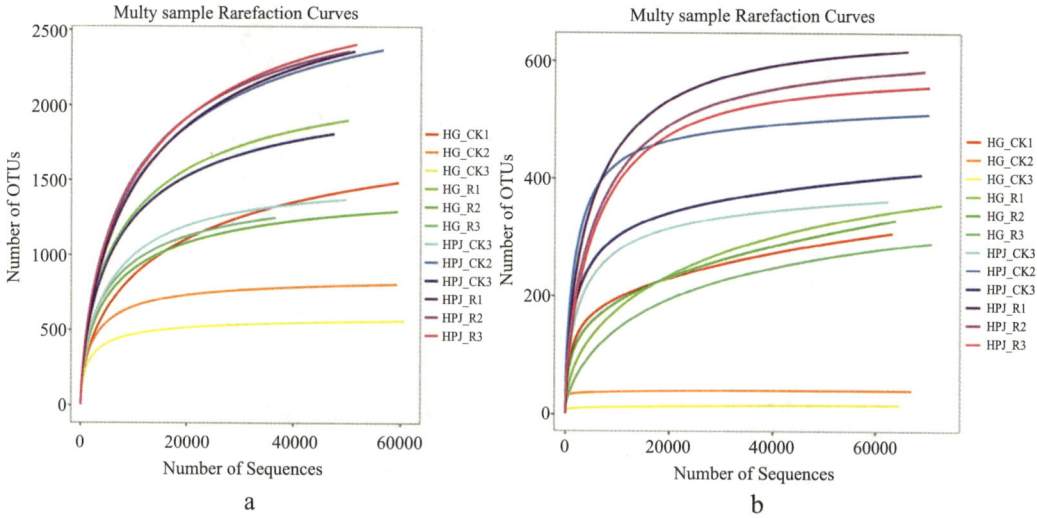

图 9-3　稀释曲线

a. 细菌随样本量增加而积累的趋势；b. 真菌随样本量增加而积累的趋势

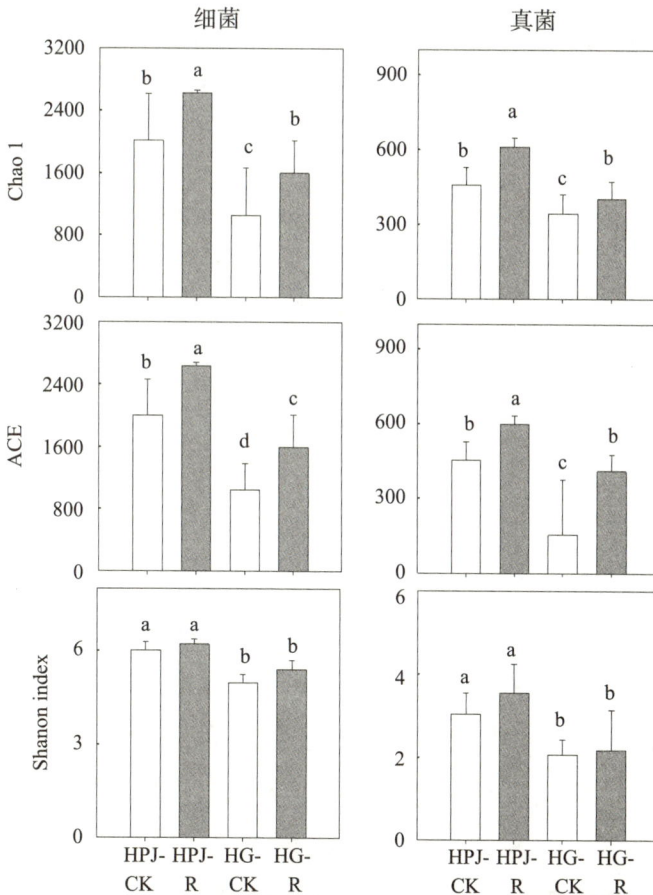

图 9-4　各样地土壤微生物群落丰富度与多样性指数

注：不同字母表示不同土地利用类型的平均值（均值 ±SD）具有显著差异（$P < 0.05$）。

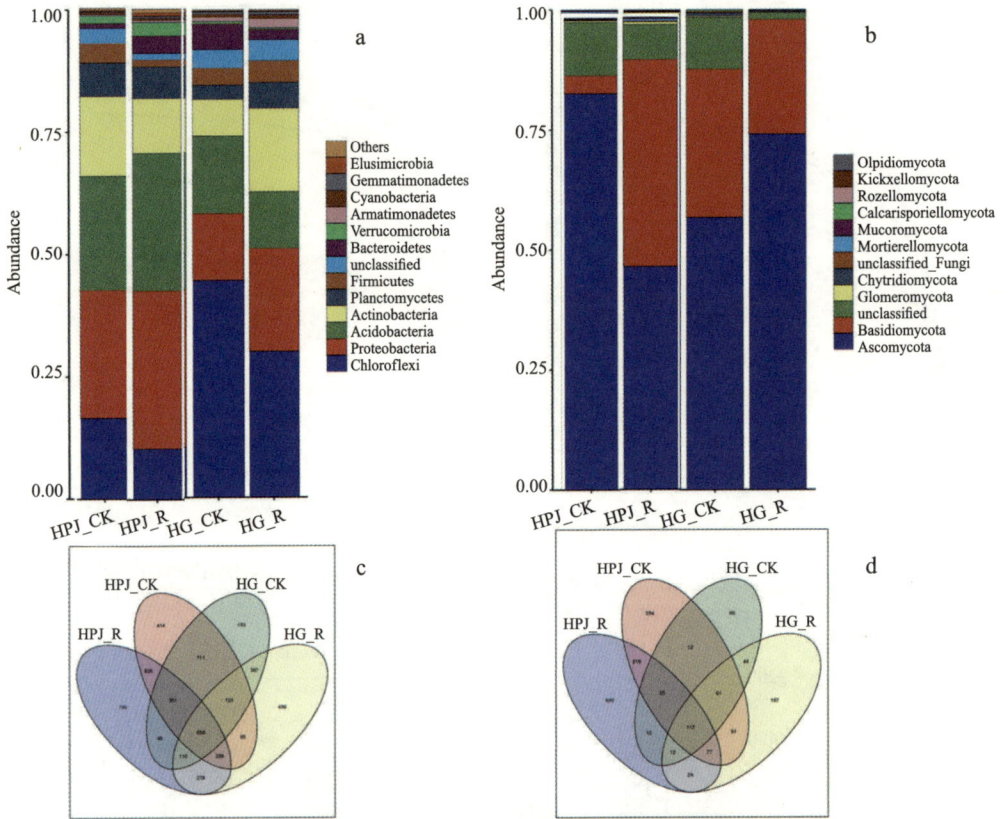

图 9-5　微生物群落的相对丰富度和维恩图
a. 在门一级最丰富的细菌群落的相对丰富度；b. 在门一级最丰富的真菌群落的相对丰富度；
c. 在 OTU 一级共享和独特的细菌群落数量的维恩图；d. 在 OTU 一级共享和独特的真菌群
落数量的维恩图

（Ascomycota）为主（图 9-5b），其次是担子菌门（Basidiomycota）、球囊菌门
（Glomeromycota）和壶菌门（Chytridiomycota）；子囊菌门（Ascomycota）和
担子菌门（Basidiomycota）存在显著的地点 × 植树造林交互作用，这两种
真菌相对丰富度变化趋势在不同造林地点表现不同。

　　（4）在属的层面上，由于未分类的细菌和真菌占很大比例，土壤微生
物的种类相当丰富（图 9-6）；图 9-7 显示 4 个样地（4 种不同土地利用类型）
中 50 个丰富度最高属的相似性，就大多数属而言，未分类的细菌和真菌的
微生物组成比例、丰富度在 4 种不同土地利用类型之间存在显著差异。

　　（5）从（细菌）16S rRNA 测序数据来看，4 个土地利用类型共有
153～739 个特异性 OTU；658 个 OTU（12.8%）在 4 个土地利用类型中共
享（图 9-5c）。另一方面，从（真菌）ITS DNA 序列数据来看，4 个土地利

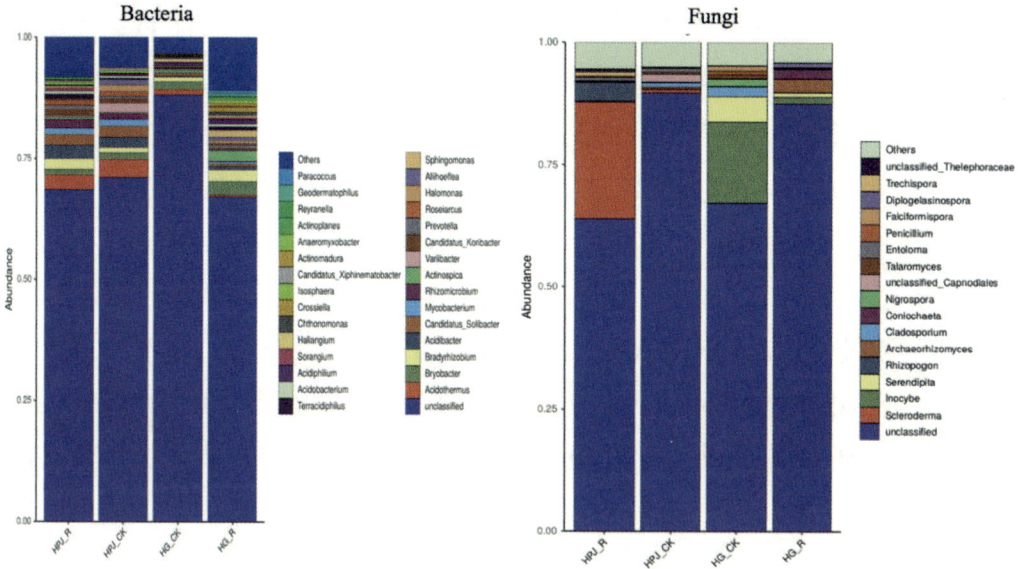

图 9-6 细菌和真菌群落在属一级的相对丰富度

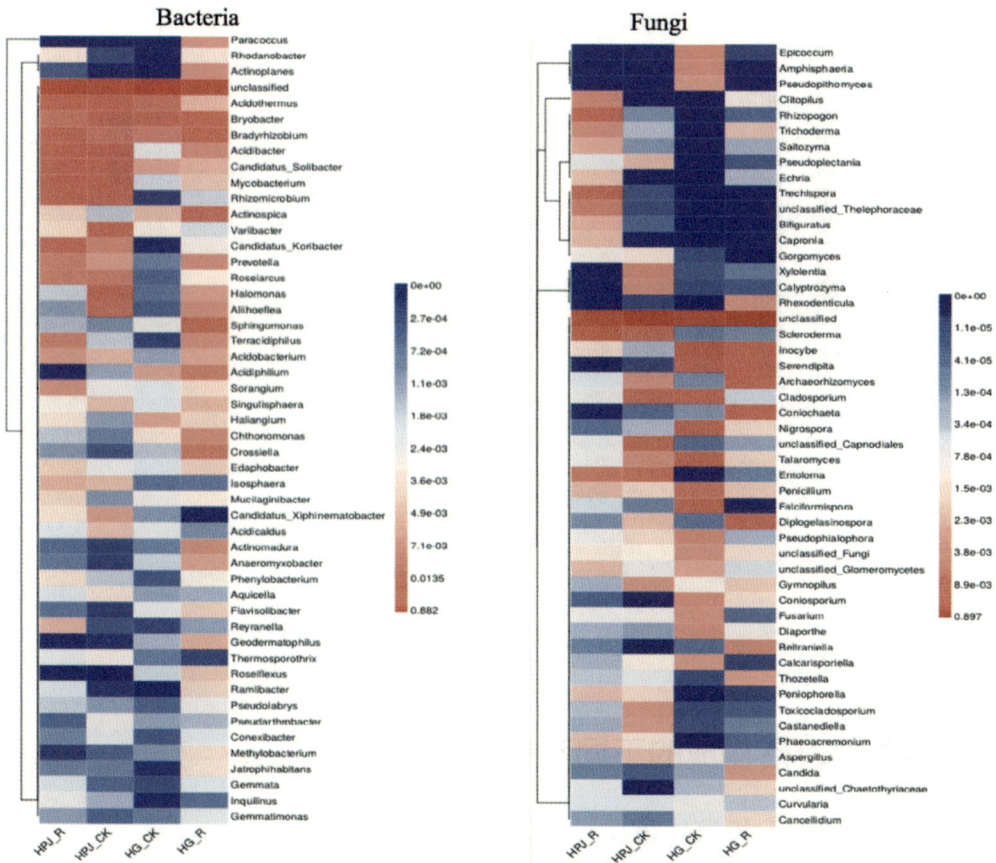

图 9-7 各样地 50 个丰富度最高的微生物属的相似性（$P<0.05$）
注：微生物属的相对丰富度用颜色强度表示。

用类型中有 60～699 个特异性 OTU；4 个土地利用类型中只有 112 个 OTU（5.9%）是共享的（图 9-5d）。因此，土壤微生物组形成了 4 个在空间上相互分离的组，表现出相互重叠而又各不相同的微生物群落。通过维恩图（图 9-5）的分析表明，4 个类型样地上细菌与真菌均具有较高的特异性，土壤细菌与真菌分别形成 4 个空间上分离的群落组，表现出部分重叠和不同的微生物群落。

（6）通过使用 FAPROTAX 工具预测的结果表明（图 9-8），木麻黄植被重建对土壤细菌与土壤碳和氮循环相关的两个主要功能（即碳水化合物代谢和氨基酸代谢）有显著影响，在每个地点木麻黄植树造林均降低了微生物碳水化合物代谢，但增加了氨基酸代谢，对土壤的主要功能产生显著影响。

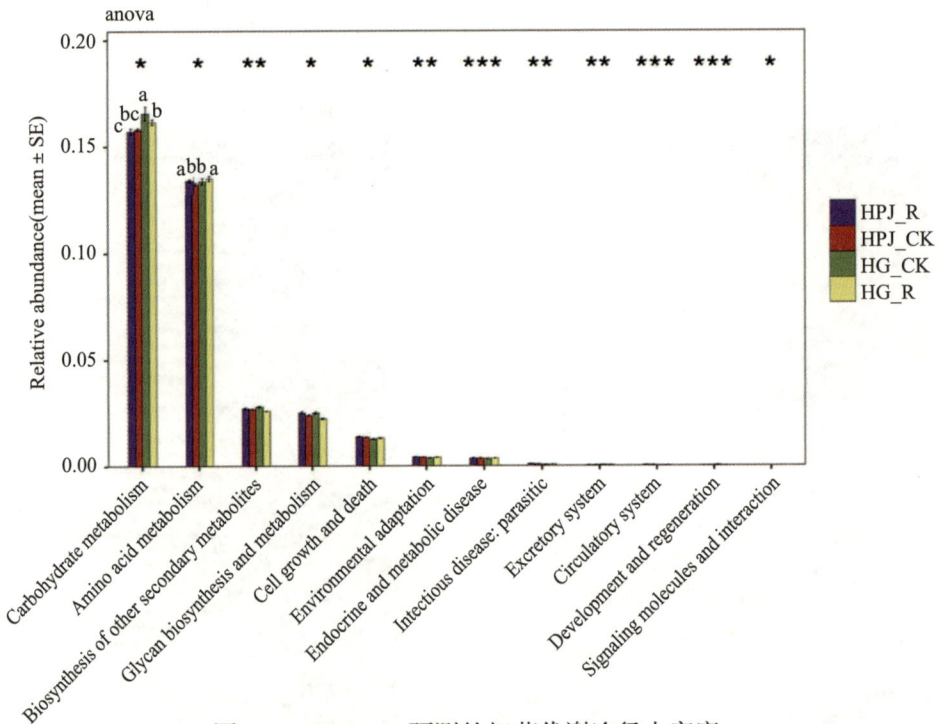

图 9-8　PICRUSt 预测的细菌代谢途径丰富度

五、微生物群落构成的不同驱动因素

（一）造林地点与植被重建

表 9-5 基于加权 UniFrac 距离指标的多变量分析（PerMANOVA）揭示了地点（S）与造林 / 植被重建（R）及其相互作用对所有样本中细菌和真菌

变化的相对贡献，非加权 UniFrac 距离（UUF）和加权 UniFrac 距离（WUF）分析表明，除 UUF 显示的真菌组成受地点 × 植被重建交互作用影响外（表 9-6），整个数据中土壤细菌和真菌组成受造林地点 × 植被重建的交互作用影响较小，受造林地点（立地条件）及是否植被重建影响较大。

表 9-5　基于 OTU 加权 UniFrac 距离（WUF）指标的微生物群落组成多变量分析

	变异来源	自由度	平方和	均方	F 值	R^2	P 值	显著性
细菌	地　点	1	0.222	0.22	9.96	0.416	0.0001	***
	植被重建	1	0.081	0.081	3.62	0.151	0.0156	*
	地点 × 植被重建	1	0.0523	0.053	2.35	0.098	0.0749	ns
	误差项	8	0.179	0.022		0.334		
	总　计	11	0.535			1		
真菌	地　点	1	0.237	0.238	3.35	0.213	0.0078	**
	植被重建	1	0.177	0.177	2.51	0.159	0.033	*
	地点 × 植被重建	1	0.134	0.134	1.90	0.120	0.0773	ns
	误差项	8	0.565	0.071		0.508		
	总　计	11	0.113			1		

注：对 OTU 数据进行的 999 次排列的顺序平方和进行 F 检验，以检验其显著性；*（$P < 0.05$）、**（$P < 0.01$）、***（$P < 0.001$）为显著水平；ns 为无显著性，下同。

表 9-6　基于 OTU 非加权 UniFrac 距离（UUF）指标的微生物组成多变量分析

	变异来源	自由度	平方和	均方	F 值	R^2	P 值	显著性
细菌	地　点	1	0.738	0.74	6.91	0.359	0.0002	***
	植被重建	1	0.270	0.27	2.53	0.131	0.0272	*
	地点 × 植被重建	1	0.194	0.19	1.82	0.094	0.084	ns
	误差项	8	0.854	0.11		0.415		
	总　计	11	2.056			1		

	变异来源	自由度	平方和	均方	F 值	R^2	P 值	显著性
真菌	地　点	1	0.624	0.62	3.06	0.209	0.0001	***
	植被重建	1	0.341	0.34	1.68	0.114	0.0412	*
	地点 × 植被重建	1	0.390	0.39	1.92	0.131	0.0155	*
	误差项	8	1.628	0.20		0.546		
	总　计	11	2.983			1		

从图 9-9、图 9-10 可以看出，造林地点样本与植被重建样本各自分组，表明不同造林地点蕴藏着截然不同的微生物群落。细菌和真菌 UUF、WUF

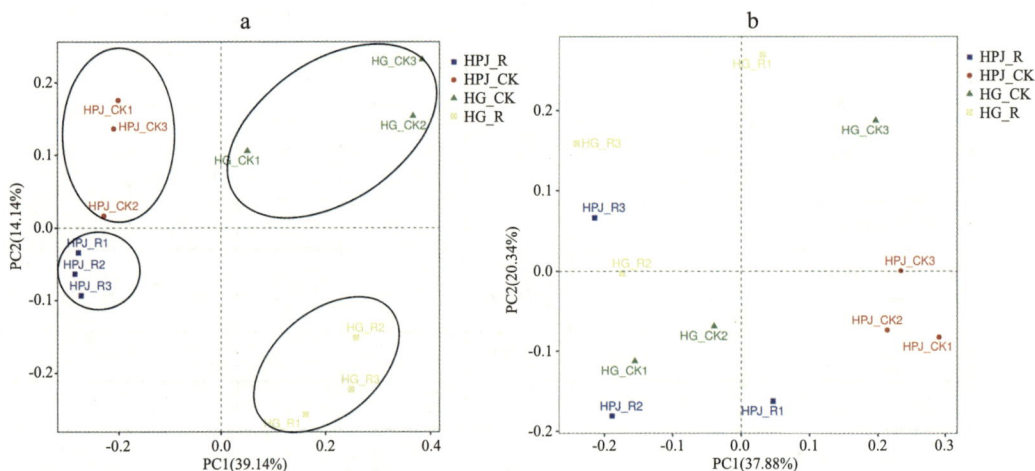

图 9-9　细菌（a）与真菌（b）基于 OTU 的加权 UniFrac 距离的主坐标分析

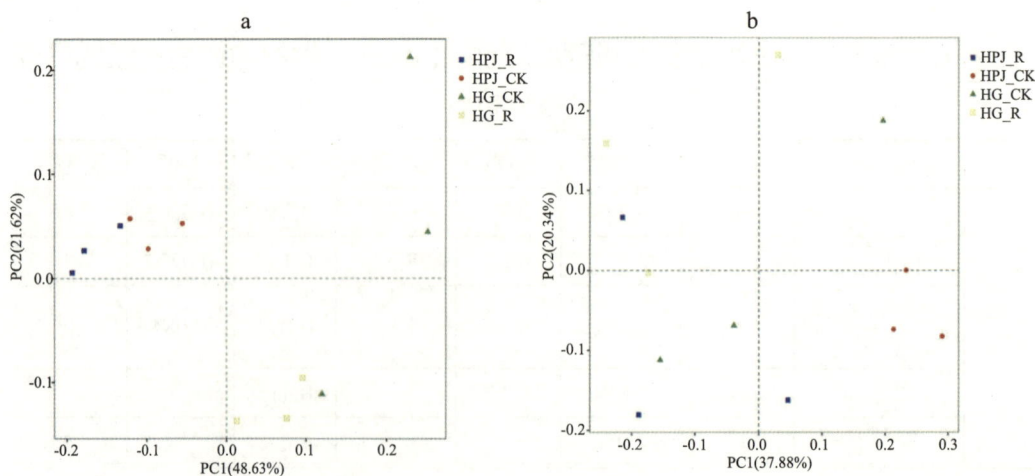

图 9-10　细菌（a）与真菌（b）基于 OTU 的非加权 UniFrac 距离的主坐标分析

多元方差分析（PerMANOVA）表明，微生物群落构成在不同造林地点和不同植被重建类型之间存在显著差异（$P<0.05$）（表 9-5、表 9-6），但是，WUF 或 UUF 的相关分析表明，与植被重建（$R^2=0.114-0.159$）相比，造林地点（立地条件）（$R^2=0.209-0.416$）更能解释微生物群落的变化部分，也更能影响微生物群落的构成。

（二）土壤理化因子

图 9-11 显示不同样地环境因素与细菌（a）和真菌（b）群落相关性基于距离的冗余分析（dbRDA）图。细菌方面（图 9-11a），沿 dbRDA 第一轴可以看出，不同地点土壤理化因子中 pH 值、SOC、Na^+、AK 和 EC 等指标与细菌群落组成变化相关，表 9-7 对 dbRDA 分析土壤特性进行的部分 Mantel 检验显示，pH 值、SOC、TK、AN 四个因子具有统计学意义；真菌方面（图 9-11b），pH 值、SOC 和 MBC、Na^+ 和有效钾最能解释真菌沿 RDA 第一轴的变化，然而，部分 Mantel 检验（表 9-7）显示这些因素并不重要，这表明真菌组成受多种环境因素相互作用的影响，并不是任何单一因素能够对真菌组成造成影响。

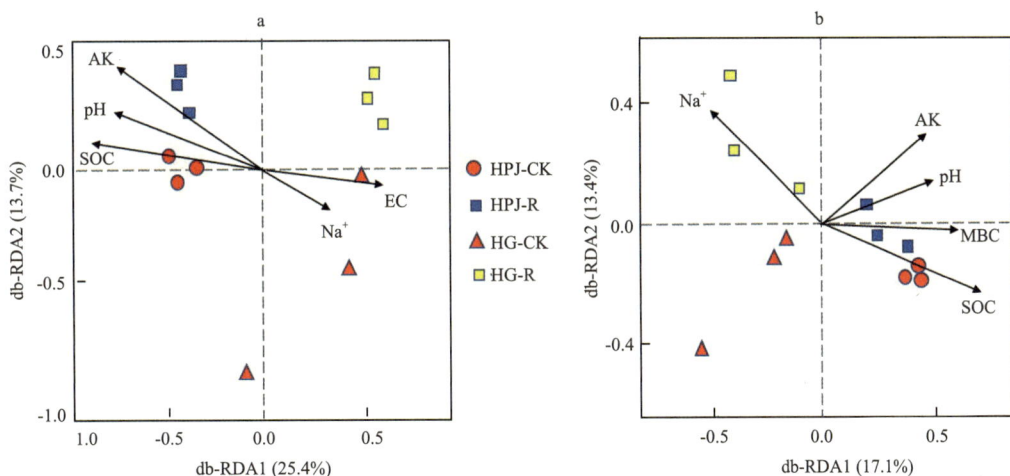

图 9-11　造林地点（环境因素）与细菌（a）、真菌（b）群落相关性的冗余分析

表 9-7　环境变量与微生物群落结构之间的相关性

因素	细菌 Mantel 检验	真菌 Mantel 检验
pH 值	0.044*	0.514
Na^+（g/kg）	0.463	0.627
SOC（g/kg）	0.018*	0.128
TN（g/kg）	0.062	0.243
TP（g/kg）	0.376	0.358
TK（g/kg）	0.008*	0.066
AN（mg/kg）	0.007*	0.108
AP（mg/kg）	0.225	0.688
AK（mg/kg）	0.077	0.485
EC（dS/m）	0.309	0.118
MBC（mg/kg）	0.146	0.663

注：* 表示 $P<0.05$

六、土壤微生物与土壤、植被修复的相互关系

与绿弯菌门细菌不同，变形菌门细菌是一种快速生长的共营养细菌，在营养丰富的条件下生长茂盛（Bulgarelli et al.，2012）。这有助于解释变形菌门细菌丰富度增加的原因，因为植树造林显著增加了有机物和可利用元素的含量。在我们的研究区域，真菌群落以子囊菌门为主。不同土地利用类型土壤中的细菌群落和真菌群落彼此不同，这表明不同土地利用模式本身可能对微生物群落产生显著影响。此外，不同土地利用类型之间优势细菌属和真菌属的相对丰度也不同，这突出表明土地利用的变化即使在较小的地理尺度上也会对土壤微生物组成产生很大影响（O'Brien et al.，2016）。4 种土地利用类型中共享的细菌 OTU 的比例较小，这表明各类型样地中都存在能抵抗外部干扰的特定微生物。要了解这些特定微生物在不同土地利用类型中的确切作用，还需要进行更多的研究。

作为土地利用变化和干扰的敏感指标，土壤微生物群落受到土壤环境（如土壤 pH 值、有机质、养分）、气候或植物群落较小规模变化的影响（Fierer et al.，2006；Cai et al.，2018）。微生物群落变化的不同驱动因素在

不同时空尺度和不同土地利用类型中各不相同。在研究中，通过 dbRDA 分析，土壤特性（即 pH 值、SOC、Na^+、有效钾和电导率）与细菌群落组成显著相关。与酸性土壤相比，pH 值接近中性的土壤具有更高的细菌和真菌丰富度；酸性土壤可能是导致土壤微生物有效碳减少的原因（De Graaff et al.，2010；Tripathi et al.，2012）。因此，土壤 pH 值在一定范围内起到环境过滤器的作用，可以选择特定的微生物群，调节土壤微生物群落的组成。土壤有机碳可能对微生物生物量有很大影响，是分解代谢过程中的碳源，因此对微生物数量和质量都有影响（van der Heijden et al.，2008；Bonner et al.，2019）。

从退化土地到木麻黄林分，土壤微生物类群（丰富度）有所增加，这与下层植物的丰富度和覆盖率变化趋势一致，这也与长期实地考察的结果一致（Cline et al.，2015）。我们的研究结果部分支持了微生物丰富度反映植物演替阶段的假设：在植物演替的最初阶段微生物丰富度较低，但在植物演替后期微生物丰富度有所增加。在我们研究的造林地中，土壤生物丰富度较高的一个可能原因是先锋树种木麻黄种植后，环境异质性增大，导致土壤生物的功能特性存在差异（van der Heijden et al.，2008）。此外，由于林下植物的数量增加，植物功能特征的多样性也随之增加，这可能会影响造林地土壤真菌的丰富度和群落结构，因为具有不同功能特征的植物越多，土壤真菌群落就越独特（Cline et al.，2015）。同时，不同土地利用类型之间的 α - 多样性差异不大。虽然将退化土地转化为木麻黄林改变了土壤微生物群落的组成和结构，但土地利用的变化并不一定导致微生物多样性的降低；微生物 α - 多样性高并不总是伴随着地上植物丰度高。退化土地中多样化的微生物群落对胁迫具有抵抗力，能够维持土壤的多功能性（Delgado-Baquerizo et al.，2016；Cai et al.，2018）。

另一方面，土地利用模式可改变与碳循环、营养循环相关基因的土壤微生物功能的多样性（Tripathi et al.，2016），而不一定对物种多样性有影响（van der Heijden et al.，2008）。植树造林会增加土壤中的碳和氮，并导致微生物生存策略的转变，如打破休眠状态，以便获得充足的养分和能量进行生长，进而影响土壤中的碳和氮循环（Zheng et al.，2019；Veldkamp et al.，2020）。我们发现，植树造林减少了土壤细菌的碳水化合物代谢过程，这表明细菌将碳水化合物转化为有机酸或酒精的能力降低了。这可能是因为植树造林增加了地上和地下生物量，从而增加了碳输入量。而在碳有限的退化土地上，细菌会积极利用稀缺资源。在土壤氮循环方面，我们发现植树造林增加了氨基酸代谢。与硝化有关的细菌在植物可用氮的生产中发挥了重要作用，从而提高了植被生产力。关于退化草地植被中细菌的推测功能，有报道称硝化作用的降低直接影响了生产力（Le Roux *et al.*, 2008）。综上，土壤细菌在土壤碳和氮循环方面的预测功能表明，植树造林对沿海地区的生物地球化学功能产生了巨大影响。

第三节 木麻黄植被重建对林分碳储量分配格局的影响

一、木麻黄植被重建成效

（一）造林成活率与保存率

黑排角试验点造林 2.5 年后，X19、501、海口、杂交 4 个无性系保存率均较高，分别为 93.7%、91.0%、92.0%、88.0%，杂 5 无性系成活率较低，只有 73.3%。杂 5 在无杂灌杂草自然分布的山顶保存率较高，由于未及时清杂抚育，在山脚与山腰立地条件更好，但杂草杂灌更茂密区域保存率非常低。这表明立地条件不是影响苗木成活的关键因子，避免苗木被压才能大大提高造林成活率。在海龟自然保护区，5 个无性系造林成活率均在 90% 以上，差异不显著；造林 2.5 年后，林分郁闭，5 个无性系保存率在 85% 左右，差异不显著（表 9-8）。因此，木麻黄作为先锋树种在岩质基干林带困难立地造林成活率与保存率均较高，有较好的适生性。

（二）林木生长量

由表 9-7 可以看出，黑排角杨屋沙滩木麻黄 1 年生平均树高可达 3.0 m，平均胸径 2.11 cm；植被重建 2.5 年后平均树高 6.30 m，平均胸径 8.05 cm，平均冠幅 1.85 m。不同无性系间树高、胸径生长量存在极显著差异（$P < 0.01$），冠幅生长量差异不显著；其中 X19 与海口无性系生长量最大，2.5 年生平均树高均在 7 m 以上，杂 5 无性系表现最差，生长量最小（2.5 年平均树高

表9-8　2个地点植被修复试验林木麻黄的生长情况

试验地点	无性系	1年生			2.5年生			
		树高（m）	胸径（cm）	成活率（%）	树高（m）	胸径（cm）	冠幅（m）	成活率（%）
黑排角杨屋沙滩	501	3.18 ± 0.27	2.03 ± 0.41	96.0a	5.50 ± 0.98	6.53 ± 1.49	1.30 ± 0.57	91.0 a
	海口	3.70 ± 0.60	2.51 ± 0.72	96.0a	7.00 ± 0.50	8.61 ± 0.58	1.88 ± 0.37	92.0 a
	杂5	1.91 ± 0.49	1.40 ± 0.87	77.4c	5.20 ± 0.80	6.76 ± 1.36	2.38 ± 0.38	73.3 c
	X19	4.58 ± 0.34	2.75 ± 0.31	95.7a	7.27 ± 0.86	9.43 ± 0.98	1.80 ± 0.53	93.7 a
	杂交	2.98 ± 1.09	2.48 ± 0.47	93.0b	6.33 ± 0.75	7.93 ± 1.05	1.88 ± 0.44	88.0 b
	平均值	3.00	2.11	91.6	6.30	8.05	1.85	87.6
	显著性	**	*	**	**	**	ns	**
海龟自然保护区	501	1.56 ± 0.51	2.25 ± 0.52	91.2a	5.01 ± 0.80	4.76 ± 1.11	1.62 ± 0.18	84.5 a
	海口	1.16 ± 0.58	1.93 ± 0.70	90.3a	3.47 ± 0.67	4.19 ± 1.14	1.49 ± 0.29	85.2 a
	杂5	1.36 ± 0.50	1.95 ± 0.61	92.8a	4.43 ± 0.96	4.41 ± 0.72	1.46 ± 0.29	87.7 a
	X19	1.50 ± 0.32	2.73 ± 0.67	91.1a	5.10 ± 0.81	5.26 ± 1.03	1.77 ± 0.39	85.9 a
	杂交	1.11 ± 0.49	2.28 ± 0.72	91.0a	4.25 ± 0.94	4.18 ± 0.67	1.51 ± 0.21	85.9 a
	平均值	1.41	2.22	91.3	4.50	4.56	1.57	85.8
	显著性	ns	*	ns	**	*	ns	ns

注：表中数据为平均值 ± 标准差，不同小写字母表示组间有显著差异（$P < 0.05$），*，$P < 0.05$；**，$P < 0.01$；***，$P < 0.001$；ns，无显著影响。

5.20 m）。这可能由于杂 5 成活苗木多分布于山脊线上，在养分及海风胁迫下生长缓慢。海龟自然保护区试验点木麻黄 1 年生林分平均树高 1.41 m，平均地径 2.22 cm，2.5 年生林分平均树高 4.5 m，平均胸径 4.56 cm，平均冠幅 1.57 m。不同无性系间树高、胸径生长量分别存在极显著（$P < 0.01$）与显著差异（$P < 0.05$）。其中 501 与 X19 无性系生长量最大，2.5 年生平均树高 5 m 以上，海口无性系生长量最小，2.5 年生平均树高 3.47 m。这可能与海口无性系多集中分布于离海岸线最近山顶处，海风胁迫最严重有关。从两地点综合来看，5 个木麻黄无性系在岩质海岸临海第一面坡推广造林生长速度快，2.5 年可基本成林。

（三）优良无性系综合评价

由表 9-9 可见，同一无性系在不同试验点表现也略有不同。经综合评价，得分排序：X19 > 海口 > 501 > 杂交 > 杂 5，X19 无性系在惠东岩质海岸的生长适应性最佳，"杂交"无性系次之，杂 5 表现最不佳。这表明 5 个木麻黄抗逆无性系能适应沿海岩质山地土层稀薄、养分贫瘠、海风胁迫、地表干旱、水土流失等恶劣生境条件，成活率高、生长速度快、成林时间短，作为造林先锋树种应用于岩质基干林带困难立地的植被修复效果好。

表 9-9　不同试验点无性系生长表现及综合评分

无性系	海龟自然保护区				黑排角杨屋沙滩				平均综合得分	排序
	树高（m）	胸径（cm）	保存率（%）	综合得分	树高（m）	胸径（cm）	保存率（%）	综合得分		
501	5.01	4.76	84.5	1.035	5.50	6.53	91.0	1.026	1.031	3
海口	3.47	4.19	85.2	0.912	7.00	8.61	92.0	1.156	1.034	2
杂 5	4.43	4.41	87.7	1.000	5.20	6.76	13.3	0.504	0.752	5
X19	5.10	5.26	85.9	1.071	7.27	9.43	93.7	1.200	1.136	1
杂交	4.25	4.18	85.9	0.967	6.33	7.93	88.0	1.079	1.023	4

（四）木麻黄在沿海岩质山地的适应性

木麻黄在我国绝大多数种植于沙质海岸带上，极少数散生于岩质海岸及应用于园林绿化中（李茂瑾 等，2024）。有研究发现，沿海木麻黄防护林单木健康情况整体较差，临海第 1 梯度不健康等级林木达 33.33%（刘贺娜 等，2020）。本研究首次成功将木麻黄运用于岩质海岸临海第一面坡困难立地植被修复，这可能与选用的木麻黄材料抗逆性较强有关。参试的 X19、501、海口、杂交、杂 5 等无性系为选育出的抗青枯病无性系（许秀玉 等，2017）。两试验点 2.5 年保存率均在 85% 以上，造林 2.5 年后均可基本成林。黑排角试验林平均树高 6.30 m、平均胸径 8.05 cm，海龟岛平均树高 4.50 m、平均胸径 4.56 cm，5 个参试无性系中 X19 生长表现最好，海口次之，杂 5 表现最差。与林文泉等（2021）研究结果相一致，本研究中土层较厚、立地条件相对较好的试验点林木生长量相对较大。土壤越厚则表示土壤养分库容量越大，土壤厚度与优势木树高呈显著正相关。此外，本节仅对木麻黄在沿海岩质山地的早期生长情况进行了调查，对于木麻黄林在该类困难立地条件下不同时空尺度的生长动态仍有待进一步研究。

二、木麻黄人工林碳储量及其分配格局

（一）木麻黄植被修复后乔木层碳储量的变化

黑排角杨屋沙滩与海龟自然保护区原生态退化地均未生长乔木，木麻黄造林 2.5 年后，黑排角乔木层碳储量由 0 提升至 44.83 t/hm^2，海龟自然保护区木麻黄保存率略低，生长量较小，乔木层碳储量由 0 提升至 22.07 t/hm^2。植被修复措施对乔木层碳储量具有极显著以上的影响（$P < 0.001$），不同修复地点间乔木层碳储量具有极显著差异（$P < 0.01$），修复地点与修复措施的交互作用对乔木层碳储量也具有极显著影响（$P < 0.01$）（表 9-10）。

（二）木麻黄植被修复后林下植被层碳储量的变化

木麻黄造林 2.5 年后，黑排角林下植物鲜重提高 33.6%，干重提高 19.1%，林下植被碳储量由 7.46 t/hm^2 提高至 9.11 t/hm^2；海龟自然保护区林下植物鲜重提高 2.68 倍，干重提高 2.9 倍，林下碳储量由 0.04 t/hm^2 提高至 0.16 t/hm^2。不同修复地点林下植被干重、鲜重、碳储量差异极显著以上（$P < 0.001$），植被修复措施显著（$P < 0.05$）或极显著以上影响（$P < 0.001$）了林下植被层碳储量、林下植物鲜重与干重（表 9-11）。

（三）木麻黄植被修复后凋落物层碳储量的变化

木麻黄造林 2.5 年后，黑排角凋落物鲜重提高 76.7%，凋落物碳储量提

表9-10 植被重建后乔木层碳储量

样地类型		木麻黄数量 (棵/hm²)	平均胸径 (cm)	平均树高 (m)	木麻黄含碳率	a	b	单株木麻黄生物量 (kg)	乔木层碳储量 t/hm²
地点	处理								
黑排角屋沙滩	木麻黄植被修复	1291.7±208.2	8.05±2.2	6.3±0.9	0.47	1.83	0.41	73.84	44.83±7.22
	原生态退化地	0	-	-	-	-	-	-	0
海龟自然保护区	木麻黄植被修复	1166.7±212.6	4.56±1.6	4.5±0.6	0.47	1.83	0.41	40.24	22.07±4.02
	原生态退化地	0	-	-	-	-	-	-	0
变异来源	地点	ns	***	***	-	-	-	-	**
	植被重建	***	***	***	-	-	-	-	***
	地点×植被重建	ns	***	***	-	-	-	-	**

注：同表9-7。

表9-11 植被重建后林下植被层碳储量

样地类型		林下植物鲜重 (t/hm²)	林下植物含水率 (%)	林下植物干重 (t/hm²)	平均全碳含量 (g/kg)	林下植被层碳储量 (t/hm²)
地点	处理					
黑排角	木麻黄植被修复	56.50±14.75	59.4±7.9	22.74±6.21	397.05±25.39	9.11±2.88
	原生态退化地	42.30±12.47	53.3±8.5	19.09±4.45	390.60±5.24	7.46±1.76
海龟保护区	木麻黄植被修复	0.92±0.12	57.2±5.0	0.39±0.06	406.03±10.04	0.16±0.02
	原生态退化地	0.25±0.07	57.1±7.5	0.10±0.03	402.43±2.87	0.04±0.01
变异来源	地点	***	ns	***	*	***
	植被修复	***	ns	***	ns	*
	地点×植被修复	ns	ns	ns	ns	ns

注：同表9-7。

高 83.8%，海龟自然保护区原生态退化地无凋落物，植被修复后凋落物鲜重达 0.53 t/hm²，凋落物碳储量达 0.19 t/hm²。不同修复地点凋落物碳储量差异极显著以上（$P < 0.001$），植被修复措施极显著以上影响（$P < 0.001$）了林分凋落物碳储量的累积（表 9-12）。

（四）木麻黄植被修复后土壤层碳储量的变化

黑排角土层较厚，分两层计算土壤层碳储量，海龟自然保护区土层薄，只计算 0~10cm 土壤层碳储量。研究结果表明：黑排角原生态退化地土壤层碳储量 27.48 t/hm²，植被修复后土壤层碳储量 28.67 t/hm²，差异不显著（$P > 0.01$），海龟自然保护区原生态退化地土壤层碳储量 5.39 t/hm²，植被修复后土壤层碳储量 5.61 t/hm²，差异不显著（$P > 0.01$），但不同修复地点土壤层碳储量差异极显著以上（$P < 0.001$）（表 9-13）。

（五）植被修复对林分碳储量分布格局的影响

木麻黄造林前，两地点林分总碳储量以土壤层碳储量占绝对优势；黑排角原生态退化地土壤层碳储量占总碳储量 74.4%，海龟自然保护区原生态退化地土壤层碳储量占总碳储量 99.3%）。植被重建后，两地点以乔木层碳储量占比最高，其次是土壤层碳储量；黑排角乔木层碳储量占总碳储量 52.0%，土壤层碳储量占 33.2%；海龟自然保护区乔木层碳储量占总碳储量 78.7%，土壤层碳储量占 20.0%（图 9-12）。从增长量来看，各修复点乔木层碳储量从无到有，增长幅度最大，其次是凋落物层（黑排角凋落物层碳储量增加 83.8%，海龟自然保护区从 0 提高至 0.19 t/hm²），土壤层变化最小（差异不显著）。这表明木麻黄植被修复能迅速提高生态退化地乔木层与凋落物层碳储量，土壤层碳储量提升不大，这可能与植被修复时间太短（2.5 年）有关，有待进一步观测与研究。

生态修复工程的实施对土壤和植被的固碳产生重要的影响，对于我国的实现"双碳目标"有重要意义。黑排角木麻黄人工林总碳储量由原生态退化地的 36.9 t/hm² 提高至 87.3 t/hm²，乔木层碳储量（44.83 t/hm²）＞土壤层碳储量（28.67 t/hm²）＞林下植被层碳储量（9.11 t/hm²）＞凋落物层碳储量（3.64 t/hm²）；海龟岛木麻黄人工林总碳储量由原生态退化地的 5.43 t/hm² 提高至 27.9 t/hm²，乔木层碳储量（22.07 t/hm²）＞土壤层碳储量（3.61 t/hm²）＞凋落物层碳储量（0.19 t/hm²）＞林下植被层碳储量（0.16 t/hm²）。这与北

表 9-12 植被重建后凋落物层碳储量

样地类型		凋落物鲜重 (t/hm²)	凋落物含水率 (%)	凋落物干重 (t/hm²)	平均全碳含量 (g/kg)	凋落物层碳储量 (t/hm²)
地点	处理					
黑排角	木麻黄植被修复	10.60±0.21	14.6±4.1	9.04±0.26	402.7±6.73	3.64±0.16
	原生态退化地	6.00±0.43	20.1±1.4	4.80±0.43	411.9±0	1.98±0.18
海龟保护区	木麻黄植被修复	0.53±0.08	15.9±0.7	0.44±0.07	424.37±21.71	0.19±0.02
	原生态退化地	0	0	0	0	0
变异来源	地点	***	***	***	***	***
	植被修复	***	***	***	***	***
	地点 × 植被修复	***	***	***	***	***

注：同表 9-7。

表 9-13 植被重建后土壤层碳储量

样地类型		土壤容重 (t/m³)	土层 (cm)	平均碳含量 (g/kg)	土壤层碳储量 (t/hm²)	土壤层碳储量 (t/hm²)
地点	处理					
黑排角	木麻黄植被修复	1.261	0-10	18.56	23.40	28.67±4.21
			10-20	4.18	5.27	
	原生态退化地	1.261	0-10	17.79	22.43	27.48±3.18
			10-20	4.00	5.05	
海龟保护区	木麻黄植被修复	1.238	10	4.53	5.61±1.23	5.61±1.23
	原生态退化地	1.238	10	4.35	5.39±0.96	5.39±0.96
变异来源	地点	-	-	-	-	***
	植被修复	-	-	-	-	ns
	地点 × 植被修复	-	-	-	-	ns

注：同表 9-7。

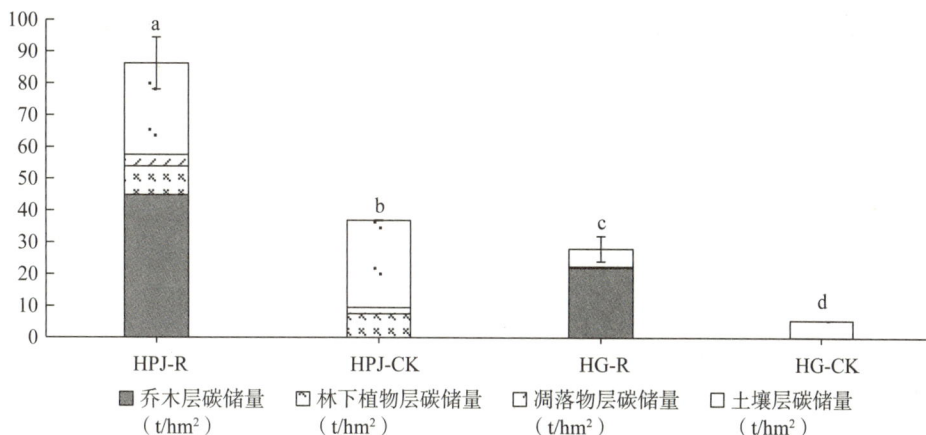

图 9-12　植被修复前后林分碳储量分布格局

方地区红皮云杉（*Picea koraiensis*）、红松（*Pinus koraiensis*）和兴安落叶松（*Larix gme-linii*）人工林碳储量以土壤层碳储量占比最大的分配格局不同（王晓蕊 等，2025）；与南方地区木麻黄、纹荚相思、尾巨桉人工林碳储量分布格局结果相类似（葛露露 等，2018；宿少锋 等，2018），乔木层碳储量占比最大，其次为土壤层碳储量，乔木层和土壤层碳储量为生态系统主要碳库。本研究中，乔木层碳储量从无到有，增加幅度最大，占总碳储量50% 以上，为第一碳库。植被重建后两地点乔木层、林下植被层、凋落物层碳储量均显著提高，土壤层碳储量没有显著变化。这可能与植被重建时间较短有关；也表明在植树造林过程中，土壤恢复过程相对缓慢。

三、土壤养分、植物多样性及林分碳储量相关性分析

由表 9-14 可以看出，土壤有机碳、土壤总钾、速效氮、有效磷含量 4 个土壤养分因子两两之间均呈极显著正相关（$P < 0.01$，$r > 0.9$），且与植被覆盖度呈显著或极显著正相关（$P < 0.01$，$r = 0.92$），与物种丰富度、物种均匀度指数相关不显著（$P > 0.05$），与林下植被层碳储量（$P < 0.01$，$r = 0.98$）、土壤层碳储量呈极显著正相关（$P < 0.01$，$r = 0.99$），与乔木层碳储量、凋落物层碳储量、总碳储量相关不显著（$P > 0.05$）。即土壤有机碳含量高的区域，其土壤总钾、速效氮、有效磷含量也比较高，植被覆盖度也随之升高，并具有较高的林下植物层碳储量及土壤层碳储量。相关分析表明，林地有效钾含量非常关键，其与物种数、植被覆盖度、物种丰富度及总碳储

表9-14 土壤养分、生物多样性及林分碳分储量各因子相关性分析

因子	SOC	AK	TN	TP	TK	AN	AP	物种数	覆盖度(%)	物种丰富度	物种均匀度指数	乔木层碳储量	林下植物层碳储量	凋落物层碳储量	土壤层碳储量	总碳储量
SOC	1	0.78	0.8	-0.53	0.99**	0.99**	0.92**	0.79	0.92**	0.61	-0.79	0.5	0.98**	0.71	0.99**	0.77
AK		1	0.75	-0.61	0.72	0.72	0.85	0.98**	0.93**	0.92**	-0.61	0.09	0.84	0.57	0.77	0.94**
TN			1	-0.2	0.79	0.8	0.85	0.81	0.8	0.71	-0.57	0.46	0.81	0.63	0.8	0.7
TP				1	-0.5	-0.46	-0.37	-0.54	-0.61	-0.41	0.46	0.24	-0.51	-0.01	-0.53	-0.59
TK					1	0.99**	0.9**	0.74	0.88*	0.55	-0.78	0.51	0.96**	0.67	0.99**	0.7
AN						1	0.92**	0.75	0.88*	0.56	-0.77	0.54	0.97**	0.71	0.99**	0.71
AP							1	0.86*	0.92**	0.72	-0.7	0.4	0.95**	0.72	0.92**	0.81
物种数								1	0.92**	0.95**	-0.63	0.16	0.85	0.6	0.78	0.91**
覆盖度(%)									1	0.79	-0.72	0.27	0.93**	0.69	0.92**	0.93**
物种丰富度										1	-0.49	0.03	0.68	0.51	0.6	0.83
物种均匀度指数											1	-0.42	-0.76	-0.53	-0.78	-0.59
乔木层碳储量												1	0.5	0.74	0.5	0.23
林下植物层碳储量													1	0.76	0.98**	0.83
凋落物层碳储量														1	0.72	0.68
土壤层碳储量															1	0.78
总碳储量																1

注：*，$P<0.05$。**，$P<0.01$。SOC（土壤有机碳），AK（有效钾），TN（总氮），TP（总磷），TK（总钾），AN（速效氮），AP（有效磷）。

量呈极显著正相关（$P < 0.01$，$r > 0.9$）。即有效钾含量高的地区物种数相对较多，植被覆盖度较高，物种丰富度较高，林分总碳储量较高。林分总碳储量与物种数、植被覆盖度极显著正相关（$P < 0.01$，$r > 0.9$）。即物种数多、植被覆盖度高的林分碳储量较高。土壤养分、植物多样性及林分碳储量相关分析阐明了土壤立地条件、生物多样性与森林碳储量三者直接密切关系。木麻黄植被重建 2.5 年后能大大提高原生态退化地的土壤有机碳含量及有效钾含量，大大改良了原退化地土壤养分状况，进而增加了物种数量，提高了植被覆盖度及物种丰富度，最后大大提高林分碳储量，增加了森林碳汇。

乔木层碳储量与林下植物层碳储量、凋落物层碳储量、土壤层碳储量及总碳储量相关不显著（表 9-14）。这表明林分总碳储量受土壤层碳储量、凋落物层碳储量及林下植物层碳储量等其他因素影响比较大，这些因素与原退化地本身土壤立地条件及植被生长情况密切相关，其次也与木麻黄种植时间不够长，不足以对其土壤理化因子与林分物种结构、组成产生深刻影响有关。

本研究发现，调查地点不同（立地条件不同），其乔木层、林下植被层、凋落物层、土壤层碳储量具有极显著差异；土壤有机碳含量高的区域，其土壤总钾、速效氮、有效磷含量也较高，物种数量、植被覆盖度及物种丰富度也随之升高，并具有较高的林下植物层碳储量及土壤层碳储量。这与郝珉辉等的研究结果相似（郝珉辉 等，2022）。初始生态系统组成部分（水、土、气、生）对森林碳储量的积累影响显著，立地条件好的区域物种多样性高，随着物种多样性的增加，土壤理化性质得到改善（吕刚 等，2017）。土壤理化性质与植物多样性相互作用，共同促进生态系统正向演替，二者都是森林碳汇功能的重要影响因素，相辅相成共同提高森林碳增量。

第四节　小　结

5 个木麻黄无性系在岩质海岸带困难立地均具有较好的适应性，2.5 年可基本成林；黑排角平均树高 6.3 m，海龟岛平均树高 4.5 m，平均保存率 85% 左右，其中以 X19、海口 2 个无性系表现最佳。一旦亚热带退化的沿海土地上有了适应性强的先锋树种进行植被重建，即使在非常短的时期内

（2.5年），伴随着土壤有机碳、微生物生物量碳、Na+和有效钾含量的增加，林下植被也随之增加，促进了生态系统的恢复。本研究发现，地上（林下植物群落）和地下（碳和氮储量）的恢复轨迹有所不同，相对而言，土壤恢复的速度比植被恢复的速度慢，这可能是因为土壤恢复主要依赖于落叶和根屑的输入及其分解，生态系统的恢复很大程度上取决于当地的土壤条件。不同植物或土壤特性之间并不存在有效恢复的一致模式，生态系统恢复速度取决于土壤特性。4种不同的土地利用类型形成了4种不同的微生物群落，土壤微生物群落对植树造林和地点有敏感的反应；pH值、SOC、Na+、有效钾和电导率可能是区域范围内细菌群落组成和结构的主要驱动因素。虽然不同土地利用类型之间的微生物 α- 多样性差异不大，但土壤细菌和真菌群落组成存在生态位，这表明植树造林可以选择独特的、特定地点的优势细菌和真菌。植被重建前，2 地点林分碳储量以土壤层碳储量占绝对优势；木麻黄造林后，形成了以乔木层碳储量占比最高，其次是土壤层碳储量的分配格局。各试验点乔木层碳储量从无到有，增加幅度最大；其次是凋落物层，土壤层变化最小。相关分析表明，土壤有机碳含量高的区域，其土壤总钾、速效氮、有效磷含量也比较高，植被覆盖度、物种丰富度也随之升高，并具有较高的林下植物层碳储量及土壤层碳储量。

总之，在不同的生态系统恢复实践中，作为一种成本低廉、以自然为基础的解决方案，应推荐在困难立地上种植适应性强的先锋树种，从而实现整个生态系统（尤其是林下植被）的快速恢复。林下植物物种的丰富程度是整体恢复的良好指标，这也证明了生态系统生物多样性的重要性。对长期造林的生态系统动态特性进行更多研究至关重要，其恢复轨迹为沿海地区生态系统可持续性管理策略提供重要理论指导。

参考文献

安琪，冯源恒，杨章旗，等，2022. 香合欢 EST-SSR 标记开发及种间通用性研究 [J]. 广西植物，42(8): 1374–1382.

鲍士旦，2000. 土壤农化分析 [M]. 北京：中国农业出版社 .

岑炳沾，黄丽芳，梁子超，等，1983. 应用木麻黄的电导特性诊断青枯病的研究 [J]. 华南农学院学报，4(4): 70–77.

陈广辉，王军辉，张守攻，等，2007. 世界云杉采穗圃研究现状及研究重点 [J]. 山东农业大学学报 (自然科学版)，38(4): 650–653.

陈小强，陈德局，朱育菁，等，2018. 青枯雷尔氏菌胞外多糖合成缺失突变株构建及其生物学特性 [J]. 微生物学报，58(5): 926–938.

邓阳川，向丽，苏燕燕，等，2019. 基于转录组测序的花椒属物种 EST-SSR 标记开发 [J]. 西北农林科技大学学报 (自然科学版)，47(4): 16–24.

弟文静，梁晓宇，马淑梅，等，2021. 基于 SSR 标记关联分析挖掘大豆灰斑病 10 号生理小种抗病资源 [J]. 中国油料作物学报，43(6): 1132–1140.

董胜君，刘明国，郑可，等，2017. 基于幼化效果的山杏组培繁殖技术研究 [J]. 西北植物学报，37(3): 595–601.

董文科，马祥，毛春晖，等，2020. 10 个草地早熟禾品种对白粉病的抗性评价及生理特性分析 [J]. 草原与草坪，40(3): 47–56.

范会云，陈卫明，邓乔华，等，2021. 广藿香青枯病研究进展 [J]. 中药材，44(1): 229–232.

葛露露，孟庆权，林宇，等，2018. 滨海沙地不同树种人工林的碳储量及其分配格局 [J]. 应用与环境生物学报，24(4): 723–728.

郭清云，蒯婕，汪波，等，2020. 感抗油菜近等基因系混播对根肿病发病率的影响 [J]. 作物学报，46(9): 1408–1415.

郭权，梁子超，1986. 木麻黄抗青枯病品系的筛选技术和综合防治措施 [J]. 林业科技通讯 (4): 7–9.

郝珉辉，代莹，岳庆敏，等，2022. 阔叶红松林功能多样性与森林碳汇功能关系 [J]. 北京林业大学学报 (44): 68–76.

贺红，许仕仰，吴立蓉，等，2012. 广藿香辐射诱变筛选抗病突变体的研究 [J]. 广州中医药大学学报，29(2): 185–189.

呼亚捷，孙英华，吴正保，等，2024. 南疆地区 4 个鲜食枣品种 (系) 光合特性研究 [J]. 贵州农业科学，52(4): 73–80.

胡盼，2015. 短枝木麻黄种质资源遗传多样性研究 [D]. 北京：中国林业科学研究院 .

胡文舜，陈秀萍，郑少泉，2019. 龙眼 EST-SSR 标记开发及无患子科 5 个属种质遗传多样性分析 [J]. 园艺学报，46(7): 1359–1372.

黄迪，陈园，钟泺龙，等，2023. 桉树生长和防御相关酶对摩西管柄囊霉和青枯菌的响应 [J]. 林业科学，59(11): 68–75.

黄健婷，莫怿，陶亮，等，2023. 基于 EST-SSR 分子标记的澳洲坚果分子指纹图谱构建 [J]. 基因组学与应用生物学，42(11): 1172–1188.

黄金水，何益良，郑辉棋，1985. 几种木麻黄抗病虫性调查报告 [J]. 福建林业科技，50(2): 41–45.

黄蕾，贾媛媛，张雅楠，等，2021. 荒漠植物四合木 (Tetraena mongolica Maxim.) EST-SSR 标记的识别与开发 [J]. 植物遗传资源学报，22(2): 540–549.

黄良宙，叶林昌，黄成文，等，2021. 30 个木麻黄品系抗青枯病测定试验 [J]. 热带林业，49(4): 43–45.

赖家豪，宋水林，刘冰，2020. 三株柑橘溃疡病生防内生细菌对脐橙感染溃疡病后几种防御酶活性的影响 [J]. 浙江农业学报，32(11): 1994–2000.

赖瑞强，李荣华，夏岩石，等，2018. 烟草种质的 SSR 标记遗传多样性及青枯病抗性的关联分析 [J]. 中国烟草学报，24(6): 67–77.

李陈莹，王冉，梁岩，2023. 维管束木质化调控植物抗青枯病的研究进展 [J]. 浙江大学学报 (农业与生命科学版)，49(5): 633–643.

李佳彬，黄蕾，张雅楠，等，2021. 基于刚毛怪柳转录组测序的 EST-SSR 标记识别与开发 [J]. 草业科学，38(4): 630–639.

李军，李白，李斌，等，2020. 基于转录组测序的椭李 EST-SSR 标记开发 [J]. 分子植物育种，18(1): 200–207.

李丽丽，曾广宇，王继春，等，2023. 油茶根腐病内生拮抗促生细菌筛选及诱导系统抗性研究 [J/OL]. 中国油料作物学报，1-8. [2024-03-28]. https://doi.org/10.19802/j.issn.1007-9084.2023115.

李茂瑾，叶功富，陈胜，等，2024. 景观型木麻黄新品种‘如意凤’[J]. 福建林业科技，51(3): 89-90, 100.

李振，仲崇禄，张勇，等，2021. 木麻黄 SSR-PCR 反应体系的建立与优化 [J]. 植物研究，41(2): 312–320.

梁小玉，季杨，胡远彬，等，2021. 菊苣 EST-SSR 分子标记开发及通用性分析 [J]. 草地学报，29(9): 2081–2090.

梁子超，岑炳沾，1982. 木麻黄抗青枯病植物小枝水培繁殖 [J]. 林业科学，18(2): 199–202.

梁子超，陈柏铨，1982. 木麻黄对青枯病的抗性及其与细胞膜透性和过氧化物酶同工酶关系的探讨 [J]. 华南农学院学报，3(2): 28–35.

林文泉，高伟，叶功富，等，2021. 海岸沙地木麻黄林立地质量评价及类型划分 [J]. 中南林业科技大学学报，41(1): 159–167, 187.

刘贺娜，李茂瑾，王艳艳，等，2020. 不同离海距离木麻黄防护林单木健康评价 [J]. 热带作物学报，41(11): 2322–2328

刘杰，孙宇涵，袁存权，等，2022. 林木根萌复幼方式的研究进展 [J]. 分子植物育种，20(14): 4867–4872.

罗焕亮，王军，张景宁，1998. 青枯菌胞外酶对木麻黄的致病作用研究 [J]. 森林病虫通讯 (3): 1–2.

骆丹，王春胜，曾杰，2020. 西南桦幼林冠层光合特征及其对造林密度的响应 [J]. 中南林业科技大学学报，40(4): 44–49.

吕刚，王婷，李叶鑫，等，2017. 樟子松固沙林更新迹地草本植物多样性及其对土壤理化性质的影响 [J]. 生态学报 (37): 8294–8303.

穆莹，白云海，吴静，等，2021. 基于转录组序列的青榨槭 EST-SSR 标记开发及通用性分析 [J]. 分子植物育种，22(8): 2590–2599.

彭广州，刘建飞，王巧欣，等，2024. 循环复幼对水曲柳生长繁殖及生理的影响 [J]. 植物研究，44(5): 721–729.

彭国强，2000. 木麻黄抗青枯病无性系造林对比试验 [J]. 广东林业科技，16(3): 35–37.

戚培培，于晓，李博，2023. 青枯劳尔氏菌Ⅲ型效应子的致病和无毒机制 [J]. 浙江大学学报 (农业与生命科学版)，49(5): 651–661.

孙伟娜，柯希望，左豫虎，等，2022. 不同小豆抗性品种对锈菌侵染的生化响应和防卫反应基因的表达特征 [J]. 植物保护学报，49(3): 864–870.

孙战，王圣洁，杨锦昌，等，2022. 木麻黄根区土壤理化特性及酶活性与青枯病发生关联分析 [J]. 生态环境学报，31(1): 70–78.

王军，苏海，邓志文，1997. 青枯假单胞杆菌对木麻黄致病机理的初步研究 [J]. 森林病虫通讯 (2): 21–22, 31.

王军，1996. 影响木麻黄青枯病抗性测定的几项因素的研究 [J]. 林业科学 (3): 225–229.

王军，1997. 木麻黄对青枯菌的水平及垂直抗性研究 [J]. 林业科学，33(5): 427–431.

王珊珊，李俊萍，刘孟，等，2018. 茎枯病菌毒素对芦笋愈伤组织防御酶活性的影响 [J]. 北方园艺 (1): 52–56.

王胜坤，2007. 桉树青枯菌菌株致病力分化、吸附识别及 PCR 快速检测研究 [D]. 北京 : 中国林业科学研究院 .

王胜坤，王军，徐大平，2007. 四种桉树青枯菌 DNA 提取方法及 PCR 检测灵敏度比较 [J]. 中国森林病虫 (5): 4–7.

王晓楠，冯晓晓，施斌，等，2023. 内生细菌 ZN-S10 的鉴定及其对番茄青枯病菌的抑菌作用 [J]. 浙江农业学报，35(11): 2636–2644.

王晓荣，胡兴宜，唐万鹏，等，2015. 模拟长江滩地水淹胁迫对 3 种树种幼苗生理生态特征的影响 [J]. 东北林业大学学报，43(1): 45–49.

王晓蕊，贾彦龙，许中旗，等，2025. 人工造林对冀北林草交错带土壤碳密度的影响 [J]. 水土保持通报，45(1): 208–214.

王胤，姚瑞玲，李慧娟，等，2019. 基于外植体生理复幼的马尾松茎段芽无菌离体培养 [J]. 植物生理学报，55(9): 1375–1384.

魏龙，魏永成，孟景祥，等，2023. 短枝木麻黄家系对青枯病的抗性评价与选择 [J]. 热带亚热带植物学报，31(3): 348–354.

魏秀清，许玲，章希娟，等，2018. 莲雾转录组 SSR 信息分析及其分子标记开发 [J]. 园艺学

报 , 45(3): 541–551.

魏永成 , 张勇 , 孟景祥 , 等 , 2021. 不同种源短枝木麻黄对青枯病的生理生化响应及早期选择 [J]. 林业科学 , 57(11): 134–141.

魏永成 , 张勇 , 仲崇禄 , 等 , 2019. 不同抗性短枝木麻黄种源苗木接种青枯病菌后酚类物质含量的变化 [J]. 热带亚热带植物学报 , 27(3): 309–314.

吴美艳 , 罗兴录 , 樊铸硼 , 等 , 2020. 木薯抗细菌性枯萎病生理特性研究 [J]. 南方农业学报 , 51(6): 1353–1359.

吴思炫 , 高复云 , 张锐澎 , 等 , 2023. 番茄青枯病生物防治的研究进展 [J]. 应用生态学报 , 34(9): 2585–2592.

武星彤 , 陈璐 , 王敏求 , 等 , 2019. 基于丹霞梧桐转录组数据的 EST-SSR 标记开发 [J]. 植物遗传资源学报 , 20(5): 1325–1333.

向妙莲 , 赵显阳 , 陈明 , 等 , 2017. 茉莉酸甲酯诱导辣椒抗青枯病与活性氧代谢的关系 [J]. 园艺学报 , 44(10): 1985–1992.

谢卿楣 , 1991. 不同种木麻黄抗青枯病与一些生理生化指标的关系 . 福建林学院学报 , 11(2): 192–196.

谢金链 , 许秀玉 , 王明怀 , 等 , 2010. 木麻黄无性系造林对比试验 [J]. 广东林业科技 , 26(2): 30–35.

宿少锋 , 薛杨 , 杨众养 , 等 , 2018. 海南文昌不同林龄木麻黄人工林碳储量分配格局 [J]. 广东农业科学 , 45(11): 46–52.

许秀玉 , 王明怀 , 魏龙 , 等 , 2012. 51 个木麻黄无性系遗传多样性的 ISSR 分析 [J]. 林业科学研究 , 25(6): 691–696.

许秀玉 , 张卫强 , 黄钰辉 , 等 , 2017. 木麻黄青枯病抗性鉴定方法比较及抗病种质筛选 [J]. 华南农业大学学报 , 38(4): 87–94.

杨彬 , 王玉 , 郝清玉 , 2020. 海南岛木麻黄海防林天然更新特征及更新树种筛选 [J]. 广西植物 , 40(3): 412–421.

杨舜垚 , 张贵芳 , 张曦 , 等 , 2023. 湿加松个体老化模式与平茬复幼的机理 [J]. 中国科学 : 生命科学 , 53: 1146–1165.

叶功富 , 郭瑞红 , 卢昌义 , 等 , 2008a. 木麻黄与厚荚大叶相思混交林乔木层的碳贮量及其分配 [J]. 海峡科学 (10): 16–18.

叶功富 , 郭瑞红 , 卢昌义 , 等 , 2008b. 不同生长发育阶段木麻黄林生态系统的碳贮量 [J]. 海峡科学 (10): 3-7, 10.

叶远俊 , 周熠玮 , 谭健俊 , 等 ,2023. 萱草 EST-SSR 分子标记开发及开花性状的连锁分析 [J/OL]. 分子植物育种 , 1-17. [2024-03-28]. http://kns.cnki.net/kcms/detail/46.1068. S.20231009.1127.004.html.

叶洲辰 , 季晓慧 , 杨顺 , 等 , 2025. 复幼处理对小黑杨叶片营养成分及光合特性的影响 [J/OL]. 森林工程 , https://link.cnki.net/urlid/23.1388.S.20250507.1451.010.

仪泽会 , 赵婧 , 毛丽萍 , 2023. 基于转录组数据的芦笋 EST-SSR 标记的开发及通用性分析 [J]. 中国农业科学 , 56(22): 4490–4505.

尹梦莹，杜光辉，龚亚菊，等，2020. 喀西茄在黄萎病病菌胁迫下的生理生化防卫反应 [J]. 西南农业学报，33(4): 781–787.

应东山，唐浩，韩瑞玺，等，2018. 基于转录组测序的油梨 EST-SSR 引物开发 [J]. 热带作物学报，39(12): 2446–2451.

于海芹，黄昌军，范江，等，2022. 苗期水培抗性鉴定方法在烤烟抗青枯病育种中的应用 [J/OL]. 分子植物育种，1-23 [2024-03-28]. http://kns.cnki.net/kcms/detail/46.1068.s.20221103.1738.006.html.

余微，仲崇禄，张勇，等，2019. 短枝木麻黄无性系鉴定及其指纹图谱构建 [J]. 林业科学研究，32(5): 157–164.

袁婷，罗龙辉，张雪吟，等，2022. 茄科雷尔氏菌 IMSA-LAMP 检测方法的建立 [J]. 华南农业大学学报，43(4): 89–98.

袁欣捷，方荣，周坤华，等，2019. 辣椒疫病抗性关联分析及优异等位变异挖掘 [J]. 植物遗传资源学报，20(4): 1026–1040.

袁宗胜，刘芳，胡方平，2010. 花生离体培养条件下不同外植体对青枯菌粗毒素的抗性反应 [J]. 福建农业学报，25(5): 618–622.

岳远灏，严灵君，黄犀，等，2022. 基于全长转录组测序的南京椴 EST-SSR 标记开发 [J/OL]. 分子植物育种，1-8. http://kns.cnki.net/kcms/detail/46.1068.S.20220715.1525.008.html.

张广平，2012. 辣椒多态性 EST-SSR 标记的鉴定和开发 [D]. 长沙：中南大学.

张艳洁，2009. 古银杏和古槐衰弱特性的研究 [D]. 北京：首都师范大学.

张燕玲，贺红，吴立蓉，等，2009. 广藿香抗青枯病离体筛选技术的研究 [J]. 广西植物，29(5): 678–682.

张泳，贺红，李巧，等，2022. 广藿香青枯病菌致病相关基因的筛选及分析 [J]. 中药新药与临床药理，33(2): 249–254.

赵建国，崔佳雯，金飚，2015. 树木幼年向成年转变的发育调控机制研究进展. 植物生理学报，51: 1765–1774.

赵媛媛，张贵芳，杨潜泉，等，2020. 松树扦插及规模化繁育技术 [J]. 中国科学：生命科学，50(9): 996–1004.

种藏文，卢同，李本金，等，1998. 甘薯青枯菌粗毒素的制备及热、紫外线、酶对粗毒素生物活性的影响 [J]. 福建农业学报 (1): 38–42.

周宵，蒋丽娟，李昌珠，等，2023. 木本油料植物无患子 SSR 特征分析及 SSR-PCR 反应体系构建 [J]. 中国油料作物学报，46(1): 72–83.

周星洋，张功营，董丽红，等，2016. 青枯菌侵染不同抗病烟草品种的防御性酶活性及代谢组分差异分析 [J]. 华南农业大学学报，37(3): 73–81.

Aoki M, Fujii K, Kitayama K, 2012. Environmental control of root exudation of low-molecular weight organic acids in tropical rainforests[J]. Ecosystems, 15(7): 1194–1203.

Batterman S A, Hedin L O, van Breugel M, et al., 2013. Key role of symbiotic dinitrogen fixation in tropical forest secondary succession[J]. Nature, 502(7470): 224–227.

Becknell J M, Powers J S, 2014. Stand age and soils as drivers of plant functional traits and aboveground biomass in secondary tropical dry forest[J]. Canadian Journal of Forest Research, 44(6): 604–613.

Bonner M, Herbohn J, Gregorio N, et al., 2019. Soil organic carbon recovery in tropical tree plantations may depend on restoration of soil microbial composition and function[J]. Geoderma, 353: 70–80.

Breseghello F, Sorrells M E, 2006. Association mapping of kernel size and milling quality in wheat (*Triticum aestivum* L.) Cultivars[J]. Genetics, 172(2): 1165–1177.

Bulgarelli D, Rott M, Schlaeppi K, et al., 2012. Revealing structure and assembly cues for *arabidopsis* root-inhabiting bacterial microbiota[J]. Nature, 488(7409): 91–95.

Cai Z Q, Gao Q, 2020. Comparative physiological and biochemical mechanisms of salt tolerance in five contrasting highland quinoa cultivars[J/OL]. Bmc Plant Biology, 20(1): 70. [2023-03-29]. https://doi.org/10.1186/s12870-020-2279-8.

Cai Z Q, Zhang Y H, Yang C, et al., 2018. Land-use type strongly shapes community composition, but not always diversity of soil microbes in tropical china[J]. Catena, 165: 369–380.

Capador-Barreto H D, Bernhardsson C, Milesi P, et al., 2021. Killing two enemies with one stone? Genomics of resistance to two sympatric pathogens in norway spruce[J]. Molecular Ecology, 30(18): 4433–4447.

Chen X D, Li H, Condron L M, et al., 2023. Long-term afforestation enhances stochastic processes of bacterial community assembly in a temperate grassland[J/OL]. Geoderma, 430: 116317. [2023-03-29]. https://doi.org/10.1016/j.geoderma.2022.116317.

Chen Y Q, Yu S Q, Liu S P, et al., 2017. Reforestation makes a minor contribution to soil carbon accumulation in the short term: evidence from four subtropical plantations[J]. Forest Ecology and Management, 384: 400–405.

Chezhian P, Yasodha R, Ghosh M, et al., 2009. Genetic diversity analysis in Casuarina and Allocasuarina species using ISSR markers[J]. Madras Agric J, 96(1-6): 32–39.

Cline L C, Zak D R, 2015. Soil microbial communities are shaped by plant-driven changes in resource availability during secondary succession[J]. Ecology, 96(12): 3374–3385.

Cook D, Barlow E, Sequeira L, 1989. Genetic diversity of *Pseudomonas solanacearum*: detection of restriction fragment length polymorphisms with DNA probes that specify virulence and the hypersensitive response[J]. Mol Plant Microbe Interact, 2(3): 113–121.

Corral J, Sebastià P, Coll N S, et al., 2020. Twitching and swimming motility play a role in *ralstonia solanacearum* pathogenicity[J/OL]. Msphere, 5(2): e00740-19. [2024-03-28]. https://doi.org/10.1128/mSphere.00740-19.

de Graaff M A, Classen A T, Castro H F, et al., 2010. Labile soil carbon inputs mediate the soil microbial community composition and plant residue decomposition rates[J]. New Phytologist, 188(4): 1055–1064.

De La Torre A R, Puiu D, Crepeau M W, et al., 2019. Genomic architecture of complex traits in loblolly pine[J]. New Phytologist, 221(4): 1789–1801.

Delgado-Baquerizo M, Maestre F T, Reich P B, et al., 2016. Microbial diversity drives multifunctionality in terrestrial ecosystems[J/OL]. Nature Communications, 7: 10541. [2023-03-29]. https://doi.org/10.1038/ncomms10541.

Deng L, Zhu G Y, Tang Z S, et al., 2016. Global patterns of the effects of land-use changes on soil carbon stocks[J]. Global Ecology and Conservation, 5: 127–138.

Ding X X, Liu G L, Fu S L, et al., 2021. Tree species composition and nutrient availability affect soil microbial diversity and composition across forest types in subtropical china[J/OL]. Catena, 201: 105224. [2023-03-29]. https://doi.org/10.1016/j.catena.2021.105224.

Don A, Schumacher J, Freibauer A, 2011. Impact of tropical land-use change on soil organic carbon stocks - a meta-analysis[J]. Global Change Biology, 17(4): 1658–1670.

Druege U, Hilo A, Pérez-Pérez J M, et al., 2019. Molecular and physiological control of adventitious rooting in cuttings: phytohormone action meets resource allocation[J]. Ann Bot, 123: 929–949.

Duarte C M, Losada I J, Hendriks I E, et al., 2013. The role of coastal plant communities for climate change mitigation and adaptation[J]. Nature Climate Change, 3(11): 961–968.

Eisfeld C, Schijven J F, Kastelein P, et al., 2022.Dose-response relationship of *ralstonia solanacearum* and potato in greenhouse and in vitro experiments[J/OL]. Frontiers in Plant Science, 13: 1074192. [2024-03-28]. https://doi.org/10.3389/fpls.2022.1074192.

Engelbrecht M, 1994. Modification of as semi-selective medium for the isolation and quantification of *Pseudomonas solanacearum*[J]. ACIAR Bacterial Wilt Newsletter, 10: 3-5.

Farrell H L, Léger A, Breed M F, et al., 2020. Restoration, soil organisms, and soil processes: Emerging approaches[J]. Restoration Ecology, 28: S307–S310.

Fierer N, Jackson R B, 2006. The diversity and biogeography of soil bacterial communities[J]. Proceedings of the National Academy of Sciences of the United States of America, 103(3): 626–631.

Ford Y Y, Taylor J M, Blake P S, et al., 2002. Gibberellin A3 stimulates adventitious rooting of cuttings from cherry (*Prunus avium*)[J]. Plant Growth Regulation, 37: 127–133.

Freitas R G, Hermenegildo P S, Cascardo R S, et al., 2021.Validation and use of a qpcr protocol to quantify the spread of *Ralstonia solanacearum* in susceptible and resistant eucalypt plants[J]. Plant Pathology, 70(7): 1708–1718.

Gautam J K, Nandi A K, 2018. Apd1, the unique member of arabidopsis ap2 family influences systemic acquired resistance and ethylene jasmonic acid signaling[J]. Plant Physiology and Biochemistry, 133: 92–99.

Ghosh M, Chezhian P, Sumathi R, et al., 2011. Development of scar marker in casuarina equisetifolia for species authentication[J]. Trees-Structure and Function, 25(3): 465–472.

Gomes M E, Souza L D, Anjos L, et al., 2023. Management of ralstonia solanacearum in eucalyptus seedlings: Initial studies with trichoderma harzianum and purpureocillium lilacinum[J/OL]. Scientia Forestalis, 51: e3916. [2024-03-28]. https://doi.org/10.18671/

scifor.v50.48.

Gregorich, E G, Beare, M H, 2008. Physically uncomplexed organic matter[M]. CRC Press, Taylor & Francis, Boca Raton, FL.: 1224.

Guggenberger G, Zech W, 1999. Soil organic matter composition under primary forest, pasture, and secondary forest succession, region huetar norte, costa rica[J]. Forest Ecology and Management, 124(1): 93–104.

Haffner V, Enjalric F, Lardet L, et al., 1991. Maturation of woody plants: a review of metabolic and genomic aspects[J]. Ann For Sci, 48: 615–630.

Hamer U, Potthast K, Burneo J I, et al., 2013. Nutrient stocks and phosphorus fractions in mountain soils of southern ecuador after conversion of forest to pasture[J]. Biogeochemistry, 112(1-3): 495–510.

Hamilton C D, Zaricor B, Dye C J, et al., 2023. *Ralstonia solanacearum* pandemic lineage strain uw551 overcomes inhibitory xylem chemistry to break tomato bacterial wilt resistance[J/OL]. Molecular Plant Pathology, 25(1): e13395. [2024-03-28]. https://doi.org/10.1111/mpp.13395.

Hayward A C, 1964. Characteristics of *Pseudomonas solanacearum*[J]. J. Appl. Bacteriol., 27(2): 265–277.

He L Y, Sequeira L, Kelman A, 1983. Characteristics of strains of *Pseudomonas solanacearum* from China[J]. Plant Disease, 67: 1357–1361.

Ho K Y, Lee S C, 2011. ISSR-based genetic diversity of *Casuarina* spp. Incoastal Windbreaks of Taiwan[J]. Afr. J. Agric. Res., 6(25): 5664–5671.

Hossain M M, Masud M M, Hossain M I, et al., 2022. Rep-pcr analyses reveal genetic variation of *Ralstonia solanacearum* causing wilt of solanaceaous vegetables in bangladesh[J/OL]. Current Microbiology, 79(8): 234. [2024-03-28]. https://doi.org/10.1007/s00284-022-02932-3.

Isah T, 2020. Nodal segment explant type and preconditioning influence in vitro shoot morphogenesis in *Ginkgo biloba* L[J]. Plant Physiology Reports, 25: 74–86.

IUSS Working Group WRB, 2022. World reference base for soil resources. International soil classification system for naming soils and creating legends for soil maps(4th ed.)[R]. International Union of Soil Sciences (IUSS).

Jakovac C C, Junqueira A B, Crouzeilles R, et al., 2021. The role of land-use history in driving successional pathways and its implications for the restoration of tropical forests[J]. Biological Reviews, 96(4): 1114–1134.

Jiang N H, Zhang S H, 2021. Effects of combined application of potassium silicate and salicylic acid on the defense response of hydroponically grown tomato plants to *Ralstonia solanacearum* infection[J/OL]. Sustainability, 13(7): 3750. [2024-03-28]. https://doi.org/10.3390/su13073750.

Jourgholami M, Ghassemi T, Labelle E R, 2019. Soil physio-chemical and biological indicators to evaluate the restoration of compacted soil following reforestation[J]. Ecological Indicators,

101: 102–110.

Kabyashree K, Kumar R, Sen P, et al., 2020. *Ralstonia solanacearum* preferential colonization in the shoot apical meristem explains its pathogenicity pattern in tomato seedlings[J]. Plant Pathology, 69(7): 1347–1356.

Kai K, 2023. The phc Quorum-Sensing System in *Ralstonia solanacearum* Species Complex[J]. Annual Review of Microbiology, 77: 213–231.

Kubota R, Vine B G, Alvarez A M, et al., 2008. Detection of *Ralstonia solanacearum* by loop-mediated isothermal amplification[J]. Phytopathology, 98(9): 1045–1051.

Kullan A R K, Kulkarni A V, Kumar R S, et al., 2016. Development of microsatellite markers and their use in genetic diversity and population structure analysis in *Casuarina*[J]. Tree Genetics & Genomes, 12(3): 1–12.

Landry D, González-Fuente M, Deslandes L, et al., 2020. The large, diverse, and robust arsenal of *Ralstonia solanacearum*type III effectors and their in planta functions. Molecular Plant Pathology, 21(10): 1377–1388.

Le Roux X, Poly F, Currey P, et al., 2008. Effects of aboveground grazing on coupling among nitrifier activity, abundance and community structure[J]. Isme Journal, 2(2): 221–232.

Lee J M, Nahm S H, Kim Y M, et al., 2004. Characterization and molecular genetic mapping of microsatellite loci in pepper[J]. Theoretical and Applied Genetics, 108(4): 619–627.

Li N, Zheng Y Q, Ding H M, et al., 2018. Development and validation of ssr markers based on transcriptome sequencing of *Casuarina equisetifolia*[J]. Trees-Structure and Function, 32(1): 41–49.

Li X J, Zhang Q F, Feng J G, et al., 2023. Forest management causes soil carbon loss by reducing particulate organic carbon in guangxi, southern china[J/OL]. Forest Ecosystems, 10: 100092. [2023-03-29]. https://doi.org/10.1016/j.fecs.2023.100092.

Li Z, Zhang Y, Hu P, et al., 2021. Development and characterisation of est-ssr markers for genetic analysis of casuarina species[J]. Journal of Tropical Forest Science, 33(4): 425–434.

Liu H J, Zhang Y L, Wang Z, et al., 2021. Development and application of est-ssr markers in *Cephalotaxus oliveri* from transcriptome sequences[J/OL]. Frontiers in Genetics, 12: 759557. [2024-03-28]. https://doi.org/10.3389/fgene.2021.759557.

Liu S, He G X, Xie G L, et al., 2023. Contenteditable dashed de novo assembly of iron-heart cunninghamia lanceolata transcriptome and est-ssr marker development for genetic diversity analysis[J/OL]. Plos. One, 18(11): e0293245. [2024-03-28]. https://doi.org/10.1371/journal.pone.0293245.

Lu C H, Zhang Y Y, Jiang N, et al., 2023. *Ralstonia chuxiongensis* sp. Nov., *Ralstonia mojiangensis* sp. Nov., and *Ralstonia soli* sp. Nov., isolated from tobacco fields, are three novel species in the family *burkholderiaceae*[J/OL]. Frontiers in Microbiology, 2023, 14: 1179087. [2024-03-28]. https://doi.org/10.3389/fmicb.2023.1179087.

Lu J N, Salzberg S L, 2020. Ultrafast and accurate 16S rRNA microbial community analysis using kraken 2[J/OL]. Microbiome, 8(1): 124. [2024-03-28]. https://doi.org/10.1186/s40168-020-00900-2.

Luo Z K, Rossel R, Shi Z, 2020. Distinct controls over the temporal dynamics of soil carbon fractions after land use change[J]. Global Change Biology, 26(8): 4614–4625.

Ma L, Wang S J, Xu D P, et al., 2018. Comparison between gold nanoparticles and FITC as the labelling in lateral flow immunoassays for rapid detection of *Ralstonia solanacearum*[J]. Food and Agricultural Immunology, 29(1): 1074–1085.

Magurran A E, 2004. Measuring Biological Diversity[M]. Oxford: Blackwell Publishing.

Martin P A, Newton A C, Bullock J M, 2013. Carbon pools recover more quickly than plant biodiversity in tropical secondary forests[J/OL]. Proceedings of the Royal Society B-Biological Sciences, 280(1773): 20132236. [2023-03-29]. https://doi.org/10.1098/rspb.2013.2236.

Moncaleán P, Rodríguez A, Fernández B, 2002. Plant growth regulators as putative physiological markers of developmental stage in *Prunus persica*[J]. Plant Growth Regul, 36: 27–29.

Munné-Bosch S, Lalueza P, 2007. Age-related changes in oxidative stress markers and abscisic acid levels in a drought-tolerant shrub, Cistus clusiigrown under Mediterranean field conditions[J]. Planta, 225: 1039–1049.

Munns R, Tester M, 2008. Mechanisms of salinity tolerance[J]. Annual Review of Plant Biology, 59: 651–681.

O'Brien S L, Gibbons S M, Owens S M, et al., 2016. Spatial scale drives patterns in soil bacterial diversity[J]. Environmental Microbiology, 18(6): 2039–2051.

Robinson J M, Hodgson R, Krauss S L, et al., 2023. Opportunities and challenges for microbiomics in ecosystem restoration[J]. Trends in Ecology & Evolution, 38(12): 1189–1202.

Pacurar DI, Perrone I, Bellini C, 2014. Auxin is a central player in the hormone cross-talks that control adventitious rooting[J]. Physiol Plant, 151: 83–96.

Perrin Y, Doumas P, Lardets L, et al., 1997. Endogenous cytokinins as biochemical markers of rubber-tree (Hevea brasiliensis) clone rejuvenation[J]. Plant Cell, Tissue and Organ Culture, 47(3): 239–245.

Poorter L, Bongers F, Aide T M, et al., 2016. Biomass resilience of neotropical secondary forests[J]. Nature, 530(7589): 211–214.

Poorter L, Craven D, Jakovac C C, et al., 2021. Multidimensional tropical forest recovery[J]. Science, 374(6573): 1370–1376.

Poussier S, Luisetti J, 2000. Specific detection of biovars of *Ralstonia solanacearumin* plant tissues by Nested-PCR-RFLP[J]. European Journal of Plant Pathology, 106(3): 255–265.

Ramakrishnan M, Shanthi A, Ceasar S A, et al., 2013. Genetic diversity, origination and extinction analysis in *Casuarina equisetifolia* using RAPD markers[J]. Asian J. Plant Sci., 3(2): 81–87.

Rathore MS, Patel PR, Siddiqui SA, 2020. Callus culture and plantlet regeneration in date palm

(Phoneixdactylifera L.): an important horticultural cash crop for arid and semi-arid horticulture[J]. Physiology and Molecular Biology of Plants, 26(2): 391–398.

Rivera-Zuluaga K, Hiles R, Barua P, et al., 2023. Getting to the root of *Ralstonia* invasion[J]. Seminars in Cell & Developmental Biology, 148-149: 3–12.

Salanoubat M, Genin S, Artiguenave F, et al., 2002. Genome sequence of the plant pathogen *Ralstonia solanacearum*[J]. Nature, 415(6871): 497–502.

Sharma H, Kumar P, Singh A, et al., 2020. Development of polymorphic est-ssr markers and their applicability in genetic diversity evaluation in *Rhododendron arboreum*[J]. Molecular Biology Reports, 47(4): 2447–2457.

Sharma K, Kreuze J, Abdurahman A, et al., 2021. Molecular diversity and pathogenicity of *Ralstonia solanacearum* species complex associated with bacterial wilt of potato in rwanda[J]. Plant Disease, 105(4): 770–779.

Sun S, Shu CW, Chen JL, et al., 2014. Screening for resistant clones of *Casuarina equisetifolia* to bacterial wilt and the analysis of AFLP markers in resistant clones[J]. Forest Pathology, 44(4): 276–281.

Tang J F, Baldwin S J, Jacobs J, et al., 2008. Large-scale identification of polymorphic microsatellites using an in silico approach[J/OL]. Bmc Bioinformatics, 9: 374. [2024-03-28]. https://doi.org/10.1186/1471-2105-9-374.

Titon M, Xavier A, Otoni WC, 2006. Clonal propagation of Eucalyptus grandis using the mini-cutting and micro-cutting techniques[J]. Scientia Forestalis, 71: 109–117.

Tripathi D, Raikhy G, Kumar D, 2019. Chemical elicitors of systemic acquired resistance—salicylic acid and its functional analogs[J]. Current Plant Biology, 17: 48–59.

Tripathi B M, Edwards D P, Mendes L W, et al., 2016. The impact of tropical forest logging and oil palm agriculture on the soil microbiome[J]. Molecular Ecology, 25(10): 2244–2257.

Tripathi B M, Kim M, Singh D, et al., 2012. Tropical soil bacterial communities in malaysia: ph dominates in the equatorial tropics too[J]. Microbial Ecology, 64(2): 474–484.

Vailleau F, Genin S, 2023. *Ralstonia solanacearum*: An arsenal of virulence strategies and prospects for resistance[J]. Annual Review of Phytopathology, 61: 25–47.

van der Heijden M, Bardgett R D, van Straalen N M, 2008. The unseen majority: Soil microbes as drivers of plant diversity and productivity in terrestrial ecosystems[J]. Ecology Letters, 11(3): 296–310.

Vance E D, Brookes P C, Jenkinson D S, 1987. An extraction method for measuring soil microbial biomass-c[J]. Soil Biology & Biochemistry, 19(6): 703–707.

Vasse J, Frey P, Trigalet A, 1995. Microscopic studies of intercellular infection and protoxylem invasion of tomato roots by pseudomonas-solanacearum[J]. Molecular Plant-Microbe Interactions, 8(2): 241–251.

Veldkamp E, Schmidt M, Powers J S, et al., 2020. Deforestation and reforestation impacts on soils in the tropics[J]. Nature Reviews Earth & Environment, 1(11): 590–605.

Waltham N J, Elliott M, Lee S Y, et al., 2020. Un decade on ecosystem restoration 2021-2030-what chance for success in restoring coastal ecosystems?[J/OL]. Frontiers in Marine Science, 7: 71. [2024-03-28]. https://doi.org/10.3389/fmars.2020.00071.

Wang F M, Ding Y Z, Sayer E J, et al., 2017. Tropical forest restoration: Fast resilience of plant biomass contrasts with slow recovery of stable soil c stocks[J]. Functional Ecology, 31(12): 2344–2355.

Wang L, Pan T W, Gao X H, et al., 2022. Silica nanoparticles activate defense responses by reducing reactive oxygen species under *Ralstonia solanacearum* infection in tomato plants[J/OL]. Nanoimpact, 28: 100418. [2024-03-28]. https://doi.org/10.1016/j.impact.2022.100418.

Wang S, Hu M, Chen H L, et al., 2023. *Pseudomonas forestsoilum* sp. nov. and *P. tohonis* biocontrol bacterial wilt by quenching 3-hydroxypalmitic acid methyl ester[J/OL]. Frontiers in Plant Science, 14: 1193297. [2024-03-29]. https://doi.org/10.3389/fpls.2023.1193297.

Wendling I, Trueman SJ, Xavier A, 2014a. Maturation and related aspects in clonal forestry-Part I: concepts, regulation and consequences of phase change[J]. New Forests, 45: 449–471.

Wendling I, Trueman SJ, Xavier A, 2014b. Maturation and related aspects in clonal forestry-part II: reinvigoration, rejuvenation and juvenility maintenance[J]. New Forests, 45: 473–486.

Xian L, Yu G, Wei Y L, et al., 2020. A bacterial effector protein hijacks plant metabolism to support pathogen nutrition[J]. Cell Host & Microbe, 28(4): 548–557.

Xu L, 2018. De novo root regeneration from leaf explants: wounding, auxin, and cell fate transition[J]. Curr Opin Plant Biol, 41: 39–45.

Xu X Y, Zhou C P, Zhang Y, et al., 2018. A novel set of 223 est-ssr markers in *casuarina* l. Ex adans.: Polymorphisms, cross-species transferability, and utility for commercial clone genotyping[J/OL]. Tree Genetics & Genomes, 14(2): 30. [2024-03-28]. https://doi.org/10.1007/s11295-018-1246-0.

Yasodha R, Sumathi R, Ghosh M, et al., 2009. Identification of simple sequence repeats in *Casuarina equisetifolia*[J]. IUP J Genet Evol, 2(1): 46–55.

Ye G F, Zhang H X, Chen B H, et al., 2019. *de novo* genome assembly of the stress tolerant forest species *Casuarina equisetifolia* provides insight into secondary growth[J]. Plant Journal, 97(4): 779–794.

Yong W, Ades P K, Runa F A, et al., 2021. Genome-wide association study of myrtle rust (*Austropuccinia psidii*) resistance in *Eucalyptus obliqua* (subgenus *eucalyptus*)[J/OL]. Tree Genetics & Genomes, 17(3): 31. [2024-03-28]. https://doi.org/10.1007/s11295-021-01511-0.

Yu W, Zhang Y, Xu X Y, et al., 2020. Molecular markers reveal low genetic diversity in *Casuarina equisetifolia* clonal plantations in south china[J]. New Forests, 51(4): 689–703.

Zhang Y, Hu P, Zhong C L, et al., 2020. Analyses of genetic diversity, differentiation and geographic origin of natural provenances and land races of *Casuarina equisetifolia* based on est-ssr markers[J/OL]. Forests, 11(4): 432. [2024-03-28]. https://doi.org/10.3390/f11040432.

Zhang ZJ, Sun YH, Li Y, 2020. Plant rejuvenation: from phenotypes to mechanisms[J]. Plant Cell

Reports, 39: 1249–1262.

Zhao J, Rodriguez J, Martens-Habbena W, 2023. Fine-scale evaluation of two standard 16s rrna gene amplicon primer pairs for analysis of total prokaryotes and archaeal nitrifiers in differently managed soils[J/OL]. Frontiers in Microbiology, 14: 1140487. [2024-03-28]. https://doi.org/10.3389/fmicb.2023.1140487.

Zheng X Z, Yan M J, Lin C, et al., 2022. Vegetation restoration types affect soil bacterial community composition and diversity in degraded lands in subtropical of china[J/OL]. Restoration Ecology, 30(1): e13494. [2023-03-29]. https://doi.org/10.1111/rec.13494.

Zhou X, Wang Y, Li C Q, et al., 2021. Differential expression pattern of pathogenicity-related genes of *Ralstonia pseudosolanacearum* YQ responding to tissue debris of *Casuarina equisetifolia*[J]. Phytopathology, 111(11): 1918–1926.

Zhou Y, Yang L Y, Wang J, et al., 2021. Synergistic effect between *Trichoderma virens* and *Bacillus velezensis* on the control of tomato bacterial wilt disease[J/OL]. Horticulturae, 7(11): 439. [2024-03-28]. https://doi.org/10.3390/horticulturae7110439.

附表 1　木麻黄 EST-SSR 引物信息

序号	EST-SSR	EST 源克隆	序列重复	设计长度 (bp)	前向引物 (F:5'-3')	后向引物 (R:5'-3')
1	CASeSSR001	GDQI01000182.1	(CT)7	262	TTTCCCATTTCGCCCTCCG	AGGGAATACAGCTCGTGGG
2	CASeSSR002	GDQI01000361.1	(CAT)6	229	TTTGCCATCATCGTTGCCC	AACGGAGAGGCCTTACACC
3	CASeSSR003	GDQI01000392.1	(GTG)8	233	GCTACTGGAGAGGACTTGGG	ACCTCACTTCTGAGGCTTCG
4	CASeSSR004	GDQI01000425.1	(TC)9	273	TTGGAGGGATCGACCTTGG	TCTCTACCACTTTGAGGCCG
5	CASeSSR005	GDQI01000736.1	(AG)6	259	CTTTCCGGCGACACAAGTC	CGGACCTTCACGAATGCAC
6	CASeSSR006	GDQI01000739.1	(CT)16	187	CACTCACTGCCGAATCACC	TGAAACGTCAAGCCTTCGG
7	CASeSSR007	GDQI01000781.1	(GAT)6	240	GGGCTTACCTCTCAGGCAG	CAACGGAGGGCTATCTCGG
8	CASeSSR008	GDQI01000783.1	(TC)13	246	GGTTGGGAGTTCTTAACGGC	TCCTCCACAGCATGTACG
9	CASeSSR009	GDQI01000818.1	(CT)10	273	TTCGCTCCAGATCTACGGG	AGTCCGTCCTTGACAGC
10	CASeSSR010	GDQI01000846.1	(TTC)6	242	CTTGCCTGCCATCTCCAAG	AGTAAACGAACGTGATGCCG
11	CASeSSR011	GDQI01000849.1	(AG)10	254	CTCTTCGTCGCCATGAACTC	CCCTGGTTGTCAGGAGGTC
12	CASeSSR012	GDQI01001023.1	(CTT)6	218	TCGCAACCCTCAGTTCCTC	TTACCCACCATCGGAGACG
13	CASeSSR013	GDQI01001110.1	(CT)7	271	CTTTGGTGTCCAAGCCTGC	CAACTCTGTTGGTCACGCC
14	CASeSSR014	GDQI01001442.1	(AGA)8	169	CAAAGGAACCTCATCGACGC	CTGGCTCTCTTGCCTGAAG
15	CASeSSR015	GDQI01001448.1	(GAA)6	192	GGATAGCCACAGGACTCGG	CCACCTCCATCAATGGCTTC
16	CASeSSR016	GDQI01001513.1	(AGG)6	214	TAGCAGCGGGAAACCTAGC	AAGGGAGACCGAAGGCAAC

附录

序号	EST-SSR	EST源克隆	序列重复	设计长度(bp)	前向引物(F:5'-3')	后向引物(R:5'-3')
17	CASeSSR017	GDQI01001558.1	(TTC)10	273	CAACACAACAGCCTTTCTTCG	GGAACAGCAGCCATCAGAGACC
18	CASeSSR018	GDQI01001640.1	(CT)9	206	GTTGAGAAGCTGCGGGAAG	ACGACGTGCTCATCTACGG
19	CASeSSR019	GDQI01001660.1	(CT)6	269	TTTCCTCTTCCAGGGCACC	ACTGTGTAGACCAACCGCC
20	CASeSSR020	GDQI01001802.1	(CT)7	236	TGTGATGGCGCCTCCACTTG	CCGAGTAACACAGCTTGCG
21	CASeSSR021	GDQI01001834.1	(CT)6	253	CACGCCCTTCTTCGCTTTG	TCGGAGTCCAGTTTGACGG
22	CASeSSR022	GDQI01002008.1	(TC)12	212	ACCTATGGCAATCAAACTCTGC	GCCCAAAGGGCTTCCTACG
23	CASeSSR023	GDQI01002048.1	(TC)7	211	CAAAGCGGAGGGCTAAAGGG	AGGCACCGCCATTATCGAC
24	CASeSSR024	GDQI01002084.1	(AT)6	204	CCAAGCGACCGGCATTTAC	AGGCAACATTGCGTGATAC
25	CASeSSR025	GDQI01002192.1	(CAT)7	269	ACCAGATTCCTCATTCTCGTTG	CCATTGTCGCAGCCAAGTC
26	CASeSSR026	GDQI01002301.1	(AAG)7	246	TTGCGGGAGAGGGCTAAAC	CGTCTATATCCTTTGCACGGC
27	CASeSSR027	GDQI01002383.1	(GA)6	268	GTCAGGCAGCTCAATCCAAC	ACAGGCTTGTGTCAGACGG
28	CASeSSR028	GDQI01002470.1	(AG)8	266	TGCCTAAACGTGGCATGAAC	GCACGAGAACTGGGAATGC
29	CASeSSR029	GDQI01002571.1	(CTT)10	172	AGCGTACCATGAGCTCGAC	TCTGTCCTCGTCGCCAAAC
30	CASeSSR030	GDQI01002657.1	(GT)6	183	CCCACGATTAGATGGTAACGC	CCTGAGCATTGTTGTCTGCAGTC
31	CASeSSR031	GDQI01002668.1	(AG)8	204	CTTACTCGGCGAAGCATGG	ACCGATCCGTCAGACTTCC
32	CASeSSR032	GDQI01002712.1	(TC)6	271	GGAGGACTCTCCAAAGCG	CGACAGCTGAAACACCATCC
33	CASeSSR033	GDQI01002746.1	(CT)12	191	CTAGCTGGGCATGTTTGGC	TCGCTCCATTCTCGGTGG
34	CASeSSR034	GDQI01002752.1	(AG)6	205	CTGCTGTTCAAACCCAGCC	GCTGTTCGTAGAGCCAACC
35	CASeSSR035	GDQI01002770.1	(AT)6	231	AGACCCTACCTAAGTCGCAC	GTCGGCATTCCATGTGCTC
36	CASeSSR036	GDQI01002798.1	(TTA)5	174	ACAATTCCTTAGGTGTGCTTATGGG	CCCTTATCTGGTGGCTCAAATG
37	CASeSSR037	GDQI01002822.1	(TC)7	177	CAACGGATTCGTAGTTAACGG	TTGAAGTTTCCGGCGTGTC
38	CASeSSR038	GDQI01002855.1	(TC)9	212	CCGCTTTCCTGTCGAGTTC	TCCATCACGGCCATTCTCG

序号	EST-SSR	EST源克隆	序列重复	设计长度(bp)	前向引物(F:5'-3')	后向引物(R:5'-3')
39	CASeSSR039	GDQI01002864.1	(TCC)10	192	ACAGGATCTGGTCCAACGG	AGGATCCGAAGTCAACGGG
40	CASeSSR040	GDQI01002913.1	(TA)7	255	ACATGTCCGCGCATCTTTG	GCCAGGAATGTCCCATAGC
41	CASeSSR041	GDQI01003067.1	(TC)12	228	GGCCTTCTTTGAGTCGCTG	GCACAAGGACGTGGAAGC
42	CASeSSR042	GDQI01003102.1	(CTT)9	194	GGTTGAATCCCGGCCTTTG	CGCACAATGCCAGATAGCC
43	CASeSSR043	GDQI01003160.1	(AT)8	270	AGTCCTCTCTCAACCAAGTTC	TTATGCTGAAGGGCTTGCG
44	CASeSSR044	GDQI01003450.1	(AAC)6	204	TGAGCAATGGAGGTACAATAATAGC	TTCTGGAGAAACCGGAGCC
45	CASeSSR045	GDQI01003632.1	(GAA)5	233	TCTTGCGAGTGTCTTCACC	TACAACCGCCAACAACGTG
46	CASeSSR046	GDQI01003697.1	(ATT)5	195	GACGCCGAGTTCGTCAAG	CCAAACATATCGTAGACGCGG
47	CASeSSR047	GDQI01003716.1	(CT)9	258	TGTCTATCACCGTCTTCAAAGC	CAGCCGAAGAGGAATTGGC
48	CASeSSR048	GDQI01003809.1	(TA)7	242	CTCCGGGACATCGAGGAAG	ACCGAGTACCTCACAAAGC
49	CASeSSR049	GDQI01003875.1	(AGA)5	244	TGGACGCAAAGGTACAGGG	GCCTGCAAGTAGGGCAAATG
50	CASeSSR050	GDQI01004108.1	(AG)9	255	CCCTGCTTTCCTACAACGC	TGTCCTCTCACATTCAAGTCG
51	CASeSSR051	GDQI01004135.1	(AAG)5	204	GCCCATTTGGTGACGGATG	GCCTACTGAGATCCTCGGC
52	CASeSSR052	GDQI01004175.1	(GA)7	271	CGTTTCAGAGCCCAGCAAG	GGGAGAACAAGCGATGCAC
53	CASeSSR053	GDQI01004351.1	(GA)9	241	GTGAGATTTCTAGCTCACTAGCC	CGAGTGTCCCTATTTGTTGATCC
54	CASeSSR054	GDQI01004538.1	(GA)11	202	GAAACCGCTGAGGTCGATG	CTTGCTCCCTCCTGCAAGC
55	CASeSSR055	GDQI01004606.1	(AG)9	260	GCTTGGTTTGTTCGCGG	CCACATAGGGTGGGTCCTG
56	CASeSSR056	GDQI01004683.1	(TG)9	237	TCGTCAGCATCACAAGTGC	GGACCTCTTAGTCCCAGGC
57	CASeSSR057	GDQI01004697.1	(GA)6	167	AGATCTCGTGGCGGGTTAG	CCAGCAGTCGCTGCCATC
58	CASeSSR058	GDQI01004861.1	(GGT)6	224	GTTTGCACGTATGGCGAGG	CCCATAGTTATTTCGTGCCGAG
59	CASeSSR059	GDQI01004875.1	(CT)8	228	AGGTGCTCGGAAGTCCTTG	AGGCTTTCTGTGACCCGC
60	CASeSSR060	GDQI01004931.1	(TC)9	209	CCCTTCATCAAGCAACCTCC	GCTGCCGGCTCGTATTTC

序号	EST-SSR	EST 源克隆	序列重复	设计长度(bp)	前向引物(F:5'-3')	后向引物(R:5'-3')
61	CASeSSR061	GDQI01005275.1	(TC)8	272	CTCAACCTTGGCCTGCATC	CGTAGGGTGTTGTTCCGTC
62	CASeSSR062	GDQI01005466.1	(ATT)6	177	TTCACGCTGTTCTCCAGGC	TGATATGTCAAGAAACCTGAAACG
63	CASeSSR063	GDQI01005516.1	(CT)10	200	TCCCACCTGTCATCACTGC	CATGGGTGTGGGAAATGGC
64	CASeSSR064	GDQI01005605.1	(TC)13	180	GTTCGGTCAGTTTCTTTACCC	ACGAAGGCGCATTTCAAGG
65	CASeSSR065	GDQI01005696.1	(AG)16	255	TTGTCTTGGTCTTCCTCCAG	TCAGATTGCCAAGGATTGCAC
66	CASeSSR066	GDQI01005851.1	(AG)7	189	GGTGCTGGTTTACAGCGTG	GGCAACCCGCAGTGTATTC
67	CASeSSR067	GDQI01005946.1	(TTC)6	254	GTGGGCGAGAAGAGCTACC	GCACACAAGTACGAGAGCTG
68	CASeSSR068	GDQI01006102.1	(TC)7	262	TGCATTTATTTGCTCCCTCCG	CAGGGAAAGTGCCGTTTGG
69	CASeSSR069	GDQI01006141.1	(GA)7	244	TCGAGTTGGGCTAGAACAG	TACTGACGGCGCAGATAC
70	CASeSSR070	GDQI01006372.1	(GTG)6	182	TCTGGAGGATGGGACATTGG	CCACCATCCCTTGTGAGC
71	CASeSSR071	GDQI01006410.1	(GA)6	224	AAGTACGCCTGGGTCTTGG	AACTCTCCTTGTCCGGCAG
72	CASeSSR072	GDQI01006553.1	(GA)8	181	ACGGAGTAGGCCAAGAACAG	GCCATCTCGGAAAGTGCTC
73	CASeSSR073	GDQI01006606.1	(TC)17	171	CACACCTGTCTGCCTTTACC	CTTTCCCGGCCATAACGAC
74	CASeSSR074	GDQI01006620.1	(CAG)6	214	AACCCTTCGTCGAGCTTGG	CGTTAGCTGAGCCTTTGGG
75	CASeSSR075	GDQI01006662.1	(CTC)9	261	TCCAACTGCTTGTCCAACG	AACCCTGGTTATGGGAGGC
76	CASeSSR076	GDQI01006695.1	(ACC)6	235	CGTGAGACACCAAAATCGGC	CTCGCCCTCCATGCTATTG
77	CASeSSR077	GDQI01006709.1	(GAA)6	224	CAAGAACCCTCGGTGGAAGC	AGAGCCGTAGCTCTTCCTG
78	CASeSSR078	GDQI01006790.1	(AG)8	199	AGATCCTCGGCTGTGGAAG	GATTGGGTCCTCTCGTGGG
79	CASeSSR079	GDQI01006864.1	(TC)9	188	AGGAAGCGTGAGGTTGCG	GCAAGCGGCAGTATTCCAG
80	CASeSSR080	GDQI01007058.1	(TCT)6	271	AGGTACTGCTGGGTCTTGC	TTCCCACGGTACATACGG
81	CASeSSR081	GDQI01007149.1	(AG)12	264	TGCTCATGCAACGTGATCC	GCGGAAGTCTCAGTAGATGC
82	CASeSSR082	GDQI01007166.1	(CGT)8	270	GAGCAACTCCTTGACCGC	GGAACGTCCAAACGGAAGC

序号	EST-SSR	EST 源克隆	序列重复	设计长度(bp)	前向引物(F:5'-3')	后向引物(R:5'-3')
83	CASeSSR083	GDQI01007174.1	(CCT)10	210	AAGGGTAGTTGCCGTCGAG	GAGACGCCTTTGAATGCCC
84	CASeSSR084	GDQI01007308.1	(ACC)5	274	AAGCTCCACCCAAGAGAC	GTCCGTTGACAGCTCATGC
85	CASeSSR085	GDQI01007339.1	(CCT)6	180	TCCTCAACTACTTCGCACCC	AGACACCTTGACGGAGCTG
86	CASeSSR086	GDQI01007354.1	(CTT)5	171	CAAGGTAGCACTGGAGCTG	TCCGAGGCGCTTTGACG
87	CASeSSR087	GDQI01007416.1	(CT)8	271	TTAACACCGCTTCTGATTGC	AGCGAAACCCTCACACTGG
88	CASeSSR088	GDQI01007507.1	(CT)6	222	CACACTTTCCGTTGCAGGG	ATTTGACTCGCTTTGGGCG
89	CASeSSR089	GDQI01007588.1	(GA)9	182	TCCTGACAACTTCAGCTCCC	GGGCCTTGACCAATTTCCG
90	CASeSSR090	GDQI01007655.1	(GA)7	244	GCTAGAAATCTCATAATGGACGG	GGGCTGGATAAAGGCGGAC
91	CASeSSR091	GDQI01007691.1	(ATC)5	258	TGCGTTACGGCAAACAAGG	ACACGAGGAGAACTAGCACC
92	CASeSSR092	GDQI01007717.1	(AG)7	207	AGAGGTGGAAAGCCAAGGG	CGCAGTGATATGCAGCCTC
93	CASeSSR093	GDQI01007795.1	(AG)7	210	CCTTTCGTCCTTGCGAAGC	TCCTCCGCGAAATCCATC
94	CASeSSR094	GDQI01007835.1	(AG)12	189	CCTACGAGGGAACGGGTG	GGAAATGCGTCGTCTCAAGTGC
95	CASeSSR095	GDQI01007882.1	(CT)6	259	TCTCTTTATAACCTGATTACCTTCCC	CCCAGCTTCCATTTCTGCC
96	CASeSSR096	GDQI01008032.1	(GTG)12	208	AAGTCGCCGAGTATGGACG	AGGTAAGACCGAGGGTTGC
97	CASeSSR097	GDQI01008050.1	(AG)6	227	GCTGGTTGGCATTGGACAG	GCGCCAACTCATCTAGCAC
98	CASeSSR098	GDQI01008072.1	(TC)7	171	CCAAGGGTCTGAACTGGTG	CCGGAGCGACCAAAATGAGG
99	CASeSSR099	GDQI01008088.1	(CT)7	216	TTTCCCGGCCTCAATCCAC	ACACGCTTTACTTGTGCCG
100	CASeSSR100	GDQI01008153.1	(AG)12	246	GGAGTTGGCGCTACGAAAG	CGGAAATAGCAGCCGTTGG
101	CASeSSR101	GDQI01008179.1	(AG)7	192	GTTCTCCATTGGCAGCGTG	GCTGTGTGCACGTCGATAG
102	CASeSSR102	GDQI01008229.1	(GAT)5	185	ATGAGCGCTTCACCGTAGG	TCCCTGCGAAAGGCCTTTAAC
103	CASeSSR103	GDQI01008272.1	(GA)7	261	GCTCATGTACGCAGAAGCG	GATTCCGAAAACGCTCCAAGG
104	CASeSSR104	GDQI01008437.1	(CAG)7	236	TGGGAGCTTCTCTTCAGGG	ACCGGTTGTTGTAGCCAGGAG

序号	EST-SSR	EST 源克隆	序列重复	设计长度(bp)	前向引物 (F:5'-3')	后向引物 (R:5'-3')
105	CASeSSR105	GDQI01008503.1	(AG)6	226	TCGTACTTGGGCTCTTCCG	TAAGCTAACGTGCTCTGCC
106	CASeSSR106	GDQI01008520.1	(TC)7	173	GCACCTCAAGGACTTGTACTC	GGCAACAATGCTGGTCAGG
107	CASeSSR107	GDQI01008527.1	(CT)8	237	AGGGCGTGTTGTTCCATTAC	AGGGTCCAGAACGTTTCCC
108	CASeSSR108	GDQI01008585.1	(GA)7	270	ACCCAAAGCAGACGATACTAGG	GCTTGGTGTAAAGGTGGGC
109	CASeSSR109	GDQI01008593.1	(TTC)6	180	CCATGAGGAACCTCTCAATGC	TCCACTCGCGCTTATCCAG
110	CASeSSR110	GDQI01008635.1	(CT)7	236	AAGCTTCTAGCGCGTCCTG	ACTATGAGTAGGACCATTATGCAAC
111	CASeSSR111	GDQI01008886.1	(GA)14	201	CCCAGACACCAAAGTTAACCG	CCCAGGAGGAGGTTCTTTCAG
112	CASeSSR112	GDQI01008945.1	(GA)13	219	CGTCAAGCCTTCGGAGTTC	CAGAAGCTATGCGCCGTTC
113	CASeSSR113	GDQI01009058.1	(TC)13	236	TACTTGAGCCTCCCAACGC	TTAGGGAGAGGGACTACGC
114	CASeSSR114	GDQI01009189.1	(TC)6	244	TGTTAGGGCGGGAAGCTG	TGCGGAGACTCATCTTGGG
115	CASeSSR115	GDQI01009234.1	(GA)9	254	GAGAGACAGCCAAGGTCG	GGTCGGTATGGTGCTTGAC
116	CASeSSR116	GDQI01009334.1	(CTC)5	200	TACTGGAAATGCGCAAGGC	CGCGAGAAACACGGCTATC
117	CASeSSR117	GDQI01009550.1	(TTC)9	267	ACGGAGGAGCTTTCACTGC	TCACGTCTCCGAACCACTC
118	CASeSSR118	GDQI01009673.1	(CT)8	195	CGCACACACTTCGTTCCC	GATTGGCTGGAGGACATGC
119	CASeSSR119	GDQI01009674.1	(TTC)11	267	GGGCTTGAATGAGGTGACG	GCGCAGGGTTTAGGGTTTC
120	CASeSSR120	GDQI01009908.1	(TGT)8	234	ATCTGGTTCCCGCCGATG	GCTTTCTGGATCTAGGGTTTGC
121	CASeSSR121	GDQI01009934.1	(TGC)6	220	GGAGCAGTGCGTGTTCAG	TGCTTGTTCATGGCGTACC
122	CASeSSR122	GDQI01010024.1	(TC)10	174	CCCAGTACAGAGCGTTCG	ACCTTCAAGACCGATCTCCG
123	CASeSSR123	GDQI01010071.1	(AAG)16	233	AGTCGAAATTCCAAGAGGCG	GGGCTTTCACTCATTGCCG
124	CASeSSR124	GDQI01010322.1	(AG)6	212	TCGACGCCTAACCTCTGAC	CGTGTCCGCGTTCTTGC
125	CASeSSR125	GDQI01010363.1	(CT)11	274	GCACGCTCCAAGCCTTTC	GCCCGGAGGACCATAGAAG
126	CASeSSR126	GDQI01010396.1	(TCT)5	169	TCAACCTTTCGTTGAACAGCC	ACCATTTCGCGCGTCTTTG

序号	EST-SSR	EST 源克隆	序列重复	设计长度(bp)	前向引物 (F:5′-3′)	后向引物 (R:5′-3′)
127	CASeSSR127	GDQI01010409.1	(GA)6	172	CGTTTAAGCGCAAGTAACCC	CTCCTTTCAAGACCACAGCC
128	CASeSSR128	GDQI01010443.1	(AAC)5	255	TGGGCTTCCACAGCCTAAC	AGCCAGGTACGTCCACATC
129	CASeSSR129	GDQI01010693.1	(GAC)5	272	GGCCGTCAATTCTCCATTCG	ATCGCCAGAGATGTCCTCG
130	CASeSSR130	GDQI01010722.1	(CT)8	168	CCCTTCTCCCATCATTACCC	GATATGCAAAGGCCACGG
131	CASeSSR131	GDQI01010815.1	(TCT)6	186	AGCATTCACTGGAGGTAGGC	ACGAGGCAGGTGTTGAGG
132	CASeSSR132	GDQI01010907.1	(CTG)10	171	TCCTACGACGGGAATTG	TCCCATCTCTGAGCAAGC
133	CASeSSR133	GDQI01010929.1	(CT)19	189	ACGCCTACTATCTATTCCGTGG	GATAGCGCCAAAGTTGCCC
134	CASeSSR134	GDQI01011035.1	(CTT)6	219	ATACCTCACCGTGGCTTCC	GCCATGACGAAGAGCAACC
135	CASeSSR135	GDQI01011041.1	(TC)7	267	CCGCAAGAAAGGAACCGTC	CTGCTCGATTTGCTAGGCG
136	CASeSSR136	GDQI01011093.1	(GAA)5	260	GTACAAAACGCCACGGAAGG	CCGCTTGAAGAAACTCGGTC
137	CASeSSR137	GDQI01011095.1	(TA)11	172	CCGTGCTGCTCGAACCC	TCGGCGTCACTCCAGAAC
138	CASeSSR138	GDQI01011118.1	(GA)10	230	TTTCCTGGAGTTCGGCACC	AAATTGAACAGACCCTTGTCAG
139	CASeSSR139	GDQI01011380.1	(AG)6	267	ATAAGCGGAAACTGCCGTG	AGTCGTTGTGACGGACCTG
140	CASeSSR140	GDQI01011439.1	(AG)8	250	ACTGTCGGATGGAGAAGCC	AGCCAGCCATTGAAGCCC
141	CASeSSR141	GDQI01011669.1	(CTC)8	225	TTGACACTCTGGGCGGAAG	AGCATTGATGAGAAACGCTGG
142	CASeSSR142	GDQI01011825.1	(GA)13	257	TGCCGTGCAAGTACGAAAG	GCAGTCATGCTTGCAGTGG
143	CASeSSR143	GDQI01011942.1	(CT)6	184	CTCACGGCATCCTGTCC	TGGCTCCAAAGACCTACCC
144	CASeSSR144	GDQI01012061.1	(CT)7	216	TGAATCAATCGCCCATGCAC	TGTGTTTCCAATCGCACCC
145	CASeSSR145	GDQI01012151.1	(GAA)9	193	AACTCATAGCGGGGTGTCCG	TTCAAGTGCGCGTTTGAGG
146	CASeSSR146	GDQI01012184.1	(AT)8	241	CAACAGAAAGGCAAAGCATCTG	AGACATTCTTCCTGCTGGG
147	CASeSSR147	GDQI01012276.1	(AG)12	272	TATCAGGGACACCGGCAAC	AAGGCGGCTTGCCAAATAG
148	CASeSSR148	GDQI01012327.1	(AT)6	181	GGCCTTCCTCACAATAACCG	AACATTTCCGCAAGGCTCC

序号	EST-SSR	EST 源克隆	序列重复	设计长度(bp)	前向引物(F:5'-3')	后向引物(R:5'-3')
149	CASeSSR149	GDQI01012400.1	(TC)9	258	ACTCCAAGCGGAAGAGACC	GTGAGGAACCTGGAGACGG
150	CASeSSR150	GDQI01012934.1	(GA)9	193	ATCCCGACCCGATCAACTG	CTGCTCCAACGGCCTC
151	CASeSSR151	GDQI01013263.1	(AAG)5	232	CCGAATCCGTTGACTTGCC	ACGGAAAGGAGCGTTTATTGC
152	CASeSSR152	GDQI01013402.1	(GTC)5	216	GCCTCTGGAGTGACGGTAG	TGGTCTTCTTACCGGGCTG
153	CASeSSR153	GDQI01013462.1	(CT)6	190	CCCAGTAGAGGCCATGC	AAGGGAAGAAACGACTGCGG
154	CASeSSR154	GDQI01013717.1	(CAA)7	191	GAACCAGTCGCAACCGC	AGAATGCGAGAGATGGCTTTG
155	CASeSSR155	GDQI01013764.1	(TC)12	172	TCAGGTTCGCTGCAAAGAC	TTCCTCGAAGCAGGGATCG
156	CASeSSR156	GDQI01013899.1	(CT)11	196	ACCGGAGAGAGCGTCTTTG	AGCTTGGACTCGGAAGGTC
157	CASeSSR157	GDQI01013918.1	(ATC)7	224	TTCATCAGGTGCAGTCGGG	GCCTCTCAGAAACAACCTTCC
158	CASeSSR158	GDQI01013921.1	(CTT)10	193	GGAGGAGCGTCCAGGTTAG	GAGCGATCAGCAGCTTTGG
159	CASeSSR159	GDQI01014051.1	(GAA)6	235	TATGACCCGGCAGACGAAC	TTGCAAGGAAGGACCTGGG
160	CASeSSR160	GDQI01014094.1	(CTT)5	270	TGTCCCACGAGTCTCAACG	GTGTCCGTGAACCGAAAGG
161	CASeSSR161	GDQI01014124.1	(CTT)15	174	AGCAGTCAGGTCTCCGATG	TCTGCAAACTTCTTGCGGG
162	CASeSSR162	GDQI01014168.1	(TCT)6	234	TTCAGGGATGACCTGCACC	GGGATTTCGTGAAGTGGCG
163	CASeSSR163	GDQI01014220.1	(TC)6	181	ACTCATGCTTGACGTTGCAC	AGGGCTAGAAACGTAGGGC
164	CASeSSR164	GDQI01014246.1	(AG)6	224	CCTTCAGCTGGCTCCTACG	GCGAGATTGACTTTGGCCG
165	CASeSSR165	GDQI01014334.1	(TC)6	275	TGGCCGTGATCTCGAACAG	CCGCGTATCTTCTGCGAAC
166	CASeSSR166	GDQI01014475.1	(GA)8	210	CGGACGGTGTTGAATTCGG	AGACACGCATAAGTGAAACCC
167	CASeSSR167	GDQI01014521.1	(CTG)8	210	TTTGAAGCGGGCTTTGAGG	TTTGGCAACAGAGACTGGC
168	CASeSSR168	GDQI01014575.1	(CT)7	228	ACCGAGCAGTTGGTTAGGG	AGTAGCAGCCTCACTTGCC
169	CASeSSR169	GDQI01014601.1	(TCT)5	275	GCACACACGTAATGCTTGC	CTTTGGCGACAGCAATGGG
170	CASeSSR170	GDQI01014623.1	(TGA)6	267	CAAAGCCCGTTTACCACTCC	AACTGGGTCAGCCCATTCC

序号	EST-SSR	EST源克隆	序列重复	设计长度(bp)	前向引物(F:5'-3')	后向引物(R:5'-3')
171	CASeSSR171	GDQI01014723.1	(TC)7	248	CCCTGATCCTCATCGACGG	GGCCTTCTTTCGGGATTGC
172	CASeSSR172	GDQI01014783.1	(AG)10	206	TTCGCGTATTTCAGTGCCC	CTGACGACTTCCGAGTTTCC
173	CASeSSR173	GDQI01014796.1	(TGG)5	193	TCTATGGATGGCCAGGAGC	CAAGGCTTAGTAGGCATCGC
174	CASeSSR174	GDQI01014973.1	(TC)7	265	ATTTGCCGGTTTGCCCTTC	TTCTGCGGATCAGACGAGG
175	CASeSSR175	GDQI01015079.1	(CCA)6	275	GCCAGGCCATAAAGGAAACC	GAGAATGAATTACTGCCTAAACAATCC
176	CASeSSR176	GDQI01015149.1	(AAG)5	238	GATCAGCGATTGGGAACCAC	AGGGATACAAGCTGCCGAG
177	CASeSSR177	GDQI01015256.1	(CT)7	249	TGGAGCTCGAAACGGATGG	TTCCGGGATACCGCTGTTG
178	CASeSSR178	GDQI01015542.1	(TC)10	228	AGAAACGACGCAATCTGTGG	CGTGAACCTCGCCGTAATG
179	CASeSSR179	GDQI01015582.1	(CT)6	261	GTCGTCGCTTGAAAGGTGG	GGGCTTGGAAGCATTTCCG
180	CASeSSR180	GDQI01015704.1	(TC)11	192	TTCTTACGCGGGAGGTTCG	ACCTGAAAGGCTGAGACGG
181	CASeSSR181	GDQI01015708.1	(CT)6	184	AAAGCATGACCAACGCACC	ACCAGGCCTCAAGAAGTCG
182	CASeSSR182	GDQI01015935.1	(ATT)5	238	ACGCGGAGAAAGTCAATGC	GGTGACATTTATTGGATTGGGAC
183	CASeSSR183	GDQI01015941.1	(GA)14	186	CGGTCCGAGTCTGGTGTTC	CCTTGTTGCGTTCTCCACC
184	CASeSSR184	GDQI01016059.1	(TCG)7	222	CCCGCTGTTTCCATTTCCC	CTCGCTGAAGCCGTTGAAG
185	CASeSSR185	GDQI01016158.1	(AG)7	183	TCTTGGGAGCATCTTCGGC	GTGCGCAAGCTCAACCTAC
186	CASeSSR186	GDQI01016165.1	(AGA)6	261	TCCACGTTTCGTTTGCACC	TTTGACGGGTTGGGAAAGC
187	CASeSSR187	GDQI01016472.1	(CT)9	224	GCTCCAATCCACATCTGCG	GCTACCAACGCTAATCACCC
188	CASeSSR188	GDQI01016499.1	(CT)19	173	CCTCATTACCATCTCTGACC	AGACGAAGATACAGTCGGTGG
189	CASeSSR189	GDQI01016652.1	(AG)6	253	CCCAGAACTCTTTCAGCCAAC	TCCTAAGCAGAGTCGCAG
190	CASeSSR190	GDQI01016700.1	(GAA)10	175	GCAAGAAAGGGTCTGGAGC	CACGAGTGTAACTCAACTGGC
191	CASeSSR191	GDQI01016833.1	(AG)6	226	CCACCCGCAGCGATTTC	TGCCTTCTGATAAGCCTAGATCC
192	CASeSSR192	GDQI01016862.1	(AGC)5	260	ACAGGCACCAGTTCAAACG	ATGGCTGAAGCCTAGGAGC

续表

序号	EST-SSR	EST 源克隆	序列重复	设计长度(bp)	前向引物(F:5'-3')	后向引物(R:5'-3')
193	CASeSSR193	GDQI01017317.1	(GAG)7	201	GGGAAGAGCCGTACAAGG	GCAGTACTTCGTCAACGCC
194	CASeSSR194	GDQI01017402.1	(TC)7	198	CTGTGCATTCCCATCAGGC	GTTGAGCAGAACCCAAGGC
195	CASeSSR195	GDQI01017526.1	(GAT)5	199	AGCAGGAGTAGCCCAAACC	CAAGGAGATGGCAAGCACAG
196	CASeSSR196	GDQI01017555.1	(CT)7	251	GTTCTTTCCTCACGGACGC	TCGGAGTCCATAAGTCGGC
197	CASeSSR197	GDQI01017606.1	(TCT)5	207	GCCCAGCCATTGTATTTCCC	ACATTCCTCGGCGGGCTC
198	CASeSSR198	GDQI01017847.1	(AGA)5	257	TCCACGGTTATGTCGTCCG	TGTAGCGGCTGAACGATGG
199	CASeSSR199	GDQI01018016.1	(AG)7	223	CAGGGACGAAGTGGAAGCC	CTTGTTGGCTGCGTGGAC
200	CASeSSR200	GDQI01018035.1	(AG)8	168	GAGAGCTTCACCGCCTTTC	CCTGACTCATGTCGATGCC
201	CASeSSR201	GDQI01018036.1	(TCT)5	227	TACGCCCTTGAGTCCCTTC	GTTTCATTGGCGTCCGGTG
202	CASeSSR202	GDQI01018088.1	(CT)13	237	GACGACCATTCGCAGGAAC	ATTTGCTGGTCAAGGCCAC
203	CASeSSR203	GDQI01018188.1	(AG)6	220	AACGCACAGGATGCACTGG	TTCCGTTCCCAAATCGCAC
204	CASeSSR204	GDQI01018329.1	(TTC)5	212	CTCACTTTGTCACAGACCTTC	TCCACTCACGCTTATCCCG
205	CASeSSR205	GDQI01018514.1	(TA)8	262	ATGTATGCCCATGCAACTATG	CTCAATCATTAGAAGCATAAACCAG
206	CASeSSR206	GDQI01018619.1	(TCT)6	192	AGCAACAGACAGGTACTTTCG	TCCTCCTGTAACAACTGCAC
207	CASeSSR207	GDQI01018721.1	(CT)10	262	TCCTTTAACTTGTCTCGTTCCG	CGCACTGGCTCATTTCTGG
208	CASeSSR208	GDQI01019058.1	(GAA)6	242	TGCCCACTAAGACGCGGAAG	GGCGGAGCATTAACCGATG
209	CASeSSR209	GDQI01019069.1	(AG)7	269	TGAACGTGTGTACGAGGAAG	GACTCTGGGTGCTAAGCCG
210	CASeSSR210	GDQI01019179.1	(TA)8	252	CGTCAACACCCTTTCACGG	GACCATGAAGGATCAGCTCG
211	CASeSSR211	GDQI01019441.1	(AG)7	214	AGGCGGCTGGTTCACTTAGG	AGCCTCCAGAAATTCGTCC
212	CASeSSR212	GDQI01020008.1	(AGA)5	190	TCTCCCACCTGCCCAATTC	ACGCTGCCTCCTAAACTCC
213	CASeSSR213	GDQI01020153.1	(CT)10	197	CCCTGACGGATCCAACTCC	CTTTCGCTTGTGCTGACCG
214	CASeSSR214	GDQI01020181.1	(AGG)6	251	TTGTCACAGTTCCGATCCC	GGTGATAGCGTTTGCGGTC

大麻黄 抗青枯病植物材料选育及其推广

序号	EST-SSR	EST源克隆	序列重复	设计长度(bp)	前向引物(F:5'-3')	后向引物(R:5'-3')
215	CASeSSR215	GDQI01020623.1	(TG)13	180	TTCCACAGGCACGTAAAGC	GATTGATCGTGCTGCCCAC
216	CASeSSR216	GDQI01020625.1	(CCT)5	183	GTCCGGGAAGCTAGACAGG	GCGTGCGATAATTCGGTG
217	CASeSSR217	GDQI01020770.1	(CT)9	247	GCCTCCCACATCACAGGAG	TCGGAAAGGCAACGGAAG
218	CASeSSR218	GDQI01020835.1	(TC)6	224	AGGAGCCTCATAACCAGCC	CAACGAGGTAGGCGATGTC
219	CASeSSR219	GDQI01020845.1	(CT)11	214	CGGTGAAGCGTTGTTGCG	TCTGCCGAGTTGCATCC
220	CASeSSR220	GDQI01020903.1	(AG)6	202	AATAGGAGAAACGTGCTGGC	GCCAGAAACCTGGTCAGTTG
221	CASeSSR221	GDQI01020930.1	(CAG)7	209	GTCAGGGACCACCAGGGAAG	CTGCGTTCCGACGTCATTC
222	CASeSSR222	GDQI01020943.1	(AAAG)10	268	GCAACTCCTCAGTTGGACAATC	GGCAGCCCACTTCTCATAC
223	CASeSSR223	GDQI01021006.1	(AAC)5	271	CGAATCTCTGTGTTGCCCG	TTCGGGAGGGACTTTGCTG
224	CASeSSR224	GDQI01021089.1	(AT)7	239	AGCATTTGCACTGGGGTTCTG	AGGTGACATTCCACCGTCC
225	CASeSSR225	GDQI01021131.1	(AG)14	226	GAGAAGAGGCCCAACATGAG	ACCTGTCATGAATGATTACTTGC
226	CASeSSR226	GDQI01021150.1	(AG)11	275	TCAATGGCTGCCTTCTTCAG	CCCGACTTCATCGGAGACC
227	CASeSSR227	GDQI01021295.1	(CTT)5	225	GCTCCGTCAACTTGTCCAC	AGCAGCCAAGAGAGGTTAGGG
228	CASeSSR228	GDQI01021461.1	(GAA)5	247	TGCTTGGGACCTGGGAAAG	TCCTCAACGAGAGCCAAGG
229	CASeSSR229	GDQI01021516.1	(CT)10	182	CCTCTCAGATTTGAAACAGGAAGTC	CCAGCACCACCATGAAAGCG
230	CASeSSR230	GDQI01021522.1	(AG)8	184	GGCTATCTCCACGCCTTCC	CGCTAAGAGTATTTGCATTGGC
231	CASeSSR231	GDQI01021595.1	(GA)7	220	ACCCTTCCAAACTCCATTTCG	GCTTCTGCGGAATCAGTGC
232	CASeSSR232	GDQI01021677.1	(GCT)5	256	GGCCAAACCATCATCTGCG	TAATGCCTCTCCGAAGCCC
233	CASeSSR233	GDQI01021692.1	(CGC)6	176	GTGGTGCGGGTAATTGACG	TCCCATGTATGGAACGGGAC
234	CASeSSR234	GDQI01021699.1	(GAA)5	251	GTGAGCTTGGAGCACAAACG	TCGTGCGAATACCCTCCG
235	CASeSSR235	GDQI01022017.1	(GA)9	170	TCTTGCGGTCCGGTGATAC	CGCGGTAAGGCACTGGG
236	CASeSSR236	GDQI01022026.1	(AG)15	219	AGATCTCAATTCATAGGCTGTGTCC	AAGTTTCGCCGATCTGTGC

续表

序号	EST-SSR	EST 源克隆	序列重复	设计长度(bp)	前向引物(F:5'-3')	后向引物(R:5'-3')
237	CASeSSR237	GDQI01022051.1	(AG)6	199	TGGTGATCAGACTGGTATTGGG	TCGGAGTTCCTTGACGGG
238	CASeSSR238	GDQI01022060.1	(CAA)6	201	CCCTCTCACCAGTACACGG	TGTAATAGGCGACCGGCTG
239	CASeSSR239	GDQI01022063.1	(TC)11	173	GTGTCTTTCGGCCTTACCG	GGCCAACGGCCATGAAG
240	CASeSSR240	GDQI01022074.1	(GA)15	209	CACGCTGCTGGTAAGAACC	TCCGAACAGTGAGCCCTTC
241	CASeSSR241	GDQI01022272.1	(GAA)5	262	ACCAACCATACATATGACGACAG	TCGAAACGCTGATCACTGC
242	CASeSSR242	GDQI01022304.1	(AC)8	241	GGCTCCTAGACCAACCTCG	TCTATCATGGGTGCCAGC
243	CASeSSR243	GDQI01022395.1	(TC)8	272	TCCGGCTGCTTGGGATTTC	GGACGGAAAGCGACCAAAG
244	CASeSSR244	GDQI01022541.1	(GGT)5	218	ATGTTCTTCCCTGACCGCC	TCTGAGCAGGAGATGTCG
245	CASeSSR245	GDQI01022569.1	(AG)10	253	CTGATGGACACAACCCTGTC	TCAGCTCAAACAACAGGTTCAG
246	CASeSSR246	GDQI01022624.1	(AG)8	221	GCTGAGAAACTGCAAGTGGG	GAAAGGCAGAGAAACGCTCC
247	CASeSSR247	GDQI01022683.1	(CT)7	195	CGTCGTGACTCTTCAACACC	AGCACAATTTCTGGAGGCG
248	CASeSSR248	GDQI01022834.1	(CT)7	247	CCCTGTCCCGGCCCATATTC	ACCGCTTCCTGGTTCTGG
249	CASeSSR249	GDQI01022892.1	(CTT)5	256	AAGTTCTCGCGCGAGGAAAG	TCAGGTCGAACAACCCGAG
250	CASeSSR250	GDQI01022924.1	(AG)15	247	AACTAAGGTGTGTGATGAATTGAG	CGTGCGAGATGAAAGGCTG
251	CASeSSR251	GDQI01023021.1	(AG)7	177	GACCAGATGCTGACCGAAC	TCCTGCAGCAAACATGTCC
252	CASeSSR252	GDQI01023519.1	(GA)11	191	CAGTGTGGAGTCATTCAAAGC	TCCAGGAACGAACAGCCG
253	CASeSSR253	GDQI01023708.1	(TC)7	209	ATAATTACACCGCACGCTTC	TGAAGATAGTGGGACGTGACC
254	CASeSSR254	GDQI01023909.1	(AG)6	237	TTCCTTCCAGCCAAAGAGC	GAAGCTGCAGGATGTTCCC
255	CASeSSR255	GDQI01024008.1	(TC)7	271	TCTCCCTCTTCCACAAGCAG	GGTTTGGCTGTGATGGAGC
256	CASeSSR256	GDQI01024078.1	(TCG)7	180	AGCAGAGTTGAGCGTCCC	CTCGCTGAAGCCGTTGAAG
257	CASeSSR257	GDQI01024484.1	(GA)7	203	ACATTCTTCCAGTCGTCAAATCC	CATCAAGCAGGCCCTTCAC
258	CASeSSR258	GDQI01024564.1	(AG)6	234	TGCTTGGACGGGTGGAAAG	GAGGCAACTGGGAACAGC

続表

序号	EST-SSR	EST源克隆	序列重复	设计长度 (bp)	前向引物 (F:5'-3')	后向引物 (R:5'-3')
259	CASeSSR259	GDQI01024680.1	(AAC)6	235	TTCCTTCTACGGCTCCCTG	TCTCTGTTGGTGCTCTCCATAG
260	CASeSSR260	GDQI01024782.1	(TC)8	228	GGGAAATACAACCGTCGCTG	AGGATTGACCTGCCACTCG
261	CASeSSR261	GDQI01024867.1	(GA)9	227	GCAGTCGGACAAAGCAGG	TTCACCGATCCACTGCTCC
262	CASeSSR262	GDQI01024889.1	(CT)6	261	CAAGACGAACAAGGTGGGC	GTGCGTGATGTGCACTAGG
263	CASeSSR263	GDQI01025008.1	(AG)6	175	TCGAAGAGACACTGGTAGACG	AGCCTGCCAACCTAATCCC
264	CASeSSR264	GDQI01025211.1	(AGA)6	221	GCGAGATCGGTGTTCAAGC	ATTGTCCGAGGCCCTATCG
265	CASeSSR265	GDQI01025304.1	(AT)6	249	CCACACTCTGGTGAATACGC	ATCGTTGTGGCAACATGGC
266	CASeSSR266	GDQI01025379.1	(AGA)6	211	TTCACCGGGTCAGAGCTAC	ATCTTCCGCTGGCTTCCAC
267	CASeSSR267	GDQI01025383.1	(TAT)7	259	TGGTTGTGCCACCAGGAAG	GGATTGCAGGATGGGTTGC
268	CASeSSR268	GDQI01025405.1	(AAG)9	173	ATTGCATCCACAAGGCCAC	CTGGGTCTCGAGGGATTCG
269	CASeSSR269	GDQI01025430.1	(GGC)6	224	ATAGCCGCGCAAGCAATTC	CGCAGTAATTCCAAATATGTACCC
270	CASeSSR270	GDQI01025513.1	(GAA)7	175	ATCCTCGTCAGGCTTTGGG	GGTTCAAGCGCGAATCTCC
271	CASeSSR271	GDQI01025589.1	(AG)8	176	TCTCATCAGCGTCCCACAG	TGACTTTAAGGGCAACAGCC
272	CASeSSR272	GDQI01025785.1	(GT)7	210	CTCCCGATGCTGTTATCGC	TTGGCGTTCGTTGAATCCG
273	CASeSSR273	GDQI01025805.1	(AAG)7	191	AAACACAGTTTCGCGGTGG	ATGGTTTCGGAATTTGGGC
274	CASeSSR274	GDQI01025835.1	(AG)7	258	CTGTACCTGAGGCTTCCCG	CCGGGACTGCTATCACTTTG
275	CASeSSR275	GDQI01025850.1	(GAC)7	243	CGTGGGTGAAAGCAATGGG	CCTTGCCCTTTAGAGTCGC
276	CASeSSR276	GDQI01026027.1	(CTC)9	263	TACGTTCGCATCCCTCCAG	AGGGAGATCGGTGCAGTTG
277	CASeSSR277	GDQI01026033.1	(CT)8	194	ACACAACGGATAAGATTGCAG	AGGTTTCAACGAAACGAGAGG
278	CASeSSR278	GDQI01026219.1	(AT)6	200	AGAAAGACAACAAAGGCATAATTGG	TTCGTGTAGTTCCGGTCTG
279	CASeSSR279	GDQI01026314.1	(CGT)6	208	GCGCTCGACGTATATTGGC	AAACCCGCAGCACAATCG
280	CASeSSR280	GDQI01026436.1	(CTT)11	169	GCGCGGTTTGTTGTCTGCCAC	GTAGTCGTGGGCTACTTCAC

204

序号	EST-SSR	EST源克隆	序列重复	设计长度(bp)	前向引物(F:5'-3')	后向引物(R:5'-3')
281	CASeSSR281	GDQI01026479.1	(AG)7	239	CGGGCTGATCATTCCCAAC	AAAGCTAAACCGACCACTTG
282	CASeSSR282	GDQI01026630.1	(TC)18	216	GCTGAACTTTATCGTGCAAGTG	CCAGACAGCATTCTCCACC
283	CASeSSR283	GDQI01026695.1	(AG)11	177	TCCCTCAACCCTGAAATTCTAAATC	CGACGACTCAACCAAACCG
284	CASeSSR284	GDQI01026731.1	(TC)7	221	CGAGGAAGCGTAGCAATGG	TCGCACAACTTCACAAAGG
285	CASeSSR285	GDQI01026921.1	(CTT)8	216	GGTGCACGGAATTACGAACC	TTGGCCAGATGCCACAAAG
286	CASeSSR286	GDQI01026934.1	(GAT)5	208	ATTGTTGGCAGGCGTACTG	TCTCTCCGGTAAACTGCTTG
287	CASeSSR287	GDQI01026990.1	(CAT)6	267	ACTACCATGCCCTGTACCC	GGAGGTAGTTGGCTCTCCG
288	CASeSSR288	GDQI01027248.1	(GA)14	196	ACGACCTTGACAGGCTTCC	AAGACACCTCATCAGCGGG
289	CASeSSR289	GDQI01027463.1	(TCG)6	181	CTCCACCGCCAGATCCTTG	TCGACGGTTCTCCATGTCC
290	CASeSSR290	GDQI01027476.1	(TG)9	199	ACCAACTGTACATCTGAGGTTTC	TCCTCTCCCTTCTTCCATAAGC
291	CASeSSR291	GDQI01027589.1	(CTT)7	185	GGTTTCTCATTTCCGAGTTTGC	TCTTGAACCTGGGAAGCCG
292	CASeSSR292	GDQI01027652.1	(TGG)7	256	GTAACACCGCCTTCGGTTG	CTTTCCGCCGAGTGGTTC
293	CASeSSR293	GDQI01027718.1	(TC)13	184	CTGGTAGCCAAACACTCCG	CGTGAGCCAGCTGTTTATGG
294	CASeSSR294	GDQI01027773.1	(CT)6	254	TGTGCTGGTAAGGGCGAAG	AGGGCACAAATATGAGGAAGG
295	CASeSSR295	GDQI01027802.1	(CT)7	254	ACGCGCCATATTTCCAACG	AGAATCCGGACAGAGCACG
296	CASeSSR296	GDQI01027805.1	(GA)8	247	AAACCCAATCCGAAATCATCG	CCTTCCAAGCGCTCCTTTG
297	CASeSSR297	GDQI01027815.1	(AG)6	179	AAACCCATCAGCTGCAAAC	TGAAGGTCGGTGGGATTTC
298	CASeSSR298	GDQI01027839.1	(AG)6	271	GGTCCAACAAACGTCTTCTACC	CTGCTGGCGTTTGATCAGG
299	CASeSSR299	GDQI01027978.1	(CCT)5	261	AGCCTAAACCTTCCGCTCC	ACCAAAGCGGAGAGTAGCC
300	CASeSSR300	GDQI01028335.1	(TG)7	195	TCGGGCTGTGTTCAGGTAG	GGGTGGCCATGGACTTCG
301	CASeSSR301	GDQI01028423.1	(CAC)5	181	CGGGCACCCAGTCAATACC	GCATTCGATGAACCAACCTC
302	CASeSSR302	GDQI01028432.1	(CTT)10	268	CAGCTTCCCACCTTTACCG	GTGAAGGGCCTGCTTGATG

序号	EST-SSR	EST源克隆	序列重复	设计长度(bp)	前向引物(F:5'-3')	后向引物(R:5'-3')
303	CASeSSR303	GDQI01028457.1	(AG)8	220	GTGGCTCTGTGTGCTTTCAGG	GTCCGAGCTTTCCACGAAG
304	CASeSSR304	GDQI01028468.1	(GAA)8	174	GTGTTGGGTTTCCTTTGAGC	CGAGGAATTCTCTTCAACGCC
305	CASeSSR305	GDQI01028562.1	(CT)9	269	ACGGTCTATCAACGCCTCC	CCAAACCGGCGTTCTTACC
306	CASeSSR306	GDQI01028627.1	(CT)9	248	ATCTTGGTCTGGCCGCTAC	GCAGGTGAGGCATTGTTGG
307	CASeSSR307	GDQI01028792.1	(CT)6	242	GTCAGATGCTGGCGTTTGG	CCACAGTCCCGATGAAAGC
308	CASeSSR308	GDQI01029006.1	(TC)6	263	TGGTGGCCGGATCTTATGG	TCCACGCAGCGCTAGAC
309	CASeSSR309	GDQI01029035.1	(AC)7	171	ACGTGCAGTTATACACAGTCC	CCTTCTAGCACCCACTGTAAG
310	CASeSSR310	GDQI01029062.1	(CT)6	179	TGTGCTGTGGAATGCTTAGG	GAGGAGACCCTGAAGGAGC
311	CASeSSR311	GDQI01029091.1	(TA)6	265	CGAGACTGTTGTCGCCTTG	CAGGCTAGCGGTTGTATGC
312	CASeSSR312	GDQI01029290.1	(GA)10	212	GACTCACCGATTGAAGCCC	ATTCTTCGCGCGGAAAGTGC
313	CASeSSR313	GDQI01029299.1	(TC)7	270	GACTCTGGGTGCTAAGCCG	TGAACGTGTGTACGAGGAAG
314	CASeSSR314	GDQI01029614.1	(CT)13	223	GTTGTAGGCCCAAAGGGTG	ATGTCCAGTGATCTCCGCC
315	CASeSSR315	GDQI01029684.1	(AG)7	262	ATGGCCAAGGAGAGAGACCC	TCTCGAACTTCCACAGGGC
316	CASeSSR316	GDQI01029743.1	(GA)7	194	AGCTTCTTCAGACCTGCCC	ATCGGTGCTCACAAACGTC
317	CASeSSR317	GDQI01029745.1	(AC)6	265	GGAGGCGATCCCTAACTCG	CTGAGGTCCCATGGCTGTC
318	CASeSSR318	GDQI01029770.1	(AG)9	196	ACAACAGGCCACTGACG	TGACACGCGTAAAGCCAAC
319	CASeSSR319	GDQI01029844.1	(TCG)5	275	TCTTCGCTGGAACTGGAGG	TCTGTCTACCCATGACTGCC
320	CASeSSR320	GDQI01029870.1	(TCT)5	176	AGATGCCTCAGCAGGAGTG	CGAAGTCAGCAGAGATGCC
321	CASeSSR321	GDQI01029980.1	(AG)11	266	ATGAGACGCGTCTCCGATCC	GTGACGCGCCTACATTTCC
322	CASeSSR322	GDQI01030067.1	(CT)6	230	GGAGAAGCCCTTCGCAATC	AAGCTTTCGTTCGGCACC
323	CASeSSR323	GDQI01030252.1	(CT)7	176	ACGTTGAAGAAGGAGCTTCAC	TTCAAGCCAGAGCTGGGAC
324	CASeSSR324	GDQI01030280.1	(CT)7	187	GTGTCTCTGTGTGCTAGGCCG	GACGGAAGCTGTCCATTGC

续表

序号	EST-SSR	EST源克隆	序列重复	设计长度(bp)	前向引物 (F:5'-3')	后向引物 (R:5'-3')
325	CASeSSR325	GDQI01030662.1	(CT)7	260	AACGGTCCCTCTCGCAAAG	CGCAGCCAACTTCCCAATC
326	CASeSSR326	GDQI01030722.1	(CTT)5	206	CCGTGCCTTTGACACCATC	ACCAATGCTCCCAGGCAAG
327	CASeSSR327	GDQI01030886.1	(TTG)5	173	TATCTTAGCCGCACATCGC	CGAGTTTGCCCATGCACC
328	CASeSSR328	GDQI01030907.1	(CA)8	252	CCACACACAGGTGGGAAAC	CATGGACGCCTTTGGAGC
329	CASeSSR329	GDQI01030915.1	(CT)8	240	TAACGGGAACGATCGGAGG	ATCGCGACGAGTTTGAACG
330	CASeSSR330	GDQI01030945.1	(TCT)5	272	TCTGATCACCCGCAAGACC	GCGAAGAAGGAAAGCCCTG
331	CASeSSR331	GDQI01030968.1	(AG)6	256	GGACAATACGCTCTGTCCATAC	GAATCTGCGCCATCGGAAC
332	CASeSSR332	GDQI01031011.1	(GA)12	173	GGTGGTGATTTGGGATCCTTG	AGAAAGGCGCCTCCTTACCC
333	CASeSSR333	GDQI01031137.1	(AG)9	212	GCGTCGTATTTCAGGACACC	CCAAATCCAACAGCCCTCTG
334	CASeSSR334	GDQI01031441.1	(CTT)5	192	CCTGAATCCTAAACGTGTTGGTC	CTGCGTCAAGACGGTTCAC
335	CASeSSR335	GDQI01031484.1	(AG)6	238	TAGGTAAACGCCTAACCCG	GCACAACTGGACTGCCTTG
336	CASeSSR336	GDQI01031489.1	(CTG)5	275	GATGCAGCTTAAGGCGGTCC	GTTTCTCCCAAACCTGCGG
337	CASeSSR337	GDQI01031851.1	(TC)8	263	CGATCCTCCCTTCCGTGG	CTCTGGAGGACGTTGTCGG
338	CASeSSR338	GDQI01031919.1	(CT)7	266	TCTTTCTCAAGGCTCCGGC	GCAAGATTCCAGCTCCGAC
339	CASeSSR339	GDQI01032107.1	(ATC)5	211	CCGAGCTTGAAAGTGGTCAG	CTGCTTGGAAGAGTGCTCG
340	CASeSSR340	GDQI01032174.1	(CT)12	169	ACCTCATCTCCACTTGGTCG	CTGCAGCCTACGTCTACCG
341	CASeSSR341	GDQI01032350.1	(AT)7	191	CCGCTTCTGTTTGGTTCCC	GGCCAGTTTCACTGCCTATTG
342	CASeSSR342	GDQI01032367.1	(GAA)7	257	AACGAGATGCTAAGTGAAGAAC	AAACCCTGCGCTTTCAACC
343	CASeSSR343	GDQI01032527.1	(TCT)8	176	GAAACATTCTCCAATGGCATCC	TTAAAGCAACATGTAGGTGGTC
344	CASeSSR344	GDQI01032675.1	(CTC)7	201	GCGAAGCCTCCAACAACTC	GCGAGGAAGAATTGGCCG
345	CASeSSR345	GDQI01032854.1	(AG)21	193	AGCCACGTTTGCAATTCGG	CCGACCTGCTCCTTTCTTG
346	CASeSSR346	GDQI01032857.1	(AG)6	178	GGAGATCTTTCATAACTAAGACCCG	CGTCACCGAACCCGAAGAC

序号	EST-SSR	EST源克隆	序列重复	设计长度(bp)	前向引物(F:5'-3')	后向引物(R:5'-3')
347	CASeSSR347	GDQI01032891.1	(GAG)6	185	GAGAAGCCTACCAGAGCCC	TATCTGGGCGGAGTTTGCGG
348	CASeSSR348	GDQI01032901.1	(GGA)7	253	TCGGGTGTTCTTCTGGAGC	ACTGCTTAGCTTCGCGGAC
349	CASeSSR349	GDQI01033103.1	(TC)7	257	ACTCTCCCATGCACCTTCC	GAGCGAAACCCATGAAGCC
350	CASeSSR350	GDQI01033229.1	(CTG)6	250	GCTGTCTCATCATTGGCGG	GCCGCCATTTCTCAATTTCC
351	CASeSSR351	GDQI01033383.1	(CTT)5	185	TGGACCTTGGCCTGGAATAG	CTTGCGGGTATCTTCACCG
352	CASeSSR352	GDQI01033532.1	(AG)7	178	ACTAAGCTTTCTCAGGTTGGG	TGGAGAAGAATGCCTTGTACC
353	CASeSSR353	GDQI01033567.1	(CT)6	246	GCTGAAGCTGAGGCCTTG	GTGCCTTGCTTGTTCCACC
354	CASeSSR354	GDQI01033586.1	(TC)6	221	CTCTTCATTCCGTTGGCGG	TTTGAGCTTGAGCCACCTG
355	CASeSSR355	GDQI01033715.1	(AG)12	169	TTTGTGCGCTTATCCTCGC	ACCATGGCCAGTAGCATCC
356	CASeSSR356	GDQI01033824.1	(GCT)5	224	GTAATCGCCGTTCCGCATC	TCAATGGCACCTATATATTAGTAACCC
357	CASeSSR357	GDQI01033840.1	(GCT)5	212	CTTTACAGCAGGCCAGTGC	GCTCAACAGCAGGCCAATC
358	CASeSSR358	GDQI01033970.1	(AG)6	237	GGGCTCACAGTTCAAGCAG	TTTGGCTCCCTTCAAGTCC
359	CASeSSR359	GDQI01034180.1	(AG)7	188	GCACCGAAACTGCTCCTTG	AAGCCCTTGTGCGGAGAC
360	CASeSSR360	GDQI01034239.1	(CTT)7	214	CGCGGGATTCAACACCTTC	CGCATACAGCTGGTGGAAC
361	CASeSSR361	GDQI01034344.1	(AAG)9	175	CCCTTGGCACAAAGAAGTACC	GGACTTGCTGGTATATGCTG
362	CASeSSR362	GDQI01034415.1	(CT)9	223	ACTCAAAGCGCGGCCACC	GCAGGTCCAACAGAATCGC
363	CASeSSR363	GDQI01034452.1	(TC)6	201	TGAGGATCCCTGAAGACAAGC	TGAGGTACTTTCCTGAAGTCGG
364	CASeSSR364	GDQI01034489.1	(GA)6	213	TGCTCAAGTCGAACGAAG	TAGCCCATCCCTCAAACCC
365	CASeSSR365	GDQI01034504.1	(AAG)5	253	TCCCACTTGGTCAGTGTCG	GCTGCCCAGATTCCAAAGC
366	CASeSSR366	GDQI01034547.1	(CT)7	195	TCAGCCGGGGAGTGTATC	ACATAGCTGCGGTTGTATTGG
367	CASeSSR367	GDQI01034674.1	(GA)16	197	GCCTTGTCACAGCAAGGAG	GGCCATCTCCCTCAGAAGC
368	CASeSSR368	GDQI01034748.1	(AG)9	228	AGTGACACATAAATGCCGGTTCC	CCTCCCACCTCAGTCCAAC

续表

序号	EST-SSR	EST 源克隆	序列重复	设计长度(bp)	前向引物(F:5'-3')	后向引物(R:5'-3')
369	CASeSSR369	GDQI01035028.1	(GCT)5	176	TCGATGTCGCGGTACCTTC	CCCACTGACCCTCCTATGC
370	CASeSSR370	GDQI01035182.1	(CTT)6	188	GAAACTGCAGGCTCTTGCC	GCTGCGTTCTAAGCGAAGG
371	CASeSSR371	GDQI01035379.1	(AG)10	249	ACAAGCAACATTCCCTCAGC	ATCCTGCCTTTCCGGTTCG
372	CASeSSR372	GDQI01035401.1	(CTT)7	251	ACCAGCTCTCGGGCAAAG	GTGATGTGTCAAGCGAGGC
373	CASeSSR373	GDQI01035499.1	(AAT)5	197	TGCTGTGTCTAGCCTTCCC	AGACTGGCCCTGAACTTGG
374	CASeSSR374	GDQI01035511.1	(GAT)5	257	ACACGAGGAGAACTAGCACC	TGCGTTACGGCAAACAAGG
375	CASeSSR375	GDQI01035543.1	(AG)6	192	ACATTTCCAAATCCCTAGCC	AAATTGGCCGCACAGATCG
376	CASeSSR376	GDQI01035684.1	(CTC)10	237	ATGGCTGAGATCGTAGGCG	TCTTAAGGTTAGGGTTTCATTGC
377	CASeSSR377	GDQI01035716.1	(CAC)8	227	AATCTGATGGCCAGGGTGC	ACTTCCCATGGTGTCTGCC
378	CASeSSR378	GDQI01035803.1	(TCC)7	223	CTCCAGAGCATCGGGAGACC	CATGGCAAAGGAGCATCGG
379	CASeSSR379	GDQI01035845.1	(TCT)5	202	TACGCAGTTTGCAGGTAGG	CGGCTTTGGAACGTCACC
380	CASeSSR380	GDQI01035948.1	(CAC)6	234	AGCACACTTTCTTGCCCAC	GGCTGAAAGGGTTTGACCG
381	CASeSSR381	GDQI01035981.1	(AGA)6	260	GTTCGAGCACTGATGCCAC	GCCGAGAAACTAAAGGCCG
382	CASeSSR382	GDQI01036036.1	(GAT)6	193	GAAAGCTCCGAGACGTTGG	GCACTGTCGAGCTCAAACC
383	CASeSSR383	GDQI01036126.1	(AG)6	230	CCATTGGAGCAAGCAGTGG	CCATGCACAGTACAAATTCCG
384	CASeSSR384	GDQI01036161.1	(TGC)5	177	ACAGAACCTAAACCAACACTAGG	TAACGACGCCGTATTTCCG
385	CASeSSR385	GDQI01036367.1	(TC)8	237	TTTCGTCTCCACGCACTTG	GTTCGACGAGCTCCGTTTG
386	CASeSSR386	GDQI01036406.1	(TTC)6	250	GGCACAGTTGATTCAGTAGCC	AGGCCGAGGATTGGCAAAG
387	CASeSSR387	GDQI01036445.1	(TGT)6	227	TTGAACTTCGGCACACCTG	GGGAGCTTAGACACCTCGG
388	CASeSSR388	GDQI01036480.1	(CTG)6	191	TGATACCACAACCGTTCTCC	ACTTGAGCAAAGCCAACCG
389	CASeSSR389	GDQI01036500.1	(AAG)6	208	GATCCCCACGAGCCTAGACC	CTCAGTTGCACGCTTCCG
390	CASeSSR390	GDQI01036506.1	(CT)6	228	CATTTCCGGTTGGTTCATC	GTTCTTGCATGCCTCTGGG

序号	EST-SSR	EST 源克隆	序列重复	设计长度 (bp)	前向引物 (F:5'-3')	后向引物 (R:5'-3')
391	CASeSSR391	GDQI01036637.1	(TTA)6	215	TCATGAACTGGATTCTTCCTGC	GGGATGCACCATTGGAAAGC
392	CASeSSR392	GDQI01036641.1	(CT)10	180	TGCAGGGTCAGGTATCCG	CGCTCCGGTCTGACTTCC
393	CASeSSR393	GDQI01036642.1	(TCC)5	274	TTCCGACCTATCGCAGGTG	GATTCTCCACCGTCAAGCG
394	CASeSSR394	GDQI01036691.1	(AGA)6	249	GGTTCACCTGAAGCAGAGAAATC	AGCATACATTCTAGAGTTCAGCC
395	CASeSSR395	GDQI01036783.1	(AG)14	262	CAATCGCAGACGCATGGAG	AACTAACCAGTTCCGCGTC
396	CASeSSR396	GDQI01036883.1	(CTT)6	235	TCTGCACCATCCACTCCG	AGCCGATTCTTATTCTTTGAAC
397	CASeSSR397	GDQI01037141.1	(AT)6	250	GGCCCACGGTAAATGGAAAC	CTGGAAGCCAGAAATGAGC
398	CASeSSR398	GDQI01037313.1	(TTC)8	188	TCTGCCGCCAATTCTTTCAG	AGATTGAAGCATGACAGTGGG
399	CASeSSR399	GDQI01037448.1	(CT)8	249	GCCTTCAGTGCACAAAGTGG	TTCGAGGGCATTGTTTGGC
400	CASeSSR400	GDQI01037507.1	(AC)6	240	ACCTGACAGCACTCCTTATC	GAGTGGATATGCCGTGAGC
401	CASeSSR401	GDQI01037561.1	(CTT)5	245	CTGCAGCCTTGCCTTTGAG	AGAGCGTCCATGTTCCCTG
402	CASeSSR402	GDQI01037611.1	(TCT)5	256	TGCTTTCCTAGCATCCCTAC	GCTTTAGACACGGCTTGCCG
403	CASeSSR403	GDQI01037645.1	(TGC)5	224	CCAAGCCCAGAGCCCAGTTG	GCACCTGGCCTCAATAACG
404	CASeSSR404	GDQI01037766.1	(TTC)5	239	CAAACTCATGATCTGTGCGG	TGGACTGGAAGGTATCGGC

附表 2　木麻黄 EST-SSR 位点的多态性、树种通用性及 EST 功能注释

序号	EST-SSR	木麻黄中的多态性					树种通用性	基因中 SSR 位置	EST 功能注释 ($E ≤ 10^{-5}$) [物种]	BlastX E-value
		N_a	ASR	H_E	H_O	PIC				
1	CASeSSR002	4	196-217	0.69	1.00	0.60	Ce, Cc, Cg, Cj	CDS	Ubiquitin-like superfamily protein, putative isoform 3 [Theobroma cacao]	0
2	CASeSSR004	4	258-288	0.74	0.20	0.65	Ce, Cc, Cg, Cj	3'UTR	Mitochondrial acyl carrier protein 1 [Jatropha curcas]	3.00E-63
3	CASeSSR005	5	207-243	0.75	0.90	0.67	Ce, Cc, Cg, Cj	5'UTR	Double-stranded RNA-binding protein 2 [Theobroma cacao]	7.00E-161
4	CASeSSR012	7	197-236	0.88	1.00	0.80	Ce, Cc, Cg, Cj	CDS	Chaperone DnaJ-domain superfamily protein [Theobroma cacao]	4.00E-61
5	CASeSSR013	2	237-255	0.53	1.00	0.38	Ce, Cc, Cg, Cj	CDS	hypothetical protein PRUPE_ppa004553mg [Prunus persica]	0
6	CASeSSR014	5	132-153	0.69	1.00	0.60	Ce, Cc, Cg, Cj	3'UTR	PREDICTED: homeobox-leucine zipper protein REVOLUTA [Vitis vinifera]	0
7	CASeSSR015	2	185-191	0.19	0.00	0.16	Ce, Cc, Cg, Cj	CDS	PREDICTED: putative RING-H2 finger protein ATL21A [Ziziphus jujuba]	2.00E-32
8	CASeSSR017	8	243-270	0.86	1.00	0.79	Ce, Cc, Cg, Cj	CDS	choline-phosphate cytidylyltransferase 1-like [Jatropha curcas]	5.00E-23
9	CASeSSR020	2	204-220	0.53	1.00	0.38	Ce, Cc, Cg, Cj	5'UTR	Nuclear control of ATPase protein 2 [Theobroma cacao]	9.00E-08
10	CASeSSR022	3	174-188	0.58	1.00	0.45	Ce, Cc, Cg, Cj	CDS	No significant match	-
11	CASeSSR023	NC	NC	NC	NC	NC	Cc, Cg, Cj	5'UTR	hypothetical protein CICLE_v100185461mg [Citrus clementina]	9.00E-07
12	CASeSSR024	4	181-215	0.50	0.10	0.44	Ce, Cc, Cg, Cj	3'UTR	PREDICTED: G-type lectin S-receptor-like serine/threonine-protein kinase At4g03230 [Nelumbo nucifera]	1.00E-180

序号	EST-SSR	木麻黄中的多态性					树种通用性	基因中 SSR 位置	EST 功能注释 ($E \leq 10^{-5}$) [物种]	BlastX E-value
		N_a	ASR	H_E	H_O	PIC				
13	CASeSSR026	5	205-226	0.72	1.00	0.63	Ce, Cc, Cg, Cj	3'UTR	PREDICTED: ycf20-like protein isoform X1 [Ziziphus jujuba]	9.00E-82
14	CASeSSR027	6	240-266	0.80	0.44	0.72	Ce, Cc, Cg, Cj	5'UTR	PREDICTED: BTB/POZ domain-containing protein At2g24240 [Capsicum annuum]	0
15	CASeSSR028	1	244	0.00	0.00	0.00	Ce, Cc, Cg, Cj	3'UTR	cinnamoyl-CoA reductase 1 [Betula platyphylla]	0
16	CASeSSR030	4	150-164	0.71	1.00	0.61	Ce, Cc, Cg, Cj	CDS	No significant match	-
17	CASeSSR031	4	172-186	0.79	1.00	0.67	Ce, Cc, Cg, Cj	CDS	PREDICTED: uncharacterized protein At5g05190-like isoform X2 [Populus euphratica]	5.00E-133
18	CASeSSR032	7	222-260	0.82	1.00	0.75	Ce, Cc, Cg, Cj	5'UTR	No lysine kinase 1 isoform 1 [Theobroma cacao]	0.00E+00
19	CASeSSR034	4	170-184	0.80	1.00	0.70	Ce, Cc, Cg, Cj	3'UTR	hypothetical protein B456_005G202100 [Gossypium raimondii]	2.00E-09
20	CASeSSR035	6	202-222	0.84	1.00	0.76	Ce, Cc, Cg, Cj	3'UTR	Actin-related protein 3 [Morus notabilis]	0
21	CASeSSR036	4	150-159	0.55	0.10	0.48	Ce, Cc, Cg, Cj	3'UTR	No significant match	-
22	CASeSSR037	2	146-158	0.53	1.00	0.38	Ce, Cc, Cg, Cj	5'UTR	Protein ME12-like 4 [Morus notabilis]	8.00E-41
23	CASeSSR038	7	176-234	0.88	1.00	0.79	Ce, Cg, Cj	5'UTR	PREDICTED: uncharacterized protein LOC105646814 [Jatropha curcas]	6.00E-133
24	CASeSSR039	7	154-181	0.89	1.00	0.82	Ce, Cc, Cg, Cj	CDS	transcription factor NLP7 [Citrus trifoliata]	0
25	CASeSSR040	5	218-238	0.79	1.00	0.70	Ce, Cc, Cg, Cj	3'UTR	hypothetical protein L484_025589 [Morus notabilis]	0
26	CASeSSR041	11	182-236	0.94	1.00	0.87	Ce, Cc, Cg, Cj	3'UTR	YELLOW STRIPE like 6 [Theobroma cacao]	0
27	CASeSSR045	2	199-214	0.53	1.00	0.38	Ce, Cc, Cg, Cj	CDS	PREDICTED: TMV resistance protein N-like [Ziziphus jujuba]	5.00E-71

木麻黄
抗青枯病植物材料选育及其推广

续表

序号	EST-SSR	木麻黄中的多态性					树种通用性	基因中 SSR 位置	EST 功能注释 ($E \leq 10^{-5}$) [物种]	BlastX E-value
		N_a	ASR	H_E	H_O	PIC				
28	CASeSSR048	10	204-238	0.93	1.00	0.85	Ce, Cc, Cg, Cj	CDS	NAD-dependent deacetylase sirtuin-6 [Morus notabilis]	0
29	CASeSSR049	2	210-225	0.53	1.00	0.38	Ce, Cc, Cg, Cj	CDS	PREDICTED: WEB family protein At3g02930, chloroplastic [Populus euphratica]	8.00E-97
30	CASeSSR051	2	174-186	0.53	1.00	0.38	Ce, Cc, Cg, Cj	CDS	Auxin efflux carrier family protein isoform 1 [Theobroma cacao]	2.00E-153
31	CASeSSR052	4	239-259	0.73	0.80	0.61	Ce, Cc, Cg, Cj	CDS	wall-associated receptor kinase galacturonan-binding protein [Medicago truncatula]	2.00E-17
32	CASeSSR055	10	222-270	0.97	1.00	0.88	Ce, Cc, Cg, Cj	5'UTR	No significant match	-
33	CASeSSR056	12	198-242	0.92	1.00	0.86	Ce, Cc, Cg, Cj	3'UTR	No significant match	-
34	CASeSSR057	2	137-149	0.53	1.00	0.38	Ce, Cc, Cg, Cj	5'UTR	brevis radix-like protein [Medicago truncatula]	0
35	CASeSSR059	5	187-213	0.68	1.00	0.58	Ce, Cc, Cg, Cj	5'UTR	PREDICTED: uncharacterized protein LOC107429249 [Ziziphus jujuba]	2.00E-47
36	CASeSSR060	4	182-198	0.74	1.00	0.63	Ce, Cc, Cg, Cj	5'UTR	26S proteasome subunit 4-like protein [Brassica napus]	2.00E-08
37	CASeSSR062	4	137-167	0.66	1.00	0.54	Ce, Cc, Cj	3'UTR	No significant match	-
38	CASeSSR063	2	182-186	0.19	0.00	0.16	Ce, Cc, Cg, Cj	CDS	No significant match	-
39	CASeSSR064	9	152-182	0.88	1.00	0.81	Ce, Cc, Cg, Cj	5'UTR	Growth-regulating factor 1 [Theobroma cacao]	1.00E-148
40	CASeSSR065	2	218-240	0.52	0.89	0.37	Ce, Cc, Cg, Cj	3'UTR	No significant match	-
41	CASeSSR066	2	166-172	0.46	0.63	0.34	Ce, Cc, Cg, Cj	5'UTR	PREDICTED: ankyrin repeat-containing protein At5g02620-like [Citrus sinensis]	4.00E-114
42	CASeSSR068	3	211-239	0.57	1.00	0.44	Ce, Cc, Cg, Cj	CDS	PREDICTED: uncharacterized protein LOC101510841 [Cicer arietinum]	9.00E-06

序号	EST-SSR	木麻黄中的多态性					树种通用性	基因中 SSR 位置	EST 功能注释 ($E \leq 10^{-5}$)［物种］	BlastX E-value
		N_a	ASR	H_E	H_O	PIC				
43	CASeSSR069	7	217-253	0.93	1.00	0.82	*Ce, Cc, Cg, Cj*	CDS	hypothetical protein POPTR_0008s03970g [*Populus trichocarpa*]	5.00E-20
44	CASeSSR070	7	145-169	0.82	1.00	0.73	*Ce, Cc, Cg, Cj*	CDS	Formin-like protein 14 [*Morus notabilis*]	0
45	CASeSSR072	6	150-190	0.74	1.00	0.65	*Ce, Cc, Cg, Cj*	5'UTR	Kinase, putative [*Theobroma cacao*]	2.00E-171
46	CASeSSR073	8	122-152	0.90	1.00	0.83	*Ce, Cc, Cg, Cj*	5'UTR	PREDICTED: probable protein phosphatase 2C 39 [*Ziziphus jujuba*]	2.00E-169
47	CASeSSR074	2	181-193	0.53	1.00	0.38	*Ce, Cc, Cg, Cj*	5'UTR	terminal flower 2 protein [*Malus domestica*]	3.00E-116
48	CASeSSR075	3	218-233	0.60	1.00	0.46	*Ce, Cc, Cg, Cj*	5'UTR	PREDICTED: casein kinase II subunit beta isoform X2 [*Citrus sinensis*]	3.00E-159
49	CASeSSR076	7	350-383	0.79	1.00	0.71	*Ce, Cc, Cg, Cj*	5'UTR	Pre-mRNA-splicing factor SF2 [*Cajanus cajan*]	1.00E-82
50	CASeSSR078	8	160-186	0.87	1.00	0.81	*Ce, Cc, Cg, Cj*	5'UTR	No significant match	-
51	CASeSSR080	4	237-270	0.79	1.00	0.70	*Ce, Cc, Cg, Cj*	CDS	GDA1/CD39 nucleoside phosphatase family protein isoform 1 [*Theobroma cacao*]	0
52	CASeSSR088	4	190-208	0.69	1.00	0.60	*Ce, Cc, Cg, Cj*	CDS	No significant match	-
53	CASeSSR090	6	214-236	0.87	0.71	0.78	*Ce, Cc, Cg, Cj*	CDS	No significant match	-
54	CASeSSR095	5	230-250	0.75	1.00	0.66	*Ce, Cc, Cg, Cj*	5'UTR	senescence-associated family protein [*Populus trichocarpa*]	8.00E-08
55	CASeSSR096	6	161-179	0.82	1.00	0.73	*Ce, Cc, Cg, Cj*	5'UTR	PREDICTED: autophagy-related protein 18h [*Ricinus communis*]	5.00E-101
56	CASeSSR097	4	190-206	0.65	1.00	0.53	*Ce, Cc, Cg, Cj*	CDS	No significant match	-
57	CASeSSR098	12	112-178	0.95	1.00	0.89	*Ce, Cc, Cg, Cj*	5'UTR	phosphate transporter 1 [*Hevea brasiliensis*]	0
58	CASeSSR099	1	234	0.00	0.00	0.00	*Ce, Cc, Cg, Cj*	3'UTR	PREDICTED: acid phosphatase 1 [*Jatropha curcas*]	6.00E-143

序号	EST-SSR	木麻黄中的多态性					树种通用性	基因中SSR位置	EST功能注释 ($E \leq 10^{-5}$) [物种]	BlastX E-value
		N_a	ASR	H_E	H_O	PIC				
59	CASeSSR100	7	188-230	0.89	1.00	0.80	Ce, Cc, Cg, Cj	5'UTR	Orange protein isoform 5 [*Theobroma cacao*]	2.00E-54
60	CASeSSR108	6	239-273	0.86	0.57	0.77	Ce, Cc, Cg, Cj	CDS	No significant match	-
61	CASeSSR110	6	206-234	0.81	1.00	0.72	Ce, Cc, Cg, Cj	3'UTR	PREDICTED: protein arginine N-methyltransferase 1.6 [*Prunus mume*]	0
62	CASeSSR111	8	156-174	0.92	1.00	0.84	Ce, Cc, Cg, Cj	CDS	No significant match	-
63	CASeSSR112	6	184-214	0.93	1.00	0.79	Ce, Cc, Cg, Cj	3'UTR	No significant match	-
64	CASeSSR114	5	210-230	0.83	1.00	0.73	Ce, Cc, Cg, Cj	5'UTR	PREDICTED: myosin-15 [*Ziziphus jujuba*]	0
65	CASeSSR115	11	236-324	0.95	0.89	0.89	Ce, Cc, Cg, Cj	5'UTR	BEL1-like homeodomain protein 6 isoform 1 [*Theobroma cacao*]	0
66	CASeSSR116	3	170-185	0.52	0.22	0.44	Ce, Cc, Cg, Cj	CDS	Time for coffee, putative isoform 1 [*Theobroma cacao*]	0
67	CASeSSR118	7	172-192	0.89	0.88	0.82	Ce, Cc, Cg, Cj	CDS	No significant match	-
68	CASeSSR119	3	301-328	0.66	0.86	0.53	Ce, Cc, Cg, Cj	5'UTR	PREDICTED: methyltransferase-like protein 13 [*Prunus mume*]	2.00E-24
69	CASeSSR120	2	195-210	0.53	1.00	0.38	Ce, Cc, Cg, Cj	CDS	No significant match	-
70	CASeSSR121	4	197-218	0.77	0.25	0.67	Ce, Cc, Cg, Cj	CDS	No significant match	-
71	CASeSSR124	2	189-203	0.53	1.00	0.38	Ce, Cc, Cg, Cj	5'UTR	No significant match	-
72	CASeSSR125	6	328-378	0.76	1.00	0.68	Ce, Cc, Cg, Cj	5'UTR	AAA+ ATPase domain-containing protein [*Cynara cardunculus var. scolymus*]	0
73	CASeSSR127	4	140-154	0.73	1.00	0.63	Ce, Cc, Cg, Cj	5'UTR	No significant match	-
74	CASeSSR128	2	222-237	0.53	1.00	0.38	Ce, Cc, Cg, Cj	CDS	Homeobox BEL1-like protein [*Aegilops tauschii*]	1.00E-05
75	CASeSSR129	3	222-255	0.65	1.00	0.53	Ce, Cc, Cg, Cj	CDS	PREDICTED: DEAD-box ATP-dependent RNA helicase ISE2, chloroplastic [*Vitis vinifera*]	0

序号	EST-SSR	木麻黄中的多态性					树种通用性	基因中SSR位置	EST 功能注释 ($E \leq 10^{-5}$)[物种]	BlastX E-value
		N_a	ASR	H_E	H_O	PIC				
76	CASeSSR130	6	146-174	0.88	0.88	0.80	Ce, Cc, Cg, Cj	CDS	No significant match	-
77	CASeSSR131	5	148-162	0.82	1.00	0.73	Ce, Cc, Cg, Cj	CDS	No significant match	-
78	CASeSSR132	2	127-130	0.37	0.00	0.29	Ce, Cc, Cg, Cj	CDS	histone H2A family protein [Populus trichocarpa]	1.00E-64
79	CASeSSR133	6	144-174	0.93	1.00	0.79	Ce, Cc, Cg, Cj	CDS	No significant match	-
80	CASeSSR134	4	184-202	0.65	1.00	0.53	Ce, Cc, Cg, Cj	CDS	No significant match	-
81	CASeSSR135	4	242-262	0.69	1.00	0.58	Ce, Cc, Cg, Cj	5'UTR	PREDICTED: flowering time control protein FPA-like [Ziziphus jujuba]	0
82	CASeSSR136	4	226-250	0.63	1.00	0.52	Ce, Cc, Cg, Cj	CDS	hypothetical protein glysoja_041135 [Glycine soja]	6.00E-61
83	CASeSSR139	7	226-284	0.89	1.00	0.80	Ce, Cc, Cg, Cj	5'UTR	Peptide-N(4)-(N-acetyl-beta-glucosaminyl) asparagine amidase [Morus notabilis]	9.00E-13
84	CASeSSR140	5	210-230	0.82	1.00	0.73	Ce, Cc, Cg, Cj	CDS	No significant match	-
85	CASeSSR141	8	187-205	0.88	1.00	0.81	Ce, Cc, Cg, Cj	CDS	No significant match	-
86	CASeSSR142	9	210-240	0.90	1.00	0.83	Ce, Cc, Cg, Cj	CDS	Ferrochelatase-2 [Morus notabilis]	3.00E-77
87	CASeSSR143	6	152-172	0.84	1.00	0.76	Ce, Cc, Cg, Cj	5'UTR	No significant match	-
88	CASeSSR144	7	186-216	0.93	1.00	0.82	Ce, Cc, Cg, Cj	5'UTR	Homeobox protein [Morus notabilis]	4.00E-37
89	CASeSSR147	8	220-256	0.84	0.75	0.77	Ce, Cc, Cg, Cj	5'UTR	hypothetical protein EUGRSUZ_B03295 [Eucalyptus grandis]	2.00E-61
90	CASeSSR148	5	148-164	0.68	1.00	0.58	Ce, Cc, Cj	5'UTR	No significant match	-
91	CASeSSR152	3	181-205	0.60	1.00	0.46	Ce, Cc, Cg, Cj	CDS	No significant match	-
92	CASeSSR156	4	164-178	0.87	1.00	0.67	Ce, Cc, Cg, Cj	5'UTR	PREDICTED: uncharacterized protein At2g40430 [Vitis vinifera]	1.00E-146
93	CASeSSR157	4	187-202	1.00	1.00	0.70	Ce, Cc, Cg, Cj	CDS	No significant match	-

续表

序号	EST-SSR	木麻黄中的多态性					树种通用性	基因中SSR位置	EST 功能注释 ($E \leq 10^{-5}$) [物种]	BlastX E-value
		N_a	ASR	H_E	H_o	PIC				
94	CASeSSR159	4	203-212	0.69	0.20	0.61	Ce, Cc, Cg, Cj	CDS	No significant match	-
95	CASeSSR160	2	228-243	0.19	0.00	0.16	Ce, Cc, Cg, Cj	CDS	Protein ABCI7 [Morus notabilis]	0
96	CASeSSR162	4	192-213	0.63	1.00	0.52	Ce, Cc, Cg, Cj	5'UTR	NAC domain-containing protein [Boehmeria nivea]	5.00E-130
97	CASeSSR165	4	262-280	0.68	0.38	0.57	Ce, Cc, Cg, Cj	5'UTR	mitogen-activated protein kinase 3 [Betula platyphylla]	0
98	CASeSSR170	4	229-250	0.70	1.00	0.60	Ce, Cc, Cg, Cj	CDS	PREDICTED: scarecrow-like protein 1 [Ziziphus jujuba]	0
99	CASeSSR174	10	240-296	0.92	1.00	0.86	Ce, Cc, Cg, Cj	5'UTR	PREDICTED: auxin-responsive protein IAA9 [Prunus mume]	1.00E-179
100	CASeSSR175	4	229-250	0.62	1.00	0.50	Ce, Cc, Cg, Cj	CDS	No significant match	-
101	CASeSSR176	4	210-228	0.69	0.40	0.61	Ce, Cc, Cg, Cj	CDS	PREDICTED: probable serine/threonine-protein kinase WNK5 [Gossypium raimondii]	0
102	CASeSSR177	2	215-231	0.53	1.00	0.38	Ce, Cc, Cg, Cj	5'UTR	PREDICTED: alpha-(1,4)-fucosyltransferase [Malus domestica]	0
103	CASeSSR178	6	198-222	0.83	0.56	0.75	Ce, Cc, Cg, Cj	CDS	No significant match	-
104	CASeSSR179	8	225-257	0.89	0.50	0.83	Ce, Cc, Cg, Cj	5'UTR	PREDICTED: CBS domain-containing protein CBSCBSPB3-like [Ziziphus jujuba]	6.00E-146
105	CASeSSR180	13	169-211	0.94	1.00	0.88	Ce, Cc, Cg, Cj	CDS	Modifier of snc1, putative isoform 1 [Theobroma cacao]	8.00E-74
106	CASeSSR182	5	198-216	0.73	1.00	0.64	Ce, Cc, Cg, Cj	3'UTR	Inositol polyphosphate 5-phosphatase 11 [Theobroma cacao]	2.00E-179
107	CASeSSR184	4	165-204	0.66	1.00	0.55	Ce, Cc, Cg, Cj	CDS	No significant match	-

序号	EST-SSR	木麻黄中的多态性					树种通用性	基因中SSR位置	EST 功能注释 ($E \leq 10^{-5}$) [物种]	BlastX E-value
		N_a	ASR	H_E	H_O	PIC				
108	CASeSSR185	4	153-171	0.59	0.10	0.51	Ce, Cc, Cg, Cj	5'UTR	Serine/threonine-protein kinase PBS1 [Morus notabilis]	0
109	CASeSSR186	4	244-268	0.51	0.20	0.45	Ce, Cc, Cg, Cj	3'UTR	Ribulose-1,5 bisphosphate carboxylase/oxygenase large subunit N-methyltransferase, chloroplastic [Gossypium arboreum]	3.00E-125
110	CASeSSR187	NC	NC	NC	NC	NC	Cc, Cg, Cj	3'UTR	PREDICTED: tetratricopeptide repeat protein 27 homolog [Prunus mume]	0
111	CASeSSR189	4	221-239	0.76	1.00	0.67	Ce, Cc, Cg, Cj	NA	No significant match	-
112	CASeSSR190	2	144-156	0.53	1.00	0.38	Ce, Cc, Cg, Cj	CDS	Vacuolar protein sorting-associated protein 41 isoform 1 [Theobroma cacao]	0
113	CASeSSR191	2	206-212	0.14	0.14	0.12	Ce, Cc, Cg, Cj	NA	No significant match	-
114	CASeSSR192	4	221-242	0.68	1.00	0.58	Ce, Cc, Cg, Cj	CDS	hypothetical protein PRUPE_ppa000106mg [Prunus persica]	0
115	CASeSSR193	4	167-182	0.62	1.00	0.50	Ce, Cc, Cg, Cj	CDS	putative DNA-binding domain-containing protein [Cynara cardunculus var. scolymus]	59%
116	CASeSSR197	2	187-190	0.10	0.10	0.09	Ce, Cc, Cg, Cj	5'UTR	No significant match	-
117	CASeSSR198	6	224-254	0.83	1.00	0.76	Ce, Cc, Cg, Cj	CDS	PREDICTED: lysM domain receptor-like kinase 3 [Nelumbo nucifera]	4.00E-17
118	CASeSSR204	9	179-203	0.89	1.00	0.83	Ce, Cc, Cg, Cj	CDS	PREDICTED: receptor-like protein kinase FERONIA [Vitis vinifera]	4.00E-13
119	CASeSSR207	1	242	0.00	0.00	0.00	Ce, Cc, Cg, Cj	5'UTR	Basic helix-loop-helix DNA-binding superfamily protein isoform 3 [Theobroma cacao]	4.00E-48
120	CASeSSR208	NC	NC	NC	NC	NC	Cc, Cg, Cj	CDS	No significant match	-

序号	EST-SSR	木麻黄中的多态性					树种通用性	基因中 SSR 位置	EST 功能注释 ($E \leqslant 10^{-5}$) [物种]	BlastX E-value
		N_a	ASR	H_E	H_o	PIC				
121	CASeSSR209	5	227-279	0.74	0.50	0.64	Ce, Cc, Cg, Cj	3'UTR	oral cancer-overexpressed protein 1 [Dorcoceras hygrometricum]	2.00E-39
122	CASeSSR212	3	257-275	0.58	1.00	0.45	Ce, Cc, Cg, Cj	CDS	PREDICTED: uncharacterized protein LOC107404645 isoform X1 [Ziziphus jujuba]	2.00E-33
123	CASeSSR213	6	167-199	0.79	1.00	0.72	Ce, Cc, Cg, Cj	5'UTR	kinase family protein [Populus trichocarpa]	1.00E-14
124	CASeSSR214	2	209-224	0.67	1.00	0.38	Ce, Cc, Cg, Cj	CDS	chitinase-like protein 2 precursor [Gossypium hirsutum]	0
125	CASeSSR216	2	152-164	0.53	1.00	0.38	Ce, Cc, Cg, Cj	CDS	remorin-like protein [Dimocarpus longan]	2.00E-59
126	CASeSSR217	7	215-251	0.77	0.40	0.71	Ce, Cc, Cg, Cj	5'UTR	No significant match	-
127	CASeSSR220	2	168-180	0.54	1.00	0.38	Ce, Cc, Cg, Cj	CDS	No significant match	-
128	CASeSSR221	10	172-199	0.88	1.00	0.82	Ce, Cc, Cg, Cj	5'UTR	PREDICTED: bifunctional riboflavin biosynthesis protein RIBA 1, chloroplastic-like isoform X1 [Populus euphratica]	9.00E-06
129	CASeSSR222	11	224-257	0.94	1.00	0.89	Ce, Cc, Cg, Cj	CDS	No significant match	-
130	CASeSSR226	8	238-276	0.90	1.00	0.83	Ce, Cj	5'UTR	Glycosyl hydrolase family protein isoform 1 [Theobroma cacao]	0
131	CASeSSR229	8	150-180	0.87	1.00	0.81	Ce, Cc, Cg, Cj	5'UTR	PREDICTED: uncharacterized protein LOC107434963 [Ziziphus jujuba]	5.00E-116
132	CASeSSR230	11	154-196	0.92	1.00	0.86	Ce, Cc, Cg, Cj	5'UTR	UDP-galactose transporter 2 [Glycine soja]	4.00E-41
133	CASeSSR231	10	188-220	0.92	1.00	0.86	Ce, Cc, Cg, Cj	NA	No significant match	-
134	CASeSSR232	4	243-264	0.80	1.00	0.70	Ce, Cc, Cg, Cg	CDS	No significant match	-
135	CASeSSR236	10	184-218	0.86	1.00	0.80	Ce, Cc, Cg, Cj	5'UTR	Kelch repeat-containing protein At3g27220 family [Cajanus cajan]	0

续表

| 序号 | EST-SSR | 木麻黄中的多态性 | | | | | 树种通用性 | 基因中SSR位置 | EST 功能注释 ($E \leq 10^{-5}$) [物种] | BlastX E-value |
		N_a	ASR	H_E	H_O	PIC				
136	CASeSSR237	5	160-184	0.66	1.00	0.56	Ce, Cc, Cg, Cj	CDS	PREDICTED: uncharacterized protein At3g27210-like [Ziziphus jujuba]	7.00E-12
137	CASeSSR238	4	257-284	0.62	1.00	0.50	Ce, Cc, Cg, Cj	CDS	S-RNase binding protein 1-like protein [Prunus avium]	4.00E-80
138	CASeSSR241	11	226-280	0.93	1.00	0.87	Ce, Cc, Cg, Cj	3'UTR	PREDICTED: uncharacterized protein LOC103328536 [Prunus mume]	2.00E-08
139	CASeSSR242	2	223-225	0.29	0.11	0.24	Ce, Cc, Cg, Cj	CDS	No significant match	-
140	CASeSSR244	4	186-198	0.56	0.70	0.50	Ce, Cc, Cg, Cj	CDS	duf246 domain-containing protein [Morella rubra]	0
141	CASeSSR245	9	218-244	0.89	1.00	0.83	Ce, Cc, Cg, Cj	NA	No significant match	-
142	CASeSSR247	6	174-190	0.73	1.00	0.63	Ce, Cc, Cg, Cj	3'UTR	peroxisomal ascorbate peroxidase [Camellia sinensis]	2.00E-15
143	CASeSSR249	4	223-250	0.71	1.00	0.61	Ce, Cc, Cg, Cj	CDS	PREDICTED: cationic amino acid transporter 9, chloroplastic [Ziziphus jujuba]	0
144	CASeSSR250	6	210-250	0.69	0.56	0.62	Ce, Cc, Cg, Cj	CDS	No significant match	-
145	CASeSSR251	2	266-282	0.53	1.00	0.38	Ce, Cc, Cg, Cj	CDS	cytochrome P450 71A1-like [Prunus mume]	9.00E-76
146	CASeSSR252	11	162-194	0.93	1.00	0.87	Ce, Cc, Cg, Cj	5'UTR	No significant match	-
147	CASeSSR253	7	184-212	0.85	1.00	0.78	Ce, Cc, Cg, Cj	CDS	No significant match	-
148	CASeSSR254	4	205-221	0.69	0.40	0.59	Ce, Cc, Cg, Cj	3'UTR	Early endosome antigen, putative isoform 1 [Theobroma cacao]	0
149	CASeSSR256	4	123-165	0.48	0.33	0.42	Ce, Cc, Cg, Cj	CDS	Peroxisome biogenesis protein 2 [Morus notabilis]	0
150	CASeSSR257	6	156-178	0.86	0.88	0.78	Ce, Cc, Cg, Cj	CDS	No significant match	-
151	CASeSSR258	6	201-243	0.82	0.70	0.75	Ce, Cc, Cg, Cj	5'UTR	No significant match	-
152	CASeSSR259	4	212-233	0.68	0.50	0.56	Ce, Cc, Cg, Cj	CDS	No significant match	-

序号	EST-SSR	木麻黄中的多态性					树种通用性	基因中 SSR 位置	EST 功能注释 ($E \leqslant 10^{-5}$) [物种]	BlastX E-value
		N_a	ASR	H_E	H_O	PIC				
153	CASeSSR260	4	326-350	0.65	0.10	0.56	Ce, Cc, Cg, Cj	5'UTR	Ubiquitin-conjugating enzyme 16 [Theobroma cacao]	1.00E-21
154	CASeSSR262	5	229-253	0.81	1.00	0.72	Ce, Cj	CDS	No significant match	-
155	CASeSSR263	6	156-186	0.66	0.40	0.58	Ce, Cc, Cg, Cj	CDS	No significant match	-
156	CASeSSR264	10	197-251	0.94	1.00	0.87	Ce, Cc, Cg, Cj	CDS	unnamed protein product [Vitis vinifera]	1.00E-22
157	CASeSSR265	3	372-376	0.44	0.17	0.36	Ce, Cc, Cj	3'UTR	PREDICTED: serine/threonine-protein phosphatase PP2A-3 catalytic subunit isoform X1 [Tarenaya hassleriana]	0
158	CASeSSR266	2	180-192	0.53	1.00	0.38	Ce, Cc, Cg, Cj	CDS	PREDICTED: pentatricopeptide repeat-containing protein At3g18110, chloroplastic-like [Prunus mume]	0
159	CASeSSR268	9	133-163	0.91	1.00	0.85	Ce, Cc, Cg, Cj	CDS	PREDICTED: plastid division protein PDV2 [Prunus mume]	2.00E-103
160	CASeSSR269	4	151-175	0.77	0.50	0.69	Ce, Cc, Cg, Cj	5'UTR	Transcription factor GTE4 -like protein [Gossypium arboreum]	7.00E-15
161	CASeSSR270	7	142-166	0.82	1.00	0.75	Ce, Cc, Cg, Cj	CDS	No significant match	-
162	CASeSSR271	4	145-159	0.63	0.30	0.53	Ce, Cc, Cg, Cj	5'UTR	Zinc finger, C2H2 [Cynara cardunculus var. scolymus]	2.00E-30
163	CASeSSR273	9	165-192	0.92	1.00	0.86	Ce, Cc, Cg, Cj	CDS	No significant match	-
164	CASeSSR274	9	216-248	0.86	1.00	0.79	Ce, Cc, Cg, Cj	5'UTR	Kinesin heavy chain, putative [Ricinus communis]	0
165	CASeSSR276	8	222-258	0.89	1.00	0.83	Ce, Cc, Cg, Cj	5'UTR	PREDICTED: auxin-induced in root cultures protein 12 [Ricinus communis]	1.00E-50
166	CASeSSR277	11	162-212	0.94	1.00	0.88	Ce, Cc, Cg, Cj	CDS	No significant match	-

续表

序号	EST-SSR	木麻黄中的多态性					树种通用性	基因中SSR位置	EST 功能注释 ($E \leq 10^{-5}$) [物种]	BlastX E-value
		N_a	ASR	H_E	H_O	PIC				
167	CASeSSR278	4	172-186	0.69	1.00	0.60	Ce, Cc, Cg, Cj	5'UTR	No significant match	-
168	CASeSSR279	2	174-186	0.53	1.00	0.38	Ce, Cc, Cg, Cj	CDS	PREDICTED: type II inositol 1,4,5-trisphosphate 5-phosphatase FRA3 isoform X1 [Cucumis sativus]	5.00E-06
169	CASeSSR281	11	204-258	0.94	1.00	0.88	Ce, Cc, Cg, Cj	5'UTR	Thiamin diphosphate-binding fold (THDP-binding) superfamily protein [Theobroma cacao]	0
170	CASeSSR282	12	185-227	0.94	0.80	0.88	Ce, Cc, Cg, Cj	5'UTR	No significant match	-
171	CASeSSR284	8	188-230	0.83	1.00	0.76	Ce, Cc, Cg, Cj	5'UTR	No significant match	-
172	CASeSSR287	4	232-253	0.62	1.00	0.50	Ce, Cc, Cg, Cj	CDS	Kinase domain-containing protein isoform 1 [Theobroma cacao]	0
173	CASeSSR288	6	170-188	0.87	0.43	0.78	Ce, Cc, Cg, Cj	CDS	No significant match	-
174	CASeSSR289	4	145-166	0.63	1.00	0.52	Ce, Cc, Cg, Cj	CDS	No significant match	-
175	CASeSSR292	7	224-245	0.86	1.00	0.79	Ce, Cc, Cg, Cj	CDS	PREDICTED: uncharacterized protein LOC101216367 [Cucumis sativus]	1.00E-37
176	CASeSSR293	10	144-196	0.91	1.00	0.84	Ce, Cc, Cg, Cj	3'UTR	PREDICTED: uncharacterized protein LOC101310484 [Fragaria vesca subsp. vesca]	1.00E-14
177	CASeSSR294	3	218-234	0.57	1.00	0.44	Ce, Cc, Cg, Cj	NA	No significant match	-
178	CASeSSR296	9	180-228	0.79	0.90	0.74	Ce, Cc, Cg, Cj	CDS	No significant match	-
179	CASeSSR297	2	152-162	0.53	1.00	0.38	Ce, Cc, Cg, Cj	NA	No significant match	-
180	CASeSSR299	2	226-244	0.53	1.00	0.38	Ce, Cc, Cg, Cj	CDS	PREDICTED: receptor-like protein kinase BRI1-like 3 [Prunus mume]	3.00E-07
181	CASeSSR300	8	162-182	0.85	1.00	0.78	Ce, Cc, Cg, Cj	CDS	No significant match	-
182	CASeSSR302	5	204-240	0.81	1.00	0.72	Ce, Cc, Cg, Cj	CDS	No significant match	-
183	CASeSSR303	6	187-205	0.77	1.00	0.69	Ce, Cc, Cg, Cj	CDS	No significant match	-

续表

序号	EST-SSR	木麻黄中的多态性					树种通用性	基因中 SSR 位置	EST 功能注释 ($E ≤ 10^{-5}$) [物种]	BlastX E-value
		N_a	ASR	H_E	H_O	PIC				
184	CASeSSR304	NC	NC	NC	NC	NC	Cc, Cg	CDS	No significant match	-
185	CASeSSR305	11	246-294	0.93	1.00	0.87	Ce, Cc, Cg, Cj	5'UTR	Dicer-like 1 isoform 1 [Theobroma cacao]	0
186	CASeSSR306	4	210-248	0.62	1.00	0.50	Ce, Cc, Cg, Cj	NA	No significant match	-
187	CASeSSR307	4	320-350	0.62	1.00	0.50	Ce, Cc, Cg, Cj	5'UTR	PREDICTED: glutathione S-transferase T1 [Ziziphus jujuba]	3.00E-129
188	CASeSSR308	5	234-254	0.78	1.00	0.69	Ce, Cc, Cg, Cj	CDS	No significant match	-
189	CASeSSR309	7	148-180	0.82	1.00	0.74	Ce, Cc, Cj	5'UTR	No significant match	-
190	CASeSSR311	6	233-251	0.83	1.00	0.76	Ce, Cc, Cg, Cj	3'UTR	PREDICTED: uncharacterized protein LOC105638839 [Jatropha curcas]	5.00E-07
191	CASeSSR313	NC	NC	NC	NC	NC	Cc, Cg, Cj	3'UTR	hypothetical protein Csa_6G124070 [Cucumis sativus]	7.00E-58
192	CASeSSR317	4	314-342	0.62	1.00	0.50	Ce, Cc, Cg, Cj	5'UTR	PHD finger family protein isoform 1 [Theobroma cacao]	1.00E-20
193	CASeSSR318	NC	NC	NC	NC	NC	Cc, Cg, Cj	5'UTR	No significant match	-
194	CASeSSR320	NC	NC	NC	NC	NC	Cc, Cg, Cj	CDS	PREDICTED: uncharacterized protein LOC8280234 [Ricinus communis]	4.00E-104
195	CASeSSR321	6	222-242	0.75	1.00	0.65	Ce, Cc, Cg, Cj	3'UTR	PREDICTED: chaperone protein dnaJ 11, chloroplastic [Vitis vinifera]	1.00E-41
196	CASeSSR326	3	273-282	0.36	0.20	0.31	Ce, Cc, Cg, Cj	CDS	Uncharacterized protein TCM_027501 [Theobroma cacao]	3.00E-10
197	CASeSSR327	2	144-153	0.53	1.00	0.38	Ce, Cc, Cg, Cj	NA	No significant match	-
198	CASeSSR329	8	225-249	0.87	0.90	0.80	Ce, Cc, Cg, Cj	5'UTR	transducin family protein [Populus trichocarpa]	1.00E-138

序号	EST-SSR	木麻黄中的多态性					树种通用性	基因中 SSR 位置	EST 功能注释 ($E \leq 10^{-5}$) [物种]	BlastX E-value
		N_a	ASR	H_E	H_O	PIC				
199	CASeSSR330	2	241-256	1.00	1.00	0.38	*Ce, Cc, Cg, Cj*	CDS	PREDICTED: uncharacterized protein LOC8259171 [*Ricinus communis*]	6.00E-38
200	CASeSSR331	NC	NC	NC	NC	NC	*Cc, Cg, Cj*	5'UTR	PREDICTED: squamous cell carcinoma antigen recognized by T-cells 3 [*Ziziphus jujuba*]	0
201	CASeSSR332	9	130-154	0.89	1.00	0.83	*Ce, Cc, Cg, Cj*	3'UTR	No significant match	-
202	CASeSSR333	5	176-192	0.75	1.00	0.66	*Ce, Cc, Cg, Cj*	CDS	No significant match	-
203	CASeSSR337	12	220-264	0.95	1.00	0.90	*Ce, Cc, Cg, Cj*	5'UTR	PREDICTED: somatic embryogenesis receptor kinase 1 isoform X1 [*Ricinus communis*]	1.00E-125
204	CASeSSR338	10	228-266	0.87	0.90	0.81	*Ce, Cc, Cg, Cj*	NA	No significant match	-
205	CASeSSR339	6	267-294	0.84	1.00	0.77	*Ce, Cc, Cg, Cj*	5'UTR	PREDICTED: methylmalonate-semialdehyde dehydrogenase [*acylating*]	0
206	CASeSSR340	7	136-162	0.89	0.71	0.80	*Ce*	CDS	PREDICTED: transcription repressor OFP6 [*Prunus mume*]	1.00E-08
207	CASeSSR341	5	156-170	0.78	1.00	0.70	*Ce, Cc, Cg, Cj*	3'UTR	ATPase family AAA domain-containing protein 1-A isoform 1 [*Theobroma cacao*]	0
208	CASeSSR342	4	241-259	0.78	1.00	0.69	*Ce, Cc, Cg, Cj*	CDS	No significant match	-
209	CASeSSR343	7	142-172	0.84	1.00	0.77	*Ce, Cc, Cg, Cj*	CDS	PREDICTED: TMV resistance protein N-like [*Prunus mume*]	7.00E-17
210	CASeSSR344	3	156-180	0.56	0.90	0.44	*Ce, Cc, Cg, Cj*	CDS	PREDICTED: peptidyl-prolyl cis-trans isomerase B [*Cucumis melo*]	1.00E-32
211	CASeSSR345	5	139-163	0.69	1.00	0.60	*Ce, Cc, Cg, Cj*	5'UTR	No significant match	-
212	CASeSSR353	2	213-227	0.53	1.00	0.38	*Ce, Cc, Cg, Cj*	CDS	PREDICTED: pentatricopeptide repeat-containing protein At1g73710 [*Ziziphus jujuba*]	0

续表

序号	EST-SSR	木麻黄中的多态性					树种通用性	基因中 SSR 位置	EST 功能注释 ($E \leq 10^{-5}$)［物种］	BlastX E-value
		N_a	ASR	H_E	H_O	PIC				
213	CASeSSR356	2	365-389	0.42	0.56	0.32	Ce, Cc, Cg, Cj	CDS	26S proteasome non-ATPase regulatory subunit 4 [Cajanus cajan]	0
214	CASeSSR357	4	178-193	0.71	1.00	0.61	Ce, Cc, Cg, Cj	CDS	clathrin assembly family protein [Populus trichocarpa]	0
215	CASeSSR359	5	346-378	0.76	1.00	0.67	Ce, Cc, Cg, Cj	5'UTR	PREDICTED: reticulon-like protein B11 isoform X1 [Cucumis melo]	3.00E-64
216	CASeSSR363	10	157-189	0.92	1.00	0.86	Ce, Cc, Cg, Cj	NA	No significant match	-
217	CASeSSR364	4	178-200	0.62	1.00	0.50	Ce, Cc, Cg, Cj	CDS	No significant match	-
218	CASeSSR366	11	164-232	0.95	1.00	0.89	Ce, Cc, Cg, Cj	5'UTR	SAM domain protein [Medicago truncatula]	3.00E-06
219	CASeSSR367	5	154-166	0.67	0.44	0.59	Ce, Cc, Cg, Cj	5'UTR	PREDICTED: transcription factor RAX2 [Populus euphratica]	9.00E-124
220	CASeSSR368	10	158-222	0.89	0.80	0.83	Ce, Cc, Cg, Cj	CDS	No significant match	-
221	CASeSSR369	6	144-165	0.73	1.00	0.63	Ce, Cc, Cg, Cj	CDS	Chlororespiratory reduction 3, putative isoform 1 [Theobroma cacao]	3.00E-40
222	CASeSSR372	7	210-249	0.84	1.00	0.76	Ce, Cc, Cg, Cj	5'UTR	No significant match	-
223	CASeSSR376	4	189-207	0.28	0.20	0.26	Ce, Cc, Cg, Cj	5'UTR	PREDICTED: cysteine--tRNA ligase 2, cytoplasmic [Prunus mume]	0
224	CASeSSR377	6	201-225	0.84	0.50	0.77	Ce, Cc, Cg, Cj	5'UTR	PREDICTED: zinc transporter 5 [Vitis vinifera]	0
225	CASeSSR378	2	201-207	0.19	0.00	0.16	Ce, Cc, Cg, Cj	CDS	putative LOV domain-containing protein [Casuarina equisetifolia]	0
226	CASeSSR381	6	241-259	0.89	1.00	0.77	Ce, Cc, Cg, Cj	CDS	PREDICTED: phenylalanine--tRNA ligase, chloroplastic/mitochondrial [Malus domestica]	0

序号	EST-SSR	木麻黄中的多态性					树种通用性	基因中SSR位置	EST 功能注释 ($E \leq 10^{-5}$) [物种]	BlastX E-value
		N_a	ASR	H_E	H_O	PIC				
227	CASeSSR385	3	374-404	0.62	0.90	0.51	*Ce, Cc, Cg, Cj*	5'UTR	PREDICTED: TBC1 domain family member 17-like isoform X1 [*Gossypium raimondii*]	0
228	CASeSSR386	9	216-282	0.91	1.00	0.84	*Ce, Cc, Cg, Cj*	CDS	PREDICTED: rRNA methyltransferase 1, mitochondrial [*Gossypium hirsutum*]	0
229	CASeSSR387	4	192-213	0.63	1.00	0.52	*Ce, Cc, Cg, Cj*	CDS	WRKY DNA-binding protein 33 isoform 1 [*Theobroma cacao*]	0
230	CASeSSR394	2	213-228	0.53	1.00	0.38	*Ce, Cc, Cg, Cj*	CDS	PREDICTED: H/ACA ribonucleoprotein complex subunit 4 [*Jatropha curcas*]	0
231	CASeSSR397	2	217-232	0.53	1.00	0.38	*Ce, Cc, Cg, Cj*	3'UTR	No significant match	-
232	CASeSSR398	5	152-182	0.66	0.50	0.59	*Ce, Cc, Cg, Cj*	CDS	No significant match	-
233	CASeSSR400	NC	NC	NC	NC	NC	*Cc, Cg, Cj*	3'UTR	Transcription factor jumonji family protein / zinc finger family protein isoform 1 [*Theobroma cacao*]	0
234	CASeSSR401	4	210-228	0.74	1.00	0.65	*Ce, Cc, Cg, Cj*	CDS	Hypothetical protein POPTR_0013s08200g [*Populus trichocarpa*]	1.00E-145
235	CASeSSR402	3	223-238	0.61	1.00	0.49	*Ce, Cc, Cg, Cj*	3'UTR	Leucine-rich repeat protein kinase family protein [*Theobroma cacao*]	0

注：N_a 为等位片段数量，ASR 为等位片段长度范围，H_E 为期望杂合度，H_O 为观测杂合度，PIC 为多态性信息量，NC 为未计算；Ce 为短枝木麻黄，Cc，细枝木麻黄，C 为粗枝木麻黄，Cj 为山地木麻黄；UTR 为非转录区；CDS 为编码序列；共有多态性标记 223 个，即 235 个标记减去 N_a 为 1 的 3 个、NC 的 9 个。

附表 3　木麻黄 63 个无性系间的遗传距离

遗传距离	2	1	12	13	16	20	21	27	30	34	37	41	45	59	65	76	77	82	83	G88	91
2	0.000																				
1	0.420	0.000																			
12	0.514	0.595	0.000																		
13	0.510	0.421	0.536	0.000																	
16	0.114	0.467	0.561	0.526	0.000																
20	0.159	0.467	0.595	0.550	0.179	0.000															
21	0.102	0.441	0.565	0.510	0.124	0.108	0.000														
27	0.420	0.502	0.542	0.497	0.436	0.461	0.400	0.000													
30	0.589	0.658	0.666	0.695	0.613	0.595	0.589	0.631	0.000												
34	0.067	0.467	0.487	0.493	0.140	0.155	0.098	0.406	0.566	0.000											
37	0.422	0.134	0.530	0.430	0.412	0.487	0.447	0.473	0.615	0.426	0.000										
41	0.508	0.565	0.491	0.403	0.544	0.549	0.508	0.498	0.681	0.502	0.544	0.000									
45	0.632	0.585	0.518	0.644	0.638	0.683	0.642	0.583	0.640	0.626	0.510	0.491	0.000								
59	0.532	0.522	0.558	0.460	0.518	0.553	0.502	0.485	0.732	0.534	0.483	0.503	0.589	0.000							
65	0.142	0.459	0.546	0.516	0.128	0.191	0.146	0.457	0.578	0.158	0.413	0.555	0.630	0.493	0.000						
76	0.560	0.563	0.540	0.540	0.575	0.573	0.549	0.477	0.677	0.540	0.534	0.491	0.568	0.534	0.565	0.000					
77	0.487	0.561	0.216	0.530	0.555	0.589	0.538	0.591	0.654	0.504	0.542	0.485	0.561	0.585	0.538	0.508	0.000				
82	0.430	0.479	0.505	0.530	0.450	0.520	0.454	0.534	0.695	0.459	0.442	0.549	0.556	0.511	0.450	0.477	0.476	0.000			
83	0.387	0.110	0.530	0.424	0.422	0.457	0.422	0.473	0.609	0.412	0.082	0.534	0.530	0.498	0.407	0.549	0.521	0.442	0.000		
G88	0.432	0.453	0.530	0.487	0.483	0.457	0.442	0.559	0.656	0.426	0.455	0.600	0.687	0.581	0.479	0.610	0.532	0.498	0.410	0.000	
91	0.520	0.473	0.459	0.487	0.536	0.550	0.510	0.514	0.660	0.516	0.448	0.367	0.470	0.470	0.536	0.499	0.463	0.520	0.444	0.479	0.000

遗传距离	2	1	12	13	16	20	21	27	30	34	37	41	45	59	65	76	77	82	83	G88	91
105	0.563	0.661	0.549	0.584	0.555	0.563	0.563	0.569	0.652	0.549	0.601	0.612	0.600	0.601	0.549	0.585	0.559	0.575	0.646	0.589	0.573
501	0.559	0.681	0.559	0.574	0.555	0.559	0.559	0.555	0.663	0.544	0.636	0.571	0.675	0.612	0.579	0.606	0.569	0.579	0.667	0.589	0.573
503	0.675	0.658	0.679	0.697	0.709	0.654	0.654	0.668	0.493	0.670	0.630	0.732	0.600	0.734	0.691	0.769	0.714	0.691	0.609	0.695	0.691
601	0.687	0.610	0.620	0.670	0.702	0.718	0.677	0.648	0.614	0.677	0.565	0.548	0.299	0.640	0.683	0.587	0.657	0.638	0.585	0.734	0.532
701	0.390	0.145	0.546	0.440	0.436	0.477	0.430	0.467	0.599	0.426	0.130	0.565	0.546	0.543	0.448	0.579	0.526	0.464	0.085	0.412	0.485
701-3	0.085	0.426	0.499	0.510	0.128	0.197	0.151	0.426	0.607	0.100	0.385	0.537	0.618	0.544	0.124	0.555	0.526	0.430	0.391	0.447	0.520
A1	0.391	0.416	0.534	0.493	0.444	0.418	0.391	0.534	0.640	0.396	0.424	0.569	0.681	0.550	0.430	0.594	0.550	0.498	0.410	0.159	0.489
A1-3	0.402	0.442	0.565	0.513	0.442	0.416	0.381	0.549	0.660	0.375	0.435	0.598	0.702	0.561	0.428	0.614	0.571	0.522	0.424	0.133	0.499
A13	0.406	0.416	0.585	0.503	0.448	0.412	0.365	0.549	0.660	0.400	0.424	0.608	0.681	0.561	0.424	0.614	0.556	0.487	0.420	0.149	0.510
A8	0.563	0.496	0.504	0.549	0.600	0.598	0.577	0.514	0.613	0.553	0.445	0.569	0.601	0.544	0.589	0.589	0.493	0.579	0.414	0.492	0.477
A8-2	0.556	0.568	0.626	0.574	0.577	0.581	0.536	0.587	0.612	0.561	0.583	0.610	0.569	0.644	0.571	0.624	0.616	0.579	0.573	0.532	0.612
宝9	0.502	0.571	0.453	0.571	0.544	0.538	0.508	0.489	0.630	0.477	0.550	0.522	0.504	0.620	0.534	0.571	0.477	0.543	0.544	0.612	0.510
W2	0.726	0.775	0.754	0.778	0.726	0.705	0.695	0.730	0.481	0.695	0.715	0.799	0.661	0.785	0.720	0.765	0.795	0.730	0.715	0.765	0.734
W6	0.575	0.612	0.454	0.512	0.587	0.632	0.581	0.652	0.738	0.540	0.575	0.511	0.622	0.538	0.561	0.550	0.467	0.514	0.610	0.620	0.561
海口	0.594	0.645	0.553	0.583	0.589	0.610	0.594	0.600	0.658	0.573	0.594	0.534	0.665	0.632	0.589	0.616	0.563	0.581	0.624	0.606	0.577
何2	0.426	0.196	0.540	0.497	0.463	0.477	0.461	0.508	0.638	0.463	0.175	0.565	0.561	0.563	0.424	0.567	0.585	0.520	0.120	0.459	0.505
何细	0.487	0.238	0.616	0.507	0.524	0.498	0.487	0.540	0.638	0.518	0.222	0.612	0.601	0.585	0.505	0.588	0.601	0.536	0.177	0.469	0.558
G1	0.587	0.538	0.550	0.590	0.603	0.628	0.597	0.515	0.616	0.603	0.476	0.554	0.477	0.601	0.597	0.618	0.538	0.583	0.497	0.644	0.546
X2	0.471	0.526	0.565	0.526	0.508	0.481	0.451	0.453	0.695	0.436	0.498	0.532	0.581	0.587	0.487	0.583	0.514	0.538	0.518	0.499	0.569
K18	0.640	0.573	0.624	0.614	0.645	0.634	0.620	0.626	0.691	0.630	0.561	0.634	0.630	0.606	0.640	0.624	0.646	0.550	0.531	0.579	0.555
K13	0.714	0.789	0.799	0.801	0.689	0.699	0.679	0.714	0.516	0.685	0.705	0.799	0.645	0.775	0.699	0.771	0.820	0.703	0.730	0.793	0.754

续表

遗传距离	2	1	12	13	16	20	21	27	30	34	37	41	45	59	65	76	77	82	83	G88	91
抗风	0.697	0.744	0.773	0.764	0.692	0.682	0.662	0.654	0.556	0.672	0.695	0.750	0.655	0.777	0.697	0.734	0.810	0.675	0.699	0.754	0.734
龙4	0.412	0.543	0.476	0.510	0.428	0.467	0.436	0.251	0.652	0.381	0.487	0.498	0.593	0.600	0.430	0.514	0.536	0.459	0.498	0.583	0.530
C7	0.569	0.595	0.571	0.521	0.575	0.600	0.549	0.552	0.734	0.569	0.534	0.552	0.561	0.481	0.544	0.571	0.600	0.561	0.555	0.618	0.618
平2	0.563	0.661	0.594	0.554	0.600	0.624	0.604	0.579	0.652	0.573	0.620	0.565	0.628	0.607	0.589	0.626	0.549	0.604	0.640	0.573	0.583
平5	0.585	0.651	0.610	0.626	0.601	0.606	0.595	0.607	0.663	0.595	0.585	0.544	0.624	0.607	0.587	0.575	0.614	0.579	0.606	0.634	0.565
莆20	0.485	0.567	0.463	0.510	0.491	0.530	0.489	0.326	0.685	0.464	0.512	0.530	0.616	0.538	0.453	0.504	0.477	0.505	0.502	0.606	0.516
X1	0.522	0.591	0.453	0.577	0.528	0.553	0.532	0.479	0.605	0.492	0.555	0.538	0.514	0.630	0.528	0.585	0.538	0.563	0.575	0.632	0.530
杂交	0.569	0.651	0.553	0.554	0.571	0.575	0.565	0.585	0.642	0.544	0.606	0.540	0.649	0.618	0.561	0.612	0.569	0.610	0.630	0.553	0.542
湛江1	0.134	0.481	0.524	0.534	0.167	0.247	0.200	0.447	0.619	0.145	0.430	0.573	0.612	0.573	0.183	0.579	0.544	0.457	0.436	0.467	0.550
湛江3	0.412	0.516	0.460	0.469	0.438	0.467	0.436	0.261	0.658	0.381	0.471	0.473	0.583	0.575	0.420	0.518	0.520	0.514	0.461	0.563	0.504
95	0.663	0.693	0.683	0.686	0.638	0.638	0.628	0.644	0.613	0.624	0.624	0.708	0.557	0.689	0.619	0.658	0.738	0.624	0.669	0.636	0.667
A14	0.438	0.532	0.495	0.536	0.440	0.469	0.438	0.236	0.646	0.403	0.473	0.514	0.546	0.620	0.432	0.447	0.514	0.479	0.477	0.589	0.520
X19	0.614	0.671	0.583	0.578	0.620	0.604	0.624	0.620	0.673	0.594	0.620	0.555	0.628	0.607	0.620	0.626	0.630	0.645	0.651	0.594	0.583
9201	0.518	0.481	0.530	0.463	0.528	0.543	0.585	0.585	0.630	0.508	0.414	0.536	0.616	0.601	0.514	0.620	0.567	0.594	0.414	0.520	0.534
C8	0.595	0.549	0.624	0.606	0.636	0.636	0.612	0.612	0.661	0.616	0.512	0.594	0.624	0.587	0.622	0.583	0.595	0.555	0.522	0.624	0.549
4	0.583	0.646	0.464	0.464	0.579	0.594	0.563	0.559	0.726	0.553	0.626	0.200	0.556	0.526	0.557	0.534	0.483	0.555	0.626	0.607	0.387
7	0.522	0.587	0.459	0.622	0.549	0.549	0.532	0.516	0.666	0.492	0.540	0.567	0.520	0.646	0.528	0.606	0.534	0.589	0.571	0.622	0.505
杂5	0.467	0.579	0.447	0.575	0.514	0.522	0.492	0.489	0.597	0.457	0.528	0.555	0.601	0.601	0.530	0.575	0.461	0.530	0.498	0.534	0.487
W8	0.589	0.671	0.563	0.603	0.581	0.616	0.585	0.606	0.663	0.565	0.616	0.550	0.659	0.673	0.581	0.642	0.538	0.620	0.651	0.583	0.583
CK	0.524	0.569	0.461	0.585	0.561	0.559	0.528	0.520	0.544	0.504	0.518	0.549	0.591	0.612	0.540	0.585	0.461	0.555	0.487	0.544	0.518
东2	0.532	0.598	0.655	0.645	0.532	0.522	0.532	0.528	0.769	0.543	0.561	0.651	0.616	0.677	0.565	0.639	0.736	0.630	0.571	0.665	0.630

遗传距离	105	501	503	601	701	701-3	A1	A1-3	A13	A8	A8-2	宝9	W2	W6	海口	何2	何细	G1	X2	K18	K13
105	0.000																				
501	0.122	0.000																			
503	0.636	0.636	0.000																		
601	0.685	0.696	0.624	0.000																	
701	0.640	0.640	0.599	0.581	0.000																
701-3	0.530	0.544	0.691	0.683	0.422	0.000															
A1	0.604	0.594	0.683	0.708	0.447	0.371	0.000														
A1-3	0.594	0.583	0.703	0.728	0.467	0.396	0.083	0.000													
A13	0.583	0.594	0.689	0.738	0.441	0.410	0.108	0.057	0.000												
A8	0.610	0.630	0.624	0.616	0.436	0.583	0.492	0.492	0.512	0.000											
A8-2	0.595	0.616	0.638	0.546	0.568	0.546	0.556	0.540	0.521	0.626	0.000										
宝9	0.479	0.499	0.593	0.561	0.579	0.504	0.567	0.591	0.581	0.569	0.538	0.000									
W2	0.759	0.724	0.532	0.640	0.711	0.715	0.754	0.734	0.734	0.705	0.657	0.634	0.000								
W6	0.546	0.546	0.785	0.567	0.610	0.556	0.585	0.616	0.626	0.604	0.600	0.543	0.765	0.000							
海口	0.236	0.165	0.677	0.634	0.640	0.569	0.579	0.604	0.594	0.583	0.612	0.454	0.724	0.542	0.000						
何2	0.624	0.655	0.642	0.600	0.171	0.442	0.451	0.447	0.471	0.451	0.601	0.579	0.732	0.651	0.639	0.000					
何细	0.651	0.681	0.628	0.579	0.218	0.504	0.471	0.487	0.471	0.447	0.573	0.571	0.695	0.626	0.645	0.196	0.000				
G1	0.618	0.652	0.577	0.493	0.523	0.573	0.642	0.663	0.648	0.536	0.565	0.524	0.591	0.595	0.628	0.536	0.497	0.000			
X2	0.595	0.595	0.658	0.587	0.532	0.457	0.483	0.464	0.454	0.618	0.367	0.518	0.740	0.565	0.620	0.532	0.555	0.558	0.000		
K18	0.675	0.665	0.652	0.606	0.522	0.636	0.595	0.604	0.600	0.571	0.616	0.614	0.651	0.610	0.639	0.532	0.518	0.567	0.579	0.000	
K13	0.708	0.718	0.462	0.645	0.720	0.689	0.750	0.759	0.759	0.724	0.687	0.613	0.259	0.783	0.714	0.760	0.705	0.606	0.746	0.603	0.000
抗风	0.759	0.754	0.538	0.655	0.701	0.703	0.720	0.726	0.726	0.695	0.646	0.624	0.279	0.763	0.754	0.724	0.675	0.575	0.756	0.681	0.254

遗传距离	105	501	503	601	701	701-3	A1	A1-3	A13	A8	A8-2	宝9	W2	W6	海口	何2	何细	G1	X2	K18	K13
龙4	0.561	0.516	0.717	0.634	0.504	0.402	0.528	0.538	0.538	0.524	0.577	0.438	0.679	0.550	0.530	0.538	0.550	0.558	0.487	0.601	0.683
C7	0.520	0.581	0.648	0.601	0.544	0.555	0.601	0.601	0.591	0.544	0.583	0.532	0.695	0.463	0.585	0.569	0.555	0.534	0.589	0.555	0.720
平2	0.214	0.204	0.681	0.624	0.630	0.569	0.608	0.598	0.588	0.559	0.565	0.504	0.728	0.571	0.210	0.645	0.630	0.591	0.565	0.634	0.706
平5	0.577	0.537	0.738	0.587	0.632	0.587	0.614	0.630	0.620	0.492	0.585	0.589	0.683	0.600	0.512	0.606	0.597	0.585	0.559	0.614	0.734
莆20	0.538	0.498	0.703	0.606	0.534	0.440	0.534	0.561	0.561	0.473	0.577	0.463	0.679	0.561	0.461	0.543	0.565	0.597	0.483	0.573	0.699
X1	0.463	0.453	0.607	0.540	0.600	0.498	0.591	0.616	0.626	0.600	0.508	0.098	0.648	0.524	0.459	0.600	0.581	0.524	0.522	0.594	0.640
杂交	0.251	0.220	0.651	0.634	0.616	0.550	0.532	0.563	0.573	0.569	0.626	0.418	0.724	0.561	0.171	0.634	0.640	0.612	0.632	0.594	0.681
湛江1	0.538	0.553	0.724	0.657	0.420	0.088	0.432	0.457	0.461	0.526	0.536	0.498	0.711	0.530	0.563	0.481	0.498	0.556	0.467	0.610	0.685
湛江3	0.581	0.546	0.692	0.624	0.473	0.406	0.543	0.543	0.543	0.498	0.562	0.438	0.673	0.555	0.555	0.508	0.540	0.538	0.518	0.640	0.687
95	0.612	0.646	0.632	0.608	0.689	0.607	0.652	0.613	0.628	0.658	0.575	0.540	0.421	0.681	0.658	0.644	0.664	0.508	0.558	0.638	0.469
A14	0.520	0.485	0.656	0.597	0.495	0.428	0.538	0.559	0.559	0.493	0.567	0.407	0.669	0.555	0.504	0.492	0.514	0.521	0.504	0.610	0.652
X19	0.184	0.143	0.657	0.634	0.640	0.600	0.608	0.598	0.588	0.589	0.585	0.479	0.738	0.567	0.165	0.634	0.640	0.601	0.585	0.604	0.702
9201	0.604	0.583	0.669	0.600	0.447	0.487	0.531	0.551	0.531	0.435	0.536	0.601	0.744	0.544	0.559	0.451	0.457	0.536	0.518	0.528	0.724
C8	0.685	0.675	0.642	0.555	0.522	0.597	0.579	0.606	0.595	0.577	0.620	0.563	0.702	0.620	0.620	0.569	0.555	0.575	0.600	0.271	0.644
4	0.595	0.575	0.781	0.573	0.636	0.567	0.595	0.606	0.606	0.559	0.591	0.477	0.724	0.460	0.528	0.661	0.652	0.567	0.583	0.610	0.789
7	0.520	0.520	0.607	0.546	0.575	0.498	0.612	0.616	0.626	0.581	0.514	0.157	0.634	0.585	0.483	0.585	0.587	0.540	0.538	0.583	0.635
杂5	0.589	0.565	0.648	0.657	0.495	0.504	0.538	0.559	0.559	0.293	0.644	0.487	0.681	0.565	0.573	0.522	0.549	0.555	0.645	0.628	0.709
W8	0.282	0.190	0.661	0.624	0.646	0.561	0.583	0.594	0.604	0.569	0.595	0.479	0.683	0.581	0.145	0.655	0.671	0.632	0.581	0.614	0.671
CK	0.610	0.589	0.613	0.595	0.469	0.528	0.549	0.569	0.569	0.267	0.587	0.518	0.641	0.575	0.563	0.512	0.549	0.534	0.594	0.598	0.675
东2	0.675	0.665	0.683	0.624	0.577	0.553	0.628	0.655	0.665	0.612	0.575	0.640	0.742	0.620	0.618	0.582	0.561	0.556	0.563	0.493	0.656

遗传距离	抗风	龙4	C7	平2	平5	莆20	X1	杂交	湛江1	湛江3	95	A14	X19	9201	C8	4	7	杂5	W8	CK	东2
抗风	0.000																				
龙4	0.648	0.000																			
C7	0.664	0.561	0.000																		
平2	0.742	0.544	0.575	0.000																	
平5	0.697	0.556	0.601	0.475	0.000																
莆20	0.708	0.254	0.534	0.477	0.483	0.000															
X1	0.640	0.407	0.537	0.483	0.575	0.463	0.000														
杂交	0.726	0.561	0.577	0.225	0.516	0.487	0.424	0.000													
湛江1	0.682	0.367	0.528	0.532	0.550	0.444	0.471	0.524	0.000												
湛江3	0.663	0.102	0.571	0.550	0.601	0.273	0.438	0.540	0.402	0.000											
95	0.499	0.587	0.642	0.630	0.600	0.638	0.556	0.620	0.583	0.618	0.000										
A14	0.601	0.145	0.530	0.544	0.540	0.263	0.403	0.504	0.403	0.149	0.587	0.000									
X19	0.753	0.565	0.571	0.153	0.496	0.549	0.453	0.149	0.563	0.561	0.595	0.530	0.000								
9201	0.759	0.550	0.587	0.532	0.467	0.514	0.571	0.553	0.471	0.549	0.677	0.544	0.522	0.000							
C8	0.685	0.601	0.640	0.634	0.612	0.583	0.563	0.573	0.606	0.616	0.620	0.626	0.604	0.569	0.000						
4	0.720	0.457	0.475	0.565	0.575	0.498	0.502	0.514	0.563	0.457	0.642	0.502	0.544	0.540	0.630	0.000					
7	0.635	0.448	0.538	0.524	0.606	0.489	0.155	0.460	0.502	0.444	0.548	0.460	0.479	0.597	0.538	0.502	0.000				
杂5	0.644	0.403	0.534	0.559	0.498	0.454	0.528	0.528	0.416	0.413	0.648	0.391	0.559	0.473	0.634	0.505	0.530	0.000			
W8	0.747	0.561	0.632	0.184	0.486	0.416	0.475	0.133	0.555	0.550	0.651	0.514	0.190	0.532	0.624	0.565	0.475	0.549	0.000		
CK	0.640	0.464	0.544	0.549	0.467	0.428	0.549	0.518	0.481	0.444	0.624	0.428	0.538	0.436	0.604	0.524	0.530	0.134	0.508	0.000	
东2	0.693	0.549	0.589	0.614	0.651	0.569	0.620	0.614	0.506	0.563	0.644	0.563	0.604	0.537	0.559	0.685	0.606	0.624	0.634	0.649	0.000